铁路职业教育高职高专规划教材

轨道运输设备维修
钳工基本技能操作与训练

主 编 蒋 奎 王亚平 于 莉

副主编 于学仁

西南交通大学出版社

·成都·

图书在版编目（CIP）数据

轨道运输设备维修钳工基本技能操作与训练 / 蒋奎，王亚平，于莉主编. —成都：西南交通大学出版社，2018.7（2021.9 重印）

ISBN 978-7-5643-6245-4

Ⅰ. ①轨… Ⅱ. ①蒋… ②王… ③于… Ⅲ. ①轨道运输 - 交通运输工具 - 机修钳工 - 高等职业教育 - 教材 Ⅳ. ①U2②TG947

中国版本图书馆 CIP 数据核字（2018）第 134207 号

轨道运输设备维修钳工基本技能操作与训练

主编 蒋 奎 王亚平 于 莉

责任编辑 孟苏成
封面设计 墨创文化

出版发行 西南交通大学出版社
（四川省成都市二环路北一段 111 号
西南交通大学创新大厦 21 楼）
邮政编码 610031
发行部电话 028-87600564 028-87600533
官网 http://www.xnjdcbs.com
印刷 成都中永印务有限责任公司

成品尺寸 185 mm × 260 mm
印张 12.75
字数 309 千
版次 2018 年 7 月第 1 版
印次 2021 年 9 月第 3 次
定价 35.80 元
书号 ISBN 978-7-5643-6245-4

课件咨询电话：028-81435775

前 言

随着我国经济的飞速发展和人民生活水平的不断提高，轨道交通行业得到了迅猛的发展，新的技术广泛运用，设备在快速地更新。为了满足时代发展的需要，我们根据全国高等职业院校规划教材编写委员会的要求，依据高职高专学校轨道交通类专业钳工技能实训教学大纲编写了此书，在编写中注重新知识、新技术及新设备的融入，突出了实用性强的教学内容。

本书在编写过程中既突出了实践特色，又结合了行业特点，以培养学生动手能力为主要任务，指导学生掌握轨道运输设备维修钳工的基本知识和技能。具体内容包括：钳工常用设备、钳工常用量具和检验工具、读图与识图、钳工基本技能实训、综合技能实训等项目。项目内容理论与实践相结合，重在培养学生独立思考的能力、动手操作的能力、解决问题的能力，达到提高学生综合能力的目的。

本书可作为高等职业院校轨道交通类、机械类及相关专业钳工技能实训课程的教材，也可作为钳工职业技能训练及相关工程技术人员的参考书。

本书由河北轨道运输职业技术学院的蒋奎、王亚平、于莉担任主编，于学仁任副主编，刁凤山、武欣、刘雷、郭顺美老师参编。具体编写分工：项目 1 由王亚平老师编写；项目 2、项目 3 和项目 5 中的任务 6 由蒋奎老师编写；项目 4 和项目 5 中的任务 1 由于莉老师编写；项目 5 中的任务 2、任务 4 和任务 5 由武欣老师编写；项目 5 中的任务 3 由郭顺美老师编写；项目 5 中的任务 7 由刘雷老师编写；项目 6 由于学仁和刁凤山老师编写。全书由蒋奎、王亚平统稿。

由于编写时间仓促及编者水平所限，书中难免有疏漏和不足之处，敬请专家、学者和广大读者批评指正。

编 者

2018 年 5 月

目　录

项目 1　钳工概述及安全知识

【项目描述】

本项目主要阐述了钳工的基本知识，说明了钳工的分类、工作范围及工作场地的合理布置。对普通钳工及轨道运输设备专业的钳工操作做出了基本的安全要求及注意事项。

【内容构架】

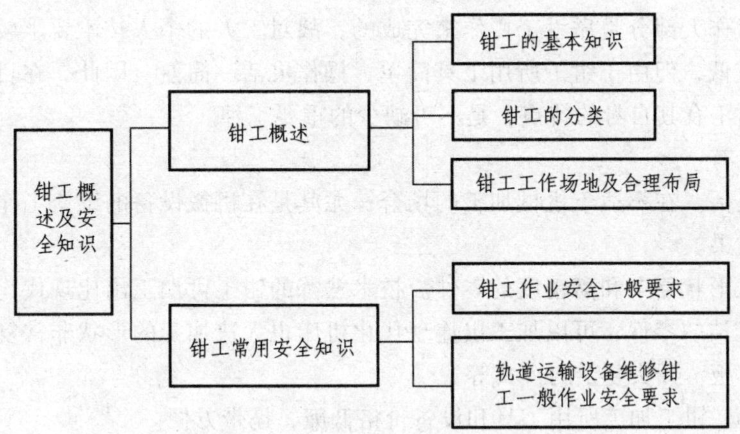

任务 1.1　钳工概述

【目的与要求】

（1）了解钳工的基本知识。
（2）掌握钳工工作内容及分类。
（3）了解钳工工作场地及合理布局。

【实施的环境、设备、工具】

（1）设备：钻床、平台、钳台、台虎钳、砂轮机。
（2）工具：游标卡尺、万能角度规、手用工具等。

【相关知识】

1. 钳工的基本知识

现代化的机器制造是一个非常复杂的过程，机器设备都是由很多零部件组成的。而机器零件大部分使用的金属材料都经过不同方法的加工，比如铸造、锻造、焊接、切削及热处理，制成各种零件，最后将零件装配成机器。所以，机器的生产需要很多工种相互配合来完成。一般的机器制造需要有铸工、锻工、焊工、车工、铣工、磨工、钳工、装配钳工等多种工种来完成。而钳工是主要的工种之一，也是起源较早、技术性较强的工种之一。

钳工是以手工操作为主的一个工种，利用手持工具在台虎钳上对金属进行切削加工。钳工的工作范围较广，且具有万能性和灵活性的优势，不受设备、场地等条件的限制。因此，凡是采用机械加工方法不太适宜或难以进行机械加工的场合，通常可由钳工来完成；尤其是机械产品的装配、调试、安装和维修等更需要钳工。所以说，钳工不仅是机械制造工厂中不可缺少的工种之一，而且是对产品的最终质量负有重要责任的工种。目前，钳工主要分为普通钳工、模具钳工、装配钳工等。

由于钳工工作大部分是靠手工操作来完成的，故对工人的个人技术要求较高，劳动强度较大，生产率较低，但由于钳工所用工具简单，操作灵活、简便。因此，在目前机械制造和修配工作中，钳工有其自身的特点，是不可缺少的重要工种。

钳工的特点有：

（1）加工灵活。在不适于机械加工的场合，尤其是在机械设备的维修工作中，钳工加工可获得满意的效果。

（2）可加工形状复杂和高精度的零件。技术熟练的钳工可加工出比现代化机床加工的零件还要精密和光洁的零件，可以加工出连现代化机床也无法加工的形状非常复杂的零件，如高精度量具、样板、开头复杂的模具等。

（3）投资小。钳工加工所用工具和设备价格低廉，携带方便。

（4）生产效率低，劳动强度大。

（5）加工质量不稳定，加工质量的高低受工人技术熟练程度的影响。

2. 钳工的分类

根据钳工这个工种在机器及零部件生产过程中的运用范围，按照钳工的操作可分为以下几类：

（1）切削性操作：是钳工的基本操作，包括划线、錾削、锉削、锯割、钻孔、扩孔、锪孔、铰孔、攻螺纹、套螺纹、矫正、弯形、刮削、研磨、自用工具的刃磨和简单热处理等多种操作。进行切削加工的工种称为普通钳工。

（2）工具的制作：即制模，从事模具、工具、量具及样板量具的制作。这种操作工种称为工具钳工。

（3）装配性操作：即装配，将零件或部件按图样技术要求组装成机器的工艺过程。这种操作工种称为装配钳工。

（4）维修性操作：即维修，对在役机械、设备进行维修、检查、修理的操作。这种操作工种称为维修钳工或称为机修钳工。

伴随着科学技术的发展，机械制造正在经历着一个从传统制造技术向自动化、智能化、集成化、精密化方向发展的巨大变化，各种新工艺、新技术、新设备大量地出现与推广应用，客观上使得钳工的工作范围越来越广泛，分工越来越细。现代社会中，根据不同行业要求，钳工在特种行业中又分为不同类型，如铁路行业中对钳工的分类有：内燃机车钳工、电力机车钳工、车辆钳工、机修钳工等。

作为一名钳工，首先应不断提高自己的思想道德素质和科学文化素质，同时要掌握好各项基本操作技能，进而掌握零部件和产品的装配、修理和调试的技能，达到全面掌握钳工操作技术，成为一个熟练的技术工作者的目标。

3. 钳工工作场地及合理布局

钳工工作场地是指钳工的固定工作场地，合理组织安排好钳工的工作场地，是保证安全生产和产品质量的一项重要措施。钳工的工作场地一般应具备以下要求：工作场地光线充足；地面平整、道路畅通；起重、运输设施安全可靠等。

钳工工作台应放在光线适宜、工作方便的地方，应在工作台中间安装安全网。砂轮机、钻床应设置在场地边缘，尤其是砂轮机一定要安装在安全可靠的地方。正确摆放毛坯、工件。毛坯和工件要分开摆放整齐，并尽可能放在工件架上，以免磕碰。摆放工具、夹具、量具要放置有序，常用的工具、夹具、量具用后应及时清理、维护和保养并妥善放置。工作场地应保持清洁，工作和训练后应按要求对设备进行清理、润滑并把场地打扫干净。

【知识巩固】

1. 什么是钳工？它有何特点？
2. 钳工有哪些种类？
3. 钳工的基本操作有哪些？
4. 钳工的工作场地如何合理布局？

任务 1.2 钳工常用安全知识

【目的与要求】

（1）掌握钳工作业安全一般要求。
（2）掌握轨道设备维修钳工作业安全要求。

【相关知识】

1. 钳工作业安全一般要求

（1）工作前按要求穿戴好防护用品，精神状态良好。

（2）不准擅自使用不熟悉的设备、工具和量具。

（3）使用的工、夹、量具应分类依次排列整齐，精密量具要轻取轻放，工、夹、量具在工具箱内应放在固定位置，整齐排放。

（4）毛坯、半成品应按规定堆放整齐，并随时清除油污、异物等。

（5）清除切屑要用刷子，不要直接用手清除或用嘴吹。

（6）使用电动工具时，要有绝缘防护和安全接地措施。

（7）多人作业时，必须有专人指挥调度，密切配合。

（8）使用起重设备时，应遵守起重设备安全操作规程。在吊起的工件下面，禁止进行任何操作。

（9）钳工台两侧同时有人操作时，中间应用铁丝网隔开，防止工作中飞溅的铁屑伤人。

（10）工作场地应保持整洁。工作完毕，要打扫工作场地。对所使用的工具、设备、量具都应该按照要求进行清理、润滑。

2. 轨道运输设备维修钳工一般作业安全要求

（1）在轨道旁作业，要备足防护装置（红旗、红灯、红牌、脱轨器等），并指定专人保管、交接、使用。要经常保护防护装置作用及其状态良好。

（2）在轨道线路上检查、修理、整备机车车辆时，必须按规定设防护信号后，方可进行作业。

（3）在线路上作业和行走时，要随时注意来往的机车与车辆，严禁在枕木头、道心、车下、车辆端部及站台边休息、乘凉。

（4）横越线路时，必须执行“一站、二看、三通过”的制度，严禁抢道。

（5）两人以上同时作业时，必须做到统一行动、相互配合、呼唤应答。

（6）严禁直接、间接地与接触网及导线接触，防止触电事故。

（7）机车车辆未停稳前，不得进行检修操作。

（8）检修设备时，应关闭运行设备的气源、水源、电源；并且排除设备内的余气、余水及静电，然后再进行工作。

（9）搬运设备、材料时，不得靠近轨道线路，应在两条线路之间行走。

（10）使用一切电动机械、电动工具，其电压在 60 V 以上的，都要采取保护性接地装置。移动照明灯的电压不得超过 36 V，灯泡应装有防护罩。

【知识巩固】

1. 钳工作业安全一般有哪些要求？
2. 轨道设备维修钳工一般作业安全有哪些要求？

项目 2　钳工常用设备的使用

【项目描述】

通过对台虎钳、工作平台、砂轮机、钻床和架车机的功能、类型及结构组成等进行阐述，使学生理解钳工常用设备的工作原理，熟悉其相关使用与维护保养知识，具备熟练操作的基本技能。

【内容构架】

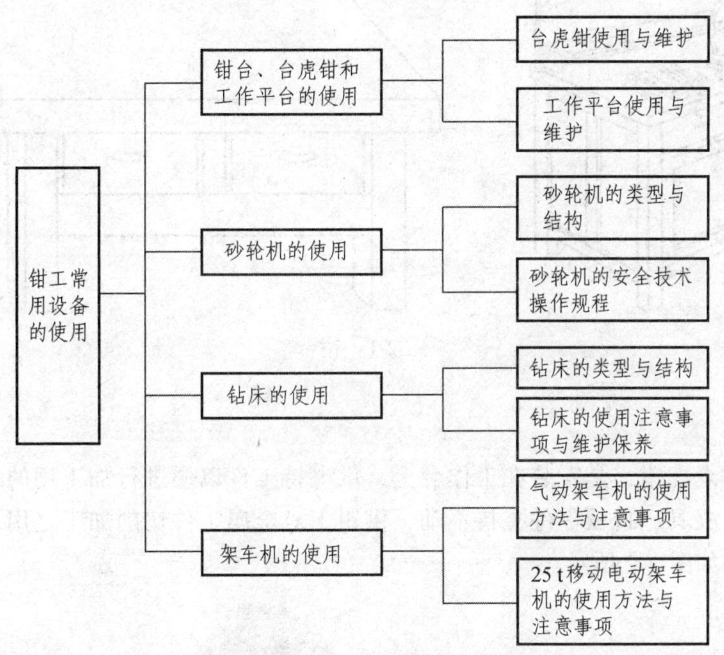

任务 2.1　钳台、台虎钳和工作平台的使用

【目的与要求】

（1）掌握钳台、工作平台的结构、使用方法，并能够熟练操作。
（2）掌握台虎钳的结构和熟练操作的基本技能。

（3）能正确地维护、保养钳台、工作平台和台虎钳设备。

【实施的环境、设备、工具】

钳工实习场、钳工台、工作平台、台虎钳。

【相关知识】

1. 钳 台

钳台也称为钳工台或钳桌，是钳工工作的主要设备，也是钳工操作的工作台，一般用木料或钢材制成，其外形如图 2-1 所示。钳台的高度一般为 800 ~ 900 mm，长度和宽度根据工作需要而定。在钳台的工作面上安装有台虎钳、照明灯、防护网。钳台下部有橱柜，可放置工量具、工件等。

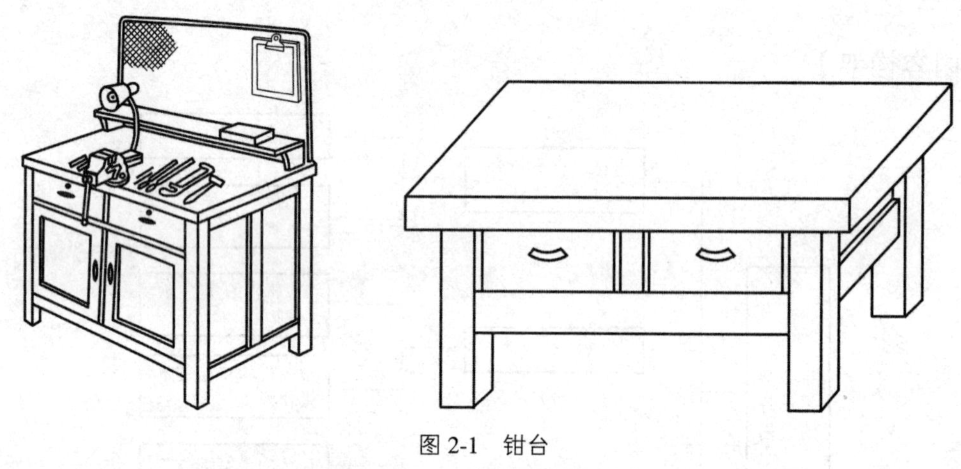

图 2-1 钳台

2. 台虎钳

台虎钳又称老虎钳，是安装在工作台上，供夹持工件以便进行加工用的一种夹具。台虎钳可以将模具、夹具、机械零件夹持不动，供钳工对金属工件切削加工之用，为钳工车间必备工具，其外形如图 2-2 所示。

图 2-2 台虎钳

台虎钳有普通式、桌夹式（习惯上叫桌虎钳）、多用式等种类。其中普通式又分固定式与回转式两种。

1）固定式

固定式台虎钳由固定钳体、活动钳体、滑心、螺杆（丝杆），钳座、手柄、钳口等组成。钳座与固定钳体铸成一体，两侧有孔，以便安装在工作台上，滑心与活动钳体铸成一体，与固定钳体方子 L 配合。滑心下面的槽内装有锯齿形螺纹丝杆，摇手柄插入丝杆的一端，转摇手柄使丝杆旋转，丝杆在螺母内作轴向移动，带动活动钳体前进或后退，使钳口合拢或张开。固定式台虎钳固定安装在工作台上使用，本身不能做任何角度的转动，其结构如图 2-3（a）所示。

2）回转式

回转式台虎钳的结构基本与固定式相同，区别在于它的固定钳体不直接安装在工作台上，而是装在带有可旋转装置的转盘上，转盘上有几只螺孔和工作台连接。钳体和转盘座通过两只螺栓连接可将钳体转动成任何角度，以便把夹持的工件转到更合适的操作位置，旋紧螺栓即予固定。由于使用方便，因此应用比较广泛。其结构如图 2-3（b）所示。

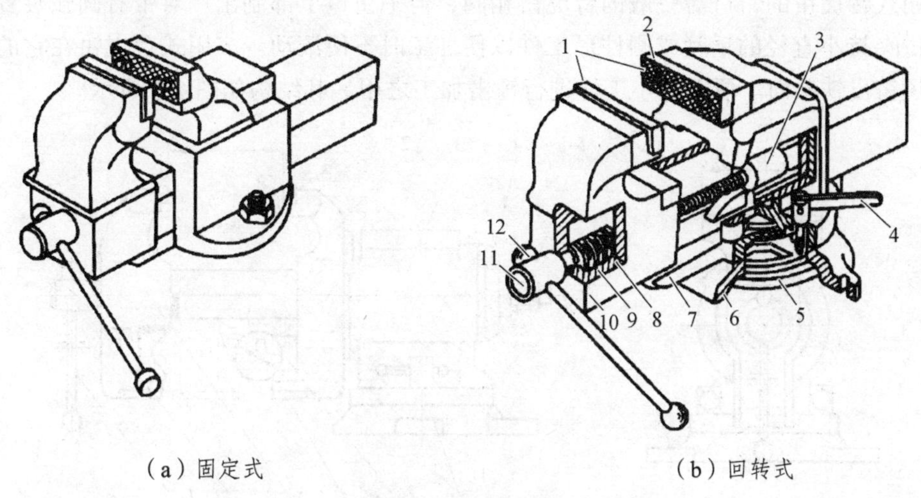

（a）固定式　　（b）回转式

图 2-3　普通台虎钳

1—钳口；2—螺钉；3—丝杠螺母；4—锁紧手柄；5—夹紧盘；6—转盘座；7—砧座；8—挡圈和销；9—弹簧；10—活动钳身；11—丝杆；12—手柄

台虎钳的活动钳身通过导轨与固定钳身的导轨作滑动配合。丝杠装在活动钳身上，可以旋转并进行轴向移动，并与安装在固定钳身内的丝杠螺母配合。当摇动手柄使丝杠旋转，就可以带动活动钳身相对于固定钳身作轴向移动，起夹紧或放松的作用。弹簧借助挡圈和开口销固定在丝杠上，其作用是当放松丝杠时，可使活动钳身及时地退出。在固定钳身和活动钳身上，各装有钢制钳口，并用螺钉固定。钳口的工作面上制有交叉的网纹，使工件夹紧后不易产生滑动。钳口经过热处理淬硬，具有较好的耐磨性。固定钳身装在转座上，并能绕转座轴心线转动，当转到要求的方向时，扳动夹紧手柄使夹紧螺钉旋紧，便可在夹紧盘的作用下把固定钳身固紧。转座上有 3 个螺栓孔，用以与钳台固定。

3）桌夹式

桌虎钳与普通台虎钳的不同之点是，桌虎钳在下面多一个螺旋夹紧装置，不一定要固定在某一位置，可随意移动，体积不大，质量轻，拆装、携带方便，适用于仪器仪表工业加工装配，维修夹持小型工件之用，其外形如图 2-4 所示。

图 2-4 桌虎钳

4）多用式台虎钳

多用式台虎钳的钳口与一般的台虎钳相同，但平钳口下部制出一对带有圆弧装置的凹钳口，专供夹持小直径的钢管或圆柱形工件以便加工时不使滚动。多用式台虎钳在它的固定钳体上端还铸出铁砧面。便于对小工件进行锤击加工之用，其结构如图 2-5 所示。

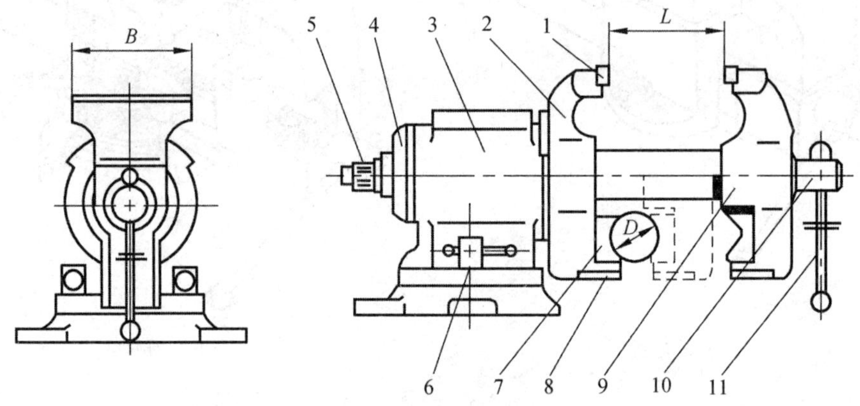

图 2-5 多用式台虎钳

1—主钳口；2—转动钳体；3—固定钳体；4—导螺母；5—槽形螺母；6—紧固螺钉；7—管钳口；8—V 型钳口；9—活动钳体；10—螺杆（丝杆）；11—拨杆（手柄）

台虎钳规格的大小是用钳口的宽度来表示的，常见规格从 75 mm 到 300 mm，常用有 100 mm、125 mm、150 mm 等。具体如下：

（1）常用的固定式、回转式有 75 mm、100 mm、12 mm5、150 mm、200 mm 等 5 种。

（2）桌虎钳常用 50 mm 和 60 mm（或 63 mm 和 65 mm）2 种。

（3）多用式台虎钳一般常用 90 mm 一种。

3. 工作平台

工作平台又称工作台、平台，主要使用在划线、钣金等大型工件加工方面。钳工工作平台是钳工常用设备之一，适用于各种检验工作，精密测量用的基准平面，用于机床机械测量基准，检查零件的尺寸精度或形位偏差，并作精密划线。工作平台的形状如图 2-6 所示。

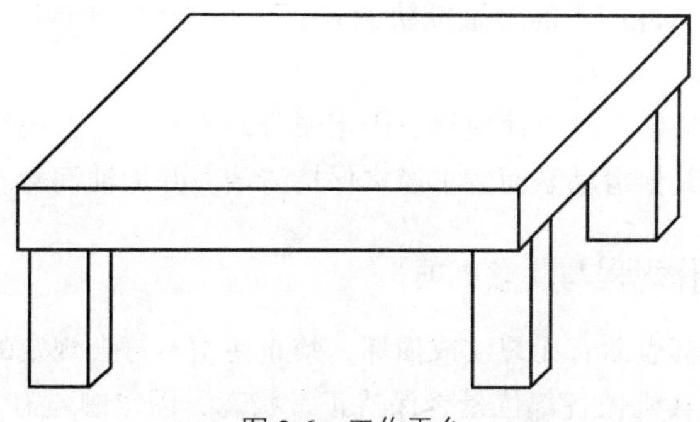

图 2-6　工作平台

工作平台可按材质分为：铸铁平台和花岗石平台。铸铁平台一般采用高强度铸铁 HT200-250，工作面硬度达 HB160～210。经过两次处理（人工退火 600～700 °C 和自然时效 2～3 年），具有精度稳定，耐磨性能好的特点；花岗石平台在机械行业中使用较少。

工作平台可按用途分为：检验平台、划线平台、镗铣床平台、焊接平台、铆焊平台、测量平台、装配平台、基础平台等。

（1）检验平台：适用于各种检验工作，精密测量用的基准平面；用于机床机械检验测量基准；检查零件的尺寸精度或形为偏差，并作紧密划线，在机械制造中也是不可缺少的基本工具。

（2）划线平台：也称为划线平板，用铸铁制成。用来安放工件和划线工具，主要在它上面进行划线工作。

（3）镗铣床平台：主要用于机床加工工作平面使用，上面有孔和 T 形槽，用来固定工件和清理加工时产生的铁屑。

（4）焊接平台：用来进行工件的焊接工艺，和铆焊平台不同，上面没有孔，工作面为平面或 T 形槽。

（5）铆焊平台：用于铆焊工艺的基础平板，工作面上有孔和 T 形槽，孔主要用来清理铆焊时的一些铁渣和焊接废弃物，T 形槽主要是用来固定焊接件。

工作平台精度按照国家标准计量检定规程执行，分别为 0，1，2，3 级 4 个级别；其规格一般为：200 mm×200 mm—2 000 mm×4 000 mm（特殊规格可根据实际需要进行生产加工）。

【技能操作与训练】

1. 台虎钳的使用与维护

（1）台虎钳在安装时，必须使固定钳身的钳口一部分处在钳台边缘外，保证夹持长条形工件时，工件不受钳台边缘的阻碍。

（2）台虎钳安装到钳桌后，其高度应与操作者工作高度相匹配，一般多以钳口高度恰好与肘齐平为宜，即肘放在台虎钳最高点半握拳，拳刚好抵下颚，钳桌的长度和宽度则随工作而定。

（3）台虎钳必须牢固地固定在钳台上，两个压紧螺钉必须拧紧，使虎钳钳身在加工时没有松动现象，否则会损坏虎钳和影响加工。

（4）在夹紧工件时只许用手的力量扳动手柄，绝不许用锤子或其他套筒扳动手柄，以免丝杆、螺母或钳身损坏。

（5）不能在钳口上敲击工件，而应该在固定钳身的平台上，否则会损坏钳口。

（6）丝杆、螺母和其他滑动表面要求经常保持清洁，并加油润滑。

2. 台虎钳安全操作规程与注意事项

（1）使用前要检查其表面有无裂纹或损坏，禁止使用不符合规定的台虎钳。

（2）使用前要检查其机械各部位是否保持正常状态，固定螺丝有无松动等现象，转动部分是否灵活，活动钳体是否能自由往返，不得有部分过紧现象。

（3）台虎钳的开口度与夹紧力应符合标准规定。

（4）台虎钳是手动工具，夹持工件时，不得附加手柄，被夹持工件必须夹持牢固，火花飞出方向不应对着人及易燃物品。

（5）操作中不宜用力过猛，强力作业时，应尽量使力朝向固定钳身。。

（6）开口量必须小于规格范围内使用。

（7）活动零件应该经常注油，用后擦净。

（8）用后要清理现场，并定期检查。

3. 铸铁工作平台的使用与日常维护

（1）为了防止铸铁平台发生的变形，在吊装铸铁平台时，要用 4 根同样长度的钢丝绳同时挂住铸铁平台上的 4 个起重孔，将铸铁平台平稳吊装在运输工具上。

（2）将铸铁平台支承点垫好、垫平，保证每个支撑点受力均匀，保证整个铸铁平台平稳。

（3）铸铁平板安装时将铸铁平台的各个支撑点用调整垫铁垫好、垫实，由专业技术人员将铸铁平台调整至合格精度。

（4）使用过程中，要注意避免工件和平台的工作面有过激的碰撞，防止损坏平板的工作面；工件的重量更不可以超过平台的额定载荷，否则可能损坏平台的结构，甚至会造成平台变形，造成损坏；要轻拿轻放工件，不要在铸铁平台上挪动比较粗糙的工件，以免对铸铁平台工作面造成磕碰、划伤等损坏。

（5）为了防止铸铁平台整体变形，使用完毕后，要将工件从铸铁平台上拿下来，避免工件长时间对铸铁平台重压造成铸铁平台的变形。

（6）铸铁平台不用时要及时将工作面洗净，然后涂上一层防锈油，并用防锈纸盖上，用铸铁平台的外包装将铸铁平板盖好，以防止平时不注意造成对铸铁平台工作面的损伤。

（7）铸铁平台应安装在通风、干燥的环境中，并远离热源、有腐蚀的气体、有腐蚀的液体。

（8）铸铁平台按国家标准实行定期周检，检定周期根据具体情况可为 6 ~ 12 个月。

工作平台的检验方法及标准为：一般采用涂色法进行检验，0 级和 1 级平板平台在每边为 25 mm^2 的范围内不少于 25 点；2 级平板平台在每边为 25 mm^2 的范围内不少于 20 点；3 级平板平台在每边为 25 mm^2 的范围内不少于 12 点。

铸铁平台工作表面不应有锈迹、划痕、碰伤及其他影响使用的外观缺陷。

工作表面不应有砂孔、气孔、裂纹、夹渣及缩松等铸造缺陷。各种铸造表面应清除型砂，且表面平整，涂漆牢固。各棱边应修钝。铸铁平台在精度等级低于“00″级的平台工作面上，对于直径小于 15 mm 的砂孔允许用相同的材料堵塞，其硬度应低于周围材料的硬度。在工作面上堵塞的部位应不多于 4 处，其相互之间的距离应不小于 80 mm。

【知识巩固】

1. 工作平台的精度和规格是如何规定的？
2. 台虎钳可分为哪几种？其规格是如何规定的？
3. 铸铁工作平台日常维护有什么要求？
4. 台虎钳操作时的注意事项有哪些？

任务 2.2　砂轮机的使用

【目的与要求】

（1）掌握砂轮机的作用、类型和型号含义。
（2）掌握砂轮机的结构、安全操作规程和注意事项。
（3）能具备熟练操作砂轮机的基本技能。

【实施的环境、设备、工具】

钳工实习场、台式砂轮机、立式砂轮机。

【相关知识】

1. 砂轮机的作用

砂轮机用来刃磨錾子、钻头、刮刀等刀具或样冲、划针等其他工具，也可用来消除、磨去工件或材料上的毛刺和锐边。

2. 砂轮机的类型

砂轮机的类型主要有：台式砂轮机、立式砂轮机（落地式砂轮机）、环保型砂轮机、吸尘式砂轮机、手持式砂轮机、悬挂式砂轮机、软轴式砂轮机、防爆式砂轮机等。其中钳工操作中常用的为台式砂轮机[如图 2-7（a）所示]及立式砂轮机[如图 2-7（b）所示]两种。

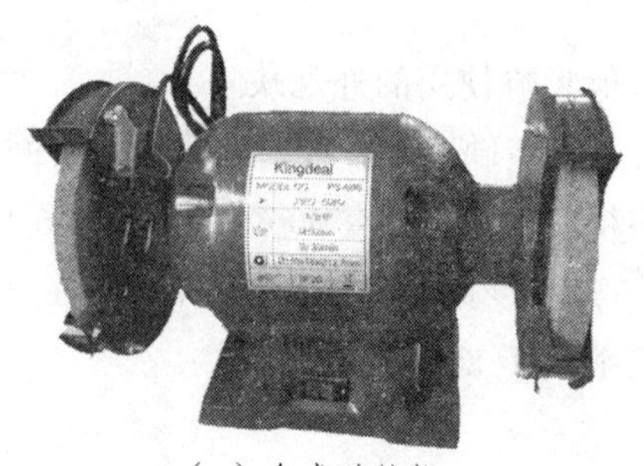

（a）台式砂轮机

（b）立式砂轮机

图 2-7　砂轮机

3. 砂轮机的型号

砂轮机的型号应符合 GB/T 9088 规定，其含义如图 2-8 所示。

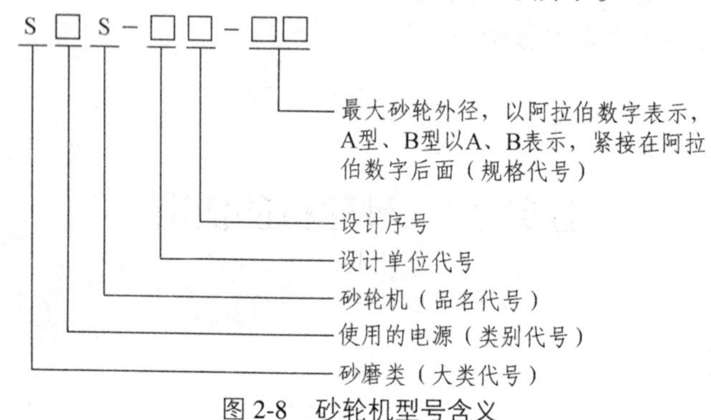

图 2-8　砂轮机型号含义

4. 砂轮机的结构

砂轮机主要是由基座、砂轮、电动机或其他动力源、托架、防护罩和给水器等组成，砂轮设置于基座的顶面，基座内部具有供容置动力源的空间，基座对应砂轮的底部位置。钳工操作所用砂轮机直接由电动机带动砂轮工作，具有结构简单，运行可靠，操作方便的特点，其结构如图 2-9 所示。

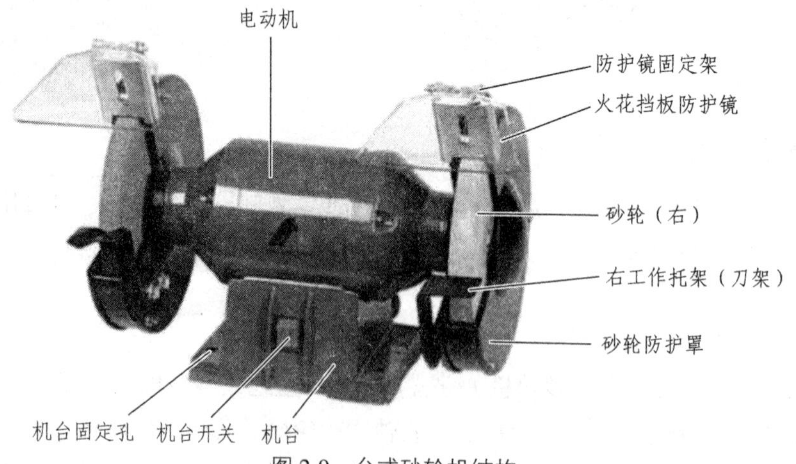

图 2-9　台式砂轮机结构

【技能操作与训练】

1. 砂轮机安装要求与注意事项

（1）砂轮机的开口方向应尽可能朝向墙，不能正对着人行通道或附近有设备及操作的人员；如果砂轮机已安装在设备附近或通道旁，在距砂轮机开口处 1 ~ 1.5 m 处应设置高 1.8 m 金属网加以屏蔽隔离。

（2）砂轮机不得安装在有腐蚀性气体或易燃易爆场所内；砂轮机安装场所应保持地面干燥；砂轮机使用现场应保证足够的照度。

（3）砂轮机防护罩要有足够的强度（一般钢板厚度为 1.5 ~ 3 mm）和有效的遮盖面。悬挂式或切割砂轮机最大开口角度小于等于 180°；台式和落地式砂轮机，最大开口角度小于等于 125°，在砂轮主轴中心线水平面以上开口角度小于等于 65°。

（4）防护罩安装要牢固，防止因砂轮高速旋转松动、脱落；防护罩与砂轮之间的间隙要匹配：新砂轮与罩壳板正面间隙应为 20 ~ 30 mm，罩壳板的侧面与砂轮间隙为 10 ~ 15 mm。

（5）挡屑板应牢固地安装在防护罩壳上，调节螺栓齐全、紧固；有足够的强度且可调，其宽度应大于防护罩外圆部分宽度，能有效地挡住砂轮碎片和飞溅的火星。

（6）挡屑板应能够随砂轮的磨损而调节与砂轮圆周表面的间隙，两者之间的间隙小于等于 5 mm；当砂轮机防护罩在砂轮主轴中心水平面以上的开口角度≤30°时，可不设置挡屑板。

（7）砂轮必须完好无裂纹、无损伤。安装前应目测检查，发现裂损，严禁使用；禁止用受潮、受冻的砂轮；选用橡胶结合剂的砂轮不允许接触油类，树脂结合剂的砂轮不允许接触碱类物质，否则会降低砂轮的强度；不准使用存放超过安全期的砂轮。树脂结合剂砂轮存放安全期一般为 1 年，橡胶结合剂砂轮存放安全期一般为 2 年（以制造厂说明书为准）。

（8）托架要有足够的面积和强度；托架靠近砂轮一侧的边棱应无凹陷、缺角；托架位置应能随砂轮磨损及时调整间隙，间隙应小于等于 3 mm；托架台面的高度与砂轮主轴中心线应等高或略高于砂轮中心水平面 10 mm。

（9）切割砂轮机的法兰盘直径不得小于砂轮直径的 1/4，其他砂轮机的法兰盘直径应大于砂轮直径的 1/3，以增加法兰盘与砂轮的接触面；砂轮左右的法兰盘直径和压紧宽度的尺寸必须相等；法兰盘应有足够的刚性，压紧面上紧固后必须保持平整和均匀接触；法兰盘应无磨损、变曲、不平、裂纹，不准使用铸铁法兰盘；砂轮与法兰盘之间必须衬有柔性材料软垫（如石棉、橡胶板、纸板、毛毡、皮革等），其厚度为 1 ~ 2 mm，直径应比法兰盘外径大 2 ~ 3 mm，以消除砂轮表面的不平度，增加法兰盘与砂轮的接触面。

（10）砂轮机安装支架应装在紧固的地基上，具有一定的刚度和稳定性，以防振动；砂轮机运行必须平稳可靠，旋转速度不得超过砂轮的圆周安全速度，无明显的径向跳动，砂轮磨损量不超标，且在有效期内使用；砂轮磨损到一定程度后必须更换；砂轮机电源线要连接可靠，控制电器符合机床电器安全的有关规定。

2. 砂轮机安全技术操作规程

（1）使用者必须遵守《金属切削加工安全技术操作通则》

（2）使用者必须熟知砂轮机构造、性能及维护保养知识。

（3）根据砂轮使用说明书，选择与砂轮机主轴转数相符合的砂轮。新领的砂轮要有出厂合格证，或检查试验标志。安装前如发现砂轮的质量、硬度、粒度和外观有裂缝等缺陷时，不能使用。

（4）砂轮机必须安装牢固可靠，紧固螺丝不准松动或损坏。

（5）砂轮法兰盘必须大小一致，其直径不准小于砂轮直径的 1/3，砂轮与夹板之间必须有柔性垫片。

（6）拧紧螺帽时，要用专用的扳手，不能拧得太紧，严禁用坚硬物体锤敲，防止砂轮受击碎裂。

（7）砂轮装好后，要装防护罩。

（8）新装砂轮启动时，不要过急，先点动检查，经过 5 ~ 10 min 试转后，才能使用。实习人员不得更换砂轮。

（9）砂轮开动后，空转 2 ~ 3 mim，方可使用。

（10）砂轮抖动，没有防护罩，托刀架磨损，装卡不牢固时不准使用。砂轮与托刀架距离必须小于 3 mm。

（11）磨工件或刀具时不准用力过大或撞击砂轮。工件过大过小或者手拿着困难的禁止在砂轮机上磨削。禁止磨削非金属制品。

（12）在同一砂轮上禁止两人同时作业，也不得在砂轮侧面磨工件。

（13）磨削时，工作者不准站在砂轮正面，必须戴防护镜及防尘口罩，磨削时间较长的工件，应及时进行冷却，防止烫手，禁止用棉纱等裹住工件进行磨削。

（14）经常修整砂轮工作表面的平整度，保持良好的状态。

（15）砂轮磨削损耗到规定尺寸时要立即更换，否则禁止使用。

（16）检查、维护、调整间隙时必须停机操作。

（17）砂轮机必须配备良好的吸尘设备，安装位置便于操作，并必须有良好的照明装置，禁止在阴暗狭小的操作环境下工作。

（18）刃磨结束后应及时关闭砂轮机电源。

【知识巩固】

1. 砂轮机的用途有哪些？
2. 砂轮机一般由哪几部分组成？
3. 砂轮机在安装位置上有何要求？
4. 砂轮机安全操作要求有哪些？

任务 2.3　钻床的使用

【目的与要求】

（1）掌握钻床的作用和类型。

（2）掌握台式钻床的结构、工作原理、安全操作规程和注意事项并具备熟练操作的基本技能。

（3）能正确分析和排除台式钻床的常见故障。

【实施的环境、设备、工具】

钳工实习场、台式钻床、立式钻床。

【相关知识】

1. 钻床的作用

钻床是主要采用钻头在工件上加工孔的机床，是具有广泛用途的通用性机床设备，可对零件进行钻孔、扩孔、铰孔、锪平面和攻螺纹等加工；在钻床上配有工艺装备和万能工作台时，还可以进行镗孔、钻孔、扩孔、铰孔。

钻床通常以钻头旋转为主运动，钻头轴向移动为进给运动，一般结构简单，加工精度相对较低。加工过程中，刀具中心对正孔中心，使刀具转动（主运动），工件不动，刀具移动完成钻孔。因此，钻床具有工件固定不动，刀具做旋转运动的特点。

2. 钻床的类型

钻床根据用途和结构主要分为以下几类：

1）立式钻床

工作台和主轴箱可以在立柱上垂直移动，用于加工中大型工件，其外形与结构如图 2-10 所示。

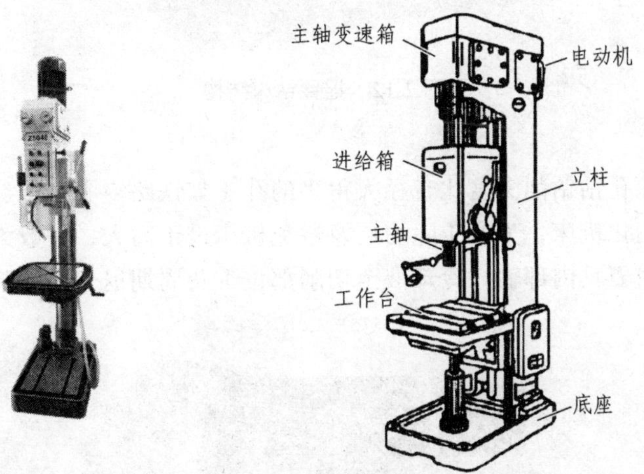

图 2-10　立式钻床结构

2）台式钻床

台式钻床简称台钻，是一种体积小巧，操作简便，通常安装在专用工作台上使用的小型孔加工机床。台式钻床钻孔直径一般在 13 mm 以下，最大不超过 16 mm。其主轴变速一般通过改变三角带在塔型带轮上的位置来实现，主轴进给靠手动操作，其外形如图 2-11 所示。

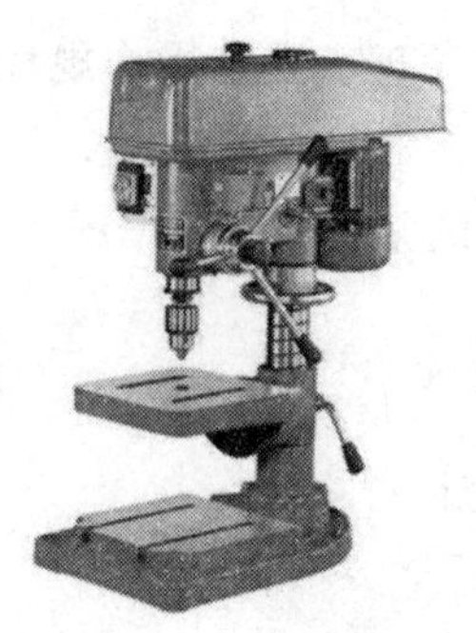

图 2-11　台式钻床

3）摇臂钻床

摇臂钻床的主轴箱能在摇臂上移动，摇臂能回转和升降，工件固定不动，适用于加工大而重和多孔的工件，广泛应用于机械制造中，其外形与结构如图 2-12 所示。

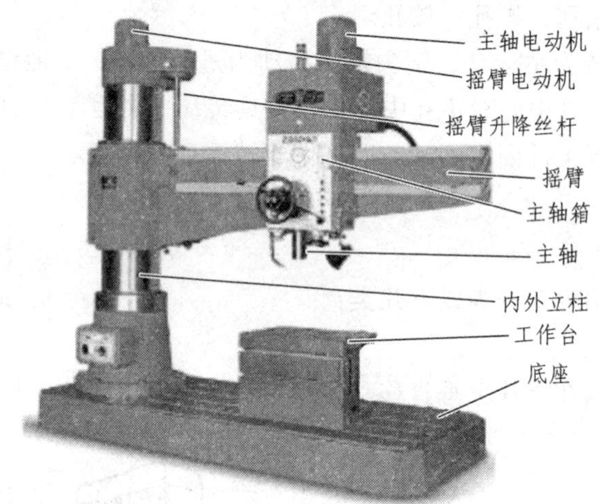

图 2-12　摇臂钻床结构

4）深孔钻床

深孔钻床是用深孔钻钻削深度比直径大得多的孔（如铁路空心车轴、炮筒和机床主轴等零件的深孔）的专门化机床，为便于除切屑及避免机床过于高大，一般为卧式布局，常备有冷却液输送装置（由刀具内部输入冷却液至切削部位）及周期退刀排屑装置等，其外形如图 2-13 所示。

图 2-13　深孔钻床

5）卧式钻床

卧式钻床是主轴水平布置，主轴箱可垂直移动的钻床。一般比立式钻床加工效率高，可多面同时加工。

3. 台式钻床的结构

台式钻床主要由电动机、立柱、主轴头架、保险环、塔形带轮、锁紧装置、工作台、钻夹头及钻头、手柄等组成，其结构如图 2-14 所示。

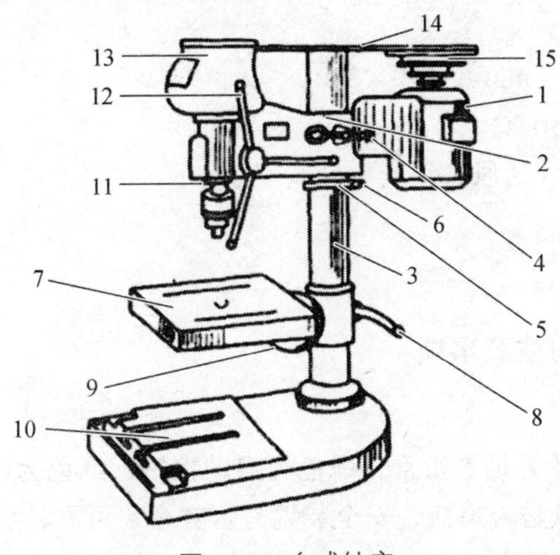

图 2-14　台式钻床

1—电动机；2—主轴头架；3—立柱；4—锁紧手柄；5—保险环；6—紧定螺钉；7—工作台；8—工作台锁紧手柄；9—锁紧螺钉；10—底座；11—主轴；12—进给手柄；13—带罩；14—三角带；15—塔形带轮

台式钻床是一种小型钻床，其电动机通过 5 级变速带轮，使主轴可变 5 种转速。主轴头架可在圆立柱上面上、下移动，并可绕圆立柱中心转到任意位置进行加工，调整到适当位置后用手柄锁紧。如主轴头架要放低或抬高时，先把保险环调节到适当位置，用紧定螺钉把它锁紧，然后摇动头架手柄，进行上下调节主轴头架。工作台可在圆立柱上面上、下移动，并可绕立柱转动到任意位置，工作台座可通过锁紧手柄进行固定。当松开其锁紧螺钉时，工作台在垂直平面还可左右倾斜 45°。工件较小时，可放在工作台上钻孔，当工件较大时，可把工作台转开，直接放在钻床底座面上进行钻孔。

4. 台式钻床的工作原理和参数

台式钻床由电动机做动力输出，通过塔式皮带轮，经过变速传递给主轴，主轴最外面的是不会旋转只会直线运动的套筒，上面有齿条结构，和齿轮配合组成纵向进给机构，主轴装在这个套筒里面，主轴能自由在套筒里面旋转，但套筒的上下移动会带动主轴的上下移动；最里面的是一个比较长的滑移花键，主轴能在花键上自由上下移动，但要和花键一起旋转，花键的上端上固定了一个空心塔式皮带轮，钻头的动力就是从这里传入的，即通过花键传递给主轴，从而带动钻头旋转切削工件。

一般台式钻床的工作参数：

（1）最大钻孔直径（mm）：16。

（2）主轴转速级数：5 级。

（3）主轴转速（r/min）：2850-1770-960-590-390。

（4）电动机功率（kW）：0.55。

（5）主轴下端至底座工作面距离（mm）：150 ~ 450。

（6）主轴轴线至立柱母线距离（mm）：195。

（7）主轴最大行程（mm）：100。

（8）主轴锥孔规格：莫氏 2#。

（9）质量（kg）：70。

（10）底座工作面尺寸（mm）：270×300。

（11）工作温度：-2 ~ 50 °C。

（12）工作环境：干燥、通风、无灰尘。

【技能操作与训练】

1. 台式钻床的使用与注意事项

1）开机前检查

（1）检查线路、电源开关是否正常，绿色为启动按钮，红色为停止按钮；各操作手柄、旋钮是否在正确位置、操纵是否灵活、安全装置是否齐全、可靠，周围安全通道是否通畅。

（2）仔细检查钻夹头、钻套，不可松动。根据加工材料的孔径、材质，选用合适的钻头。

（3）装夹钻头，用钻夹头专用扳手旋转钻夹头外壳，使 3 个夹头张开，把钻头塞入钻夹头，并使钻头处于中心位置，然后用钻夹头专用扳手顺时针方向旋紧钻头；对于锥柄钻头，可以通过变径套或直接装入主轴锥孔。

（4）将工作台升到合适高度后通过锁紧手柄可靠固定。

（5）将工件通过平口钳等可靠固定到工作台上。

（6）如有异常及时报告，请维修人员进行维修。

2）设备操作

（1）将绿色启动按钮按下，机床主轴运转，低速运转 3 ~ 5 min 检查主轴转动方向，确认正常后方可开始工作。

（2）选择旋转速度和进给速度，转动进给手柄，在钻头刚接触工件时，要轻轻用力，以防工件转动或被甩出。

（3）钻头要匀速下降，孔即将钻穿时，要减小压力与进给速度。

（4）在钻孔操作过程中，要认真观察机床钻孔运转状态，视线不得离开工件；工件加工完毕，匀速转动进给手柄，使钻头抬高至顶部。

（5）按下红色停止按钮，切断电源，机床主轴停止运转。

（6）待主轴转动完全停止后，取下工件，并摆放整齐；利用钻夹头专用扳手取下钻头，并放好。

3）操作注意事项

（1）不使用超过最大钻孔直径的钻头，严禁超负荷、超性能作业加工。

（2）工作前必须穿好工作服，扎好袖口，不准戴围巾，严禁戴手套，女工发辫应挽在帽子内。

（3）钻床运转时，不准离开工作岗位，因故要离开时必须停车并切断电源。

（4）工件、工装要正确固定，工件不论大小，必须固定好后方可工作，严禁手持加工。

（5）装卸钻头应停车进行，锥面要擦净，装夹要牢靠，安装、拆卸钻头应使用专用工具，不允许采用敲击的方法。

（6）钻深孔时，要经常提钻排屑，并加大冷却液，防止折断钻头，孔即将钻通时，应适当减小进给量；钻薄板孔时，应刃磨薄板钻头，并采用较小进给量。

（7）钻屑缠绕在工件或钻头上时，应停钻用专门工具清除，在机器运转当中，工件和刀具会发热，手和脸不要接近钻头，严禁清扫钻头、用手摸钻头的锋刃及拿棉纱等擦钻床的钻屑，更不允许用嘴吹钻出物。

（8）台钻停止运转后，方可装卸工件及装卸钻头，严禁在开车状态下拆卸工件、检查工件和变换主轴转速，必须在停车并切断电源状态下进行，工作中出现任何异常情况，应停车检查处理。

（9）工作完毕后，必须切断电源；清理工作台面，整理所做工件，材料定置堆放整齐，做好标识。

2. 台式钻床的维护保养

（1）首先切断电源，然后进行保养工作。

（2）每次工作结束后，应及时清理工作台面，擦拭台钻，做到无油污、无锈蚀。

（3）检查机械连接部位螺钉、螺母是否松动，检查传动系统是否灵活，检查皮带松紧程度。

（4）检查保护接地或接零线连接是否正确，牢固可靠，软电缆或软线是否完好无损，插头是否完整无损，台钻开关动作是否正常、灵活，有无缺陷、破裂。

（5）检查传动皮带是否损坏，各保护外罩是否正常。

（6）定期用润滑脂润滑，卸下主轴皮带轮和花键套，将轴承从轴承座中取出，然后添加润滑脂。

【知识巩固】

1. 钻床的用途与分类有哪些？
2. 台式钻床一般由哪几部分组成？
3. 台式钻床在维护保养上有何要求？
4. 台式钻床操作注意事项有哪些？

任务 2.4　架车机的使用

架车机是轨道运输设备维修钳工的辅助设备

【目的与要求】

（1）掌握架车机的作用和常用类型。

（2）掌握气动架车机的结构、特点、操作使用方法和相关注意事项并具备熟练操作的基本技能。

（3）掌握 25 t 移动式电动架车机的结构、技术参数、操作使用方法和相关注意事项并具备熟练操作的基本技能。

（4）能正确维护保养电动和气动架车机。

【实施的环境、设备、工具】

铁道车辆检修实习场、气动架车机、电动架车机。

【相关知识】

1. 架车机的作用

架车机是轨道运输设备维修中常用的一种检修设备，它主要用于轨道运输设备（如机车、车辆、动车组等）检修作业时架车承重举升，可有效解决机车车辆整体举升检修和车辆单体检修，极大地提高了车辆检修的效率。目前，轨道交通行业检修作业中常用的有气动架车机和电动架车机两种类型，如图 2-15 和图 2-16 所示。

图 2-15　气动架车机

图 2-16　电动架车机

2. 气动架车机

以铁路车辆段常用的双缸单活塞侧进气圆活塞杆 TQ40-2-2 型气动架车机为例。

1）主要规格

架车能力：单台 6 ~ 11 t。

工作气压：0.6 ~ 0.8 MPa。

架车高度：1.125 m、1.325 m、1.555 m（可根据用户需求预设）。

气缸直径：ϕ 457 mm。

单台质量：约 1 000 kg。

外形尺寸：650 mm×650 mm×2 030 mm。

2）主要结构特点

TQ40-2-2 型架车机由上、下缸体，缸套总成，活塞杆总成，镐头，连接软管和管件等部件组成，其结构如图 2-17 所示。

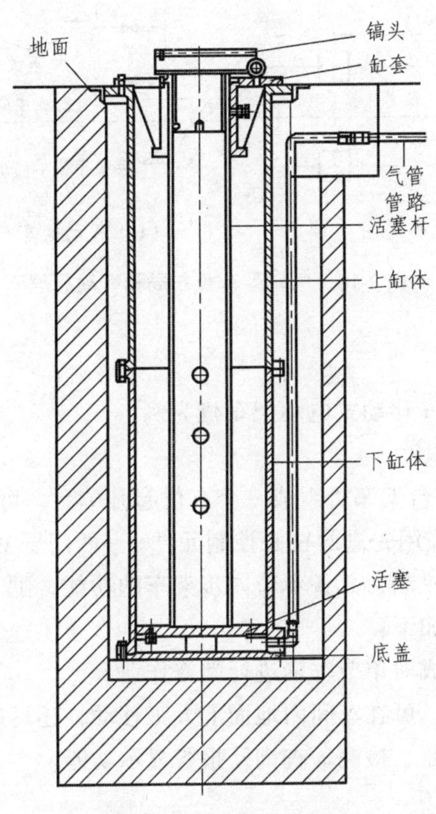

图 2-17　气动架车机结构

架车机上、下缸体为架车机主体，材质为 HT200 较高强度铸铁，时效期一年。灰铸铁具有较高的耐磨性和耐热性，减振性也较好，塑性低，变形小，抗压能力强，能够增强架车机整体运行稳定性，使用寿命长。

架车机缸套总成为活塞杆的伸缩活动提供导向作用。缸套材质同缸体材质相同，为 HT200 较高强度铸铁，时效期一年。缸套内孔镶有导向键，与活塞杆上的键槽相配合，防止活塞杆随意转动。缸套上装有橡胶防尘圈，与活塞杆配合有效防止杂物进入缸体内部，保证缸体内部清洁。缸套用螺栓和上缸连接，主体嵌入缸体内部。检修时只需将缸套拆下即可对缸体内部进行维护。

活塞杆总成由活塞和活塞杆焊接，活塞上装有 L 形皮碗。活塞杆采用优质厚壁无缝管车制。

3）安装要求

一般每个修车台位需两组 4 台架车机，分别架设在车体两端。对于经常架设不同车型的台位也可增设为 3 组或 4 组。每组架车机由一个进气阀和一个排气阀控制。架车机两台为一组，以车间轨道中心线为基准，分别安装在轨道两侧，中心距 2 900 mm，偏差±20 mm，水平高度差±2.5 mm。架车机底部承重，上方盘与基础上平面保持 15 ~ 25 mm 间隙，其布局和气动原理如图 2-18 所示。

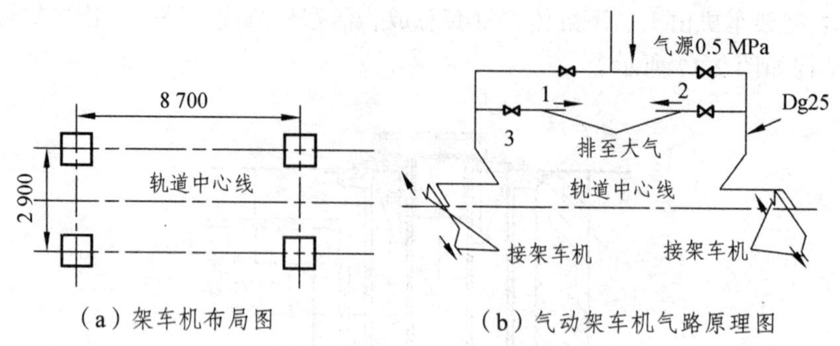

图 2-18　气动架车机布局和气动原理

3. 电动架车机

以铁路车辆段常用的 25 t 移动式电动架车机为例。

1）功能与适用范围

移动式架车机组是由 4 台架车机组成一个车位起升单元，可以满足车辆检修过程中单节车的同步架车，其电器设备采用先进的核心控制元件——西门子 PLC，通过严格全面的程序编制，保障设备的安全运转。控制台具备单节同步架车的功能，配 7 寸触摸屏。控制台升降按钮采用点动控制。具体功能如下：

（1）一组架车机可以完成对单节车辆进行架修作业。

（2）配有液压走行系统，可在车间内地面上人工移动，还可通过起重机吊装。

（3）设备故障的自动诊断、检测、查询及报警显示功能。

2）主要技术参数

（1）工作条件。

① 供电电压：交流 380 V/220 V，50 Hz，电压变化范围±10%。

② 线路轨距：1 435 mm。

③ 钢轨类型：50 kg/m。

④ 线路：线路为直线平坡。

⑤ 接触网：库内不设接触网，车辆牵引对位作业由公铁两用车完成。

⑥ 地面强度：架车机作业区地面强度不小 0.2 MPa。

（2）技术参数。

① 三相电源为 AC 380（1±10%）V，50 Hz。

② 任意两个单机之间的高度差在（0，+8）范围内，正常运行。

③ 任意两个单机之间的高度差在（0，12）范围内，自动调整。

④ 任意两个单机之间的高度差大于 12 mm，停车报警。

⑤ 单台电动机功率：4.5/5.5 kW。

⑥ 单台额定起重能力：25 t。

⑦ 运行速度：240/480 mm/min。

⑧ 托架上限：2 000 mm。

⑨ 托头距轨面最低位置：700 mm。

3）主要结构特点

25 t 移动式电动架车机由传动装置、机架、托架、控制台组成，其结构如图 2-19 所示。其 4 台为一组，可进行单节车辆的同步举升作业。

（1）传动装置：采用的高效齿轮减速电机直接传动承重丝杠旋转，通过承重螺母带动托架升降，减少了传动件，提高了传动效率。

（2）机架：为双立柱箱形焊接结构；立柱上部顶板与减速机安装座用螺栓相连接成门式结构，立柱下部与底板、立筋板等焊接。立柱导轨面电火花淬火，以提高耐磨性，架车机动作时托架的滚轮沿立柱导轨上下滚动。

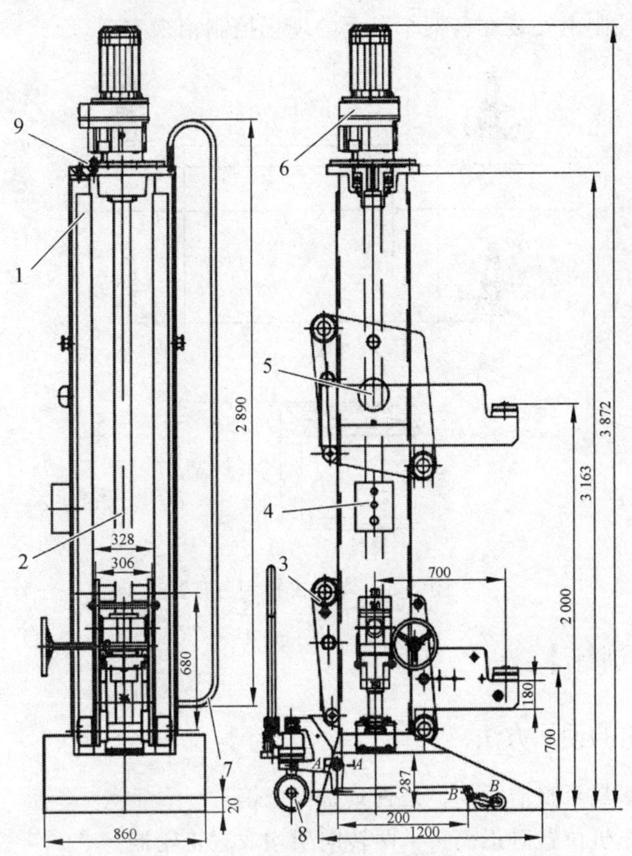

图 2-19　25 t　移动式电动架车机结构

1—焊接机架；2—丝杆螺母总成；3—托头夹板总成；4—分控箱；5—电铃；6—斜齿轮减速机；7—爬梯；8—手动液压搬运车；9—螺栓

（3）托架：由左右侧板、臂板、托头、横担梁、主螺母、保护螺母、滚轮等组成。托架直接承受机车载荷并通过承重螺母，丝杠旋转时带动托架上升或下降。

（4）控制台功能包括 25 t 架车机的同步控制，记数传感器的测量，记数传感器的故障检测，电气安全保护，触摸屏显示等功能。

（5）电气系统由控制台、控制箱及连接它们的电器接线等组成。每组架车机包括 4 个架车机本体控制箱，4 个上限位开关，4 个下限位开关，4 个上限超限位开关，4 个下限超限位开关，4 个托头接触开关，4 个螺母磨损开关，4 个同步计数器传感器。

（6）控制台组成：具备单节架车功能，单组控制台布置如图 2-20 所示。由断路器、接触器、热继电器、相序保护继电器，SIMATIC S7-200 可编程控制器，TD700 触摸屏显示来完成系统的配电、供电、电路保护，显示控制等功能。可最多控制 4 台电机运行，电机设有过载、短路、缺相保护，4 台电机具有安全互锁功能，任何一台电机发生过载时，4 台电机同时停止工作。

（7）控制台的核心部件为可编程控制器、触摸显示屏和同步计数传感器。通过数据采集、逻辑运算、数值运算等功能控制动作输出，实现同步控制、故障报警、状态显示等。控制系统按功能可以分为集中控制和现场控制。集中控制由控制面板上的功能选择开关、按钮和功能键来实现；现场控制由安装在各架车机上的现场控制箱来实现。

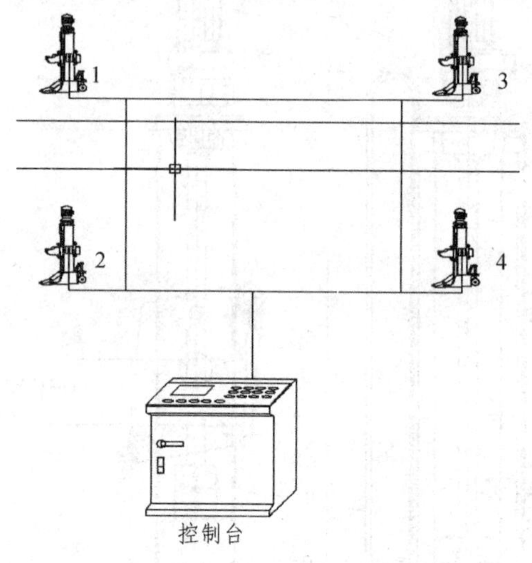

图 2-20　单组主控制台布置

【技能操作与训练】

1. 气动架车机的使用方法

（1）检查镐头垫是否整洁无物，是否具备安全销。

（2）将车体架车机位置对正镐头，两转向架均放置止轮器。

（3）先架车体一端。

① 关闭排气阀，打开进气阀。同组两台架车机活塞总成同步上升，将车体一端顶起。

② 车体抬起至所需位置（仅限第一孔和第二孔），露出安全销孔 50 mm 左右时穿入安全销。

③ 关闭进气阀，打开排气阀，车体回落，安全销落在缸套上。

（4）重复第（3）步骤架起车体另一端，架车作业完成。

（5）当使用第三孔时需按先将架车机一端架至第一孔，再将另一端架至第三孔，最后将第一端架至第三孔。

（6）落车时，先落车体一端。

① 关闭排气阀，打开进气阀，同组两台架车机同时上升，车体抬起。

② 至安全销离开缸套约 50 mm 时关闭进气阀，抽出安全销。

③ 打开排气阀，车体回落至转向架，活塞杆总成恢复原位。

（7）重复第（6）步骤落车体另一端。

（8）在使用第三孔落车时，应先将车体一端落至第一孔，再落另一端至转向架，最后将第一孔端也落至转向架，活塞杆总成恢复原位。

（9）落车后排气阀应处于打开状态。

2. 气动架车机操作注意事项

（1）定期对缸体内壁涂钙基润滑脂，对活塞杆涂机械油；定期检查风管路是否畅通，不可有堵塞或泄漏；视使用情况及时更换密封件。

（2）设备应清洁。使用前镐头平面无异物。

（3）架车作业时安全员应随时观察架车机的起升情况，车体两侧不得有无关人员通过或停留。

（4）架车作业时禁止一次起升至第三孔。

（5）落车后禁止关闭排气阀。

（6）修车时严禁将架车机做地线连接，焊接和切割作业时应远离活塞杆伸出部分，严禁损伤活塞杆。

3. 25 t 移动电动架车机的使用方法

1）工作模式

具有点动、检修、同步控制模式

2）工作原理

通过电源钥匙开关进行电源启动，触摸屏将进行系统初始化，初始化完成后，可以进行操作。

（1）单独点动运行：将功能选择开关置于单独点动位置，操作架车机现场的上升或下降按钮，则对应的架车机将独立上升或下降。点动上升时，当对应的托头接触车体，到位触发后，停止上升。此功能用于同步运行模式准备，确定同步起车点，点动下降不受此限制。上下限位限制对应方向控制，即上限位到位时，停止上升动作，下限位到位时，停止下降动作。任何急停的按下或触发将禁止架车。单独点动同时也应用在单柱架车机检修调试。

（2）检修同步运行：将功能选择开关置于检修同步位置，操作控制箱上的上升或下降按钮，则架车机对应的组将同步上升或下降。此功能用于计数传感器故障应急架车，或检修架车机时使用，传感器只计数，控制系统不能自动调整。

（3）同步模式；通过单独点动，进行架车机同步起升点的调整，保证架车机托头可靠接触车体，当对应的组全部到位后，架车机组将自动进行一次相对高度对齐（通过触摸屏操作也可以进行相对高度对齐）；按下启动提醒铃按钮，电铃警告，提醒现场人员注意安全；解锁急停钮，当架车机同步上升前先人工确认是否安全，然后按按钮盒上的安全确认按钮，再按上升按钮同步上升，当任意一部架车机运行行程达到上限位或达到指定升程距离时自动停车；按下降按钮同步下降，架车机运行达到其下限位置，或达到指定升程距离时自动停车。在运行过程中任意两台高度差超过 8 mm，系统进行自动调整，当调整到同一高度，继续上升（上升控制）或下降(下降控制)；当调整超过 10 s，停止调整，并停车报警；如果高度差超过 12 mm，系统报警停车；当出现计数传感器故障时，控制系统自动架车停止，并报警，这种情况可以转换到检修同步，按上升或下降按钮，并且在现场人员统一指挥，严格监视下完成应急架车任务。工作结束后，断电，检查并确认故障情况，排除故障。

（4）架车高度设置：设置高度为 0，为任意上下行程，通过急停或限位停止，如果设置高度为大于相对高度，则上升到相对高度停止；小于相对高度，则下降到相对高度停止。设置高度只能为正数。

3）操作命令

架车工作必须一人指挥，统一操作。

（1）通过点动模式检查控制设备和机械设备的状况，出现任何情况应进行检查和维修，保证架车安全。

（2）当车辆到位后，手动移动架车机到位，转动手轮使托架进入架车点下方，使托头与架车点对正。

（3）闭合主电源开关，打开电源钥匙开关，触摸屏启动初始化，以及 PLC 通信正常后，显示数据和状态，系统开始正常工作。

（4）将模式选择开关转换到点动模式下，根据需要选择需要操作的架车机。

（5）由现场操作人员操作架车机控制箱上升和下降按钮调整各架车机的托头，使托头与机车架车点良好接触。

（6）将模式选择开关转换到同步模式下，准备架车。

（7）操作起车铃，进行架车机前的电铃警告，在车辆对方的操作者通过控制手柄按下架车允许按钮，PLC 接收到信号后，蜂鸣器鸣响 3 s，准备完毕允许架车，这时可以架车。

（8）操作上升按钮，架车机平稳上升；达到要求高度时，按下控制面板上急停钮，架车机停止上升，或者通过设定高度，达到指定高度，自动停车。

（9）下降控制和上升控制近似相同，只是方向相反。

（10）架车作业完毕，脱离车辆或车辆离开后，通过手轮收回架车机托架，将模式选择开关转到点动位，关闭电源钥匙开关，关闭电源开关，按下急停钮，进行控制箱遮盖后，工作完毕。

（11）架车暂时中断，进行车辆的维修，必须按下急停，关闭电源钥匙开关并拔出，断开电源开关，进行安全停车作业。此外设备闲置或不用情况下必须按下急停，关闭钥匙开关，并拔出钥匙，断开电源开关。

（12）检修架车，转换到检修模式，这时必须统一指挥，每柱架车机必须监视，发现情况立即急停。

4. 25 t 移动电动架车机使用注意事项

（1）电源启动后，系统初始化完成再操作。

（2）按上升和下降之前，确认架车模式。

（3）出现电气和机械的异常，应急停并处理。

（4）控制系统出现任何故障，应进行对应检查、处理。

（5）架车工作中，控制台必须有人值守，架车过程中的车辆检修作业，控制台必须关闭钥匙开关和断开电源，按下急停。

5. 25 t 移动电动架车机日常维护

（1）每班架车前做一次例行保养，检查架车机各部情况，确保设备正常。

（2）各润滑部位要按时注油润滑。

（3）架车时应尽量减少托臂伸出长度以减小机架的弯曲变形。

（4）架车使用完后要将托臂缩回到最短位置，防止设备与运行中车体相碰。

【知识巩固】

1. 架车机的作用和在轨道运输设备维修中常用的类型有哪些？
2. TQ40-2-2 型气动架车机的规格是什么？由哪几部分组成？
3. TQ40-2-2 型气动架车机的使用方法和操作注意事项有哪些？
4. 25 t 移动式电动架车机的功能和主要技术参数有哪些？
5. 25 t 移动式电动架车机由哪几部分组成？
6. 25 t 移动式电动架车机操作注意事项有哪些？
7. 25 t 移动式电动架车机日常维护有哪些内容？

项目 3　钳工常用量具和检验工具的使用

【项目描述】

通过对游标卡尺、千分尺、百分表、万能游标角度尺、块规、塞尺、极限验规和水平仪及第四种轮对检查器的功能特点、种类与精度、结构组成等进行阐述，使学生理解钳工常用量具、检验工具的刻线原理和测量与检验原理，熟悉其相关测量、检验与维护保养知识，具备熟练测量和检验的基本技能。

【内容构架】

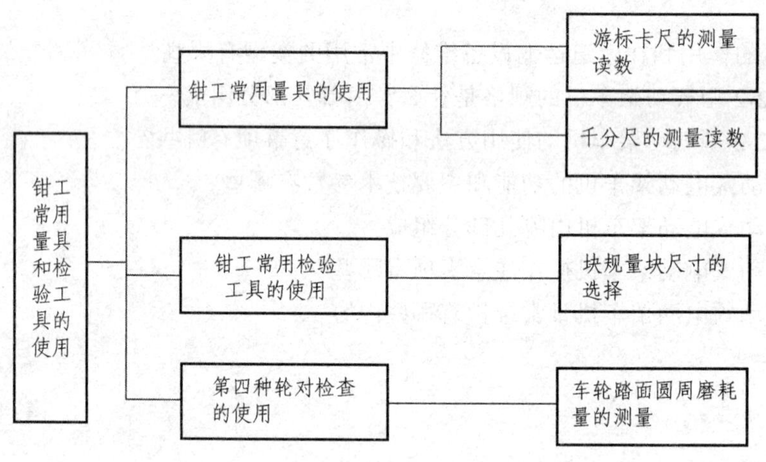

任务 3.1　钳工常用量具的使用

【目的与要求】

（1）掌握钢尺、游标卡尺和千分尺的结构、使用方法，并能够熟练操作。
（2）掌握百分表和万能游标角度尺的结构、使用方法和基本的操作技能。
（3）能正确地维护、保养游标卡尺、千分尺、百分表以及万能游标角度尺等量具。

【实施的环境、设备、工具】

钳工实习场、钢尺、游标卡尺、千分尺、百分表、万能游标角度尺和相关被测零件。

【相关知识】

量具是机械制造中为了确保零件和产品的质量，专门用来测量零件尺寸的工具。钳工常用量具有：钢尺、游标卡尺、千分尺、百分表和万能角度尺等。

1. 钢 尺

钢尺是用来测量零件长、宽、高的检测量具。钢尺分为钢直尺、卷尺。

钢直尺有 150 mm、300 mm、500 mm、1 000 mm 等几种规格。尺面上刻有公制尺寸刻线，一般刻线间距为 1 mm，而在 1 ~ 50 mm 之间刻线间距为 0.5 mm。有的钢直尺将公制与英制尺寸分别刻在尺面相对的两条边上，背面还刻有公、英制换算表。钢直尺的外形如图 3-1 所示。

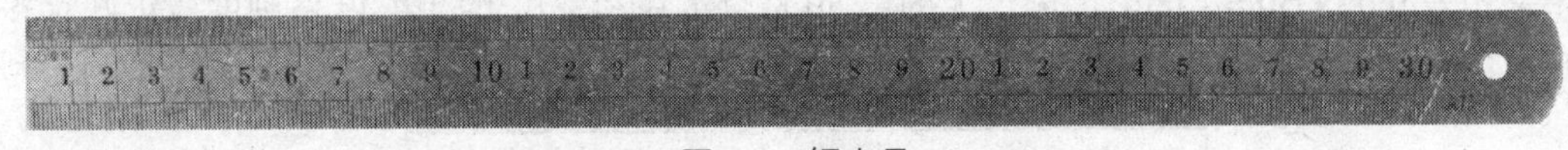

图 3-1 钢直尺

卷尺是用来测量较大型的零件长、宽、高，其外形如图 3-2 所示。其规格有 1 m、2 m、2.5 m、3 m、3.5 m、5 m、10 m 等几种，常用的多为 2 m、3 m 和 5 m，卷尺上的小刻度间距为 1 mm，大的刻度线为 1 cm。

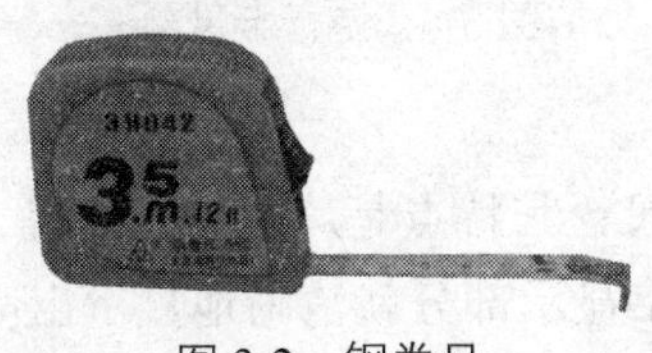

图 3-2 钢卷尺

2. 游标卡尺

游标卡尺是一种中等精度的常用量具，具有结构简单、使用方便、精度中等和测量的尺寸范围大等特点，可以用它来测量零件的外径、内径、长度、宽度、厚度、深度和孔距等，应用范围很广。

1）游标卡尺的结构和测量精度

常见的游标卡尺结构如图 3-3 所示。由尺身（主尺）、游标（游标副尺）、深度尺、下量爪（外测量爪）、上量爪（刀口内测量爪）、紧固螺钉等组成。

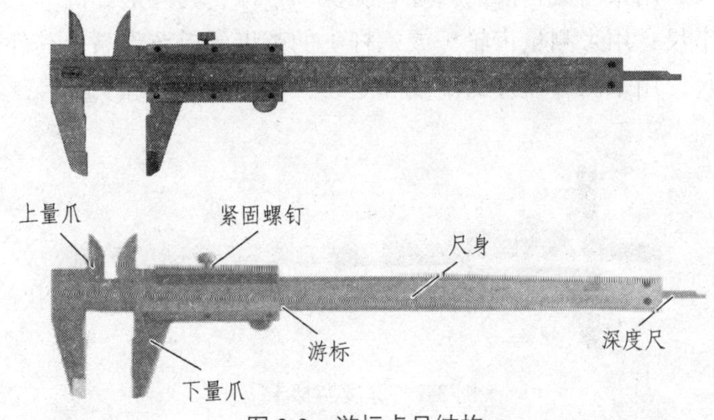

图 3-3 游标卡尺结构

尺身（主尺）一端具有固定的下量爪（外测量爪）、上量爪（刀口内测量爪），游标（游标副尺）一端也有下量爪（外测量爪）、上量爪（刀口内测量爪），当游标（游标副尺）在尺身上滑动时，上、下量爪随游标（游标副尺）一起滑动而使量爪开合。

游标卡尺的测量精度有 3 种：0.10 mm、0.05 mm、0.02 mm。一般根据实际需要进行选用。

2）游标卡尺的刻线原理

以测量精度为 0.02 mm 的游标卡尺为例说明其刻线原理。其刻线是：主尺每小格为 1 mm，每一大格为 10 mm；游标副尺上刻度为每格为 0.98 mm，共有 50 格刻度线，总的刻线长度为 0.98×50=49 mm。当固定量爪与活动量爪合并时，主尺上的 0 刻度线和游标副尺上的 0 刻度线正好对齐，而主尺上每一格的间距与游标副尺上每一格的间距之差为 1 − 0.98 = 0.02 mm，50 格共相差 0.02×50 = 1 mm，即副尺上的第 50 格刻度线和主尺上的第 49 格刻度线正好对齐，如图 3-4 所示。

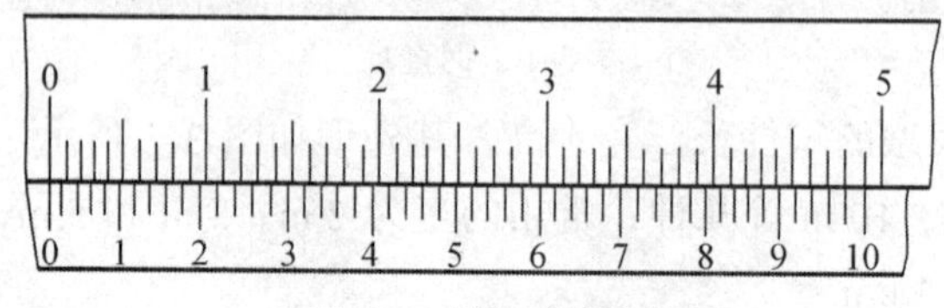

图 3-4　游标卡尺刻

3）其他游标卡尺

（1）电子数显卡尺及带表卡尺：其特点是读数直观准确，使用方便而且功能多样。当电子数显卡尺测得某一尺寸时，数字显示部分就清晰地显示出测量结果，其外形如图 3-5 和图 3-6 所示。

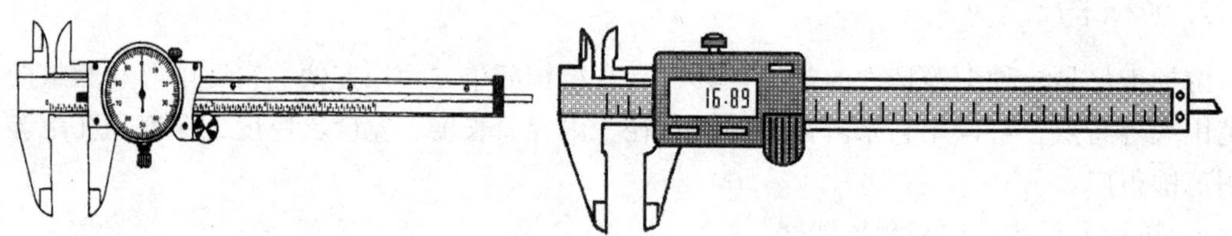

图 3-5　带表游标卡尺　　图 3-6　电子数显游标卡尺

（2）游标深度尺：用来测量台阶的高度、孔深和槽深，其外形如图 3-7 所示。

（3）齿厚游标卡尺：用来测量齿轮（或蜗杆）的弦齿厚或弦齿高，其外形如图 3-8 所示。

（4）游标高度尺：用来测量零件的高度和划线，其外形如图 3-9 所示。

图 3-7　深度游标卡

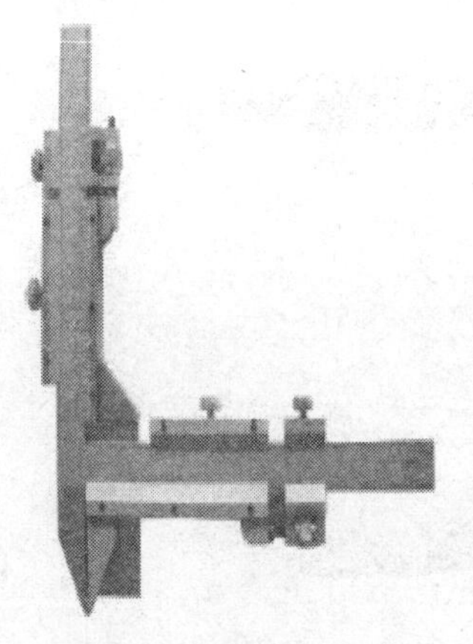

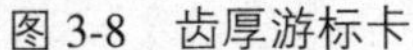

图 3-8　齿厚游标卡

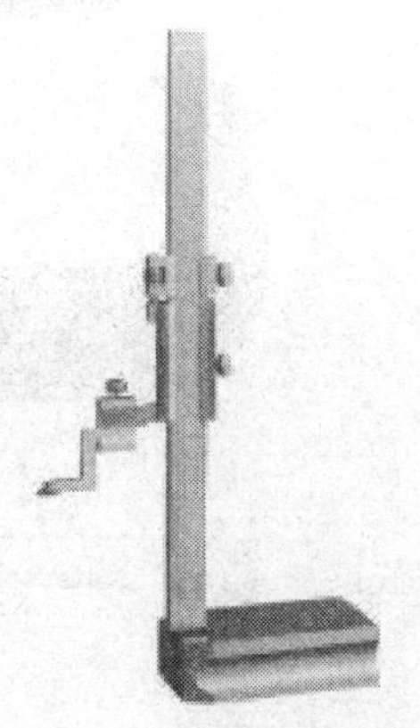

图 3-9　游标高度尺

由于游标卡尺的结构特点，其测量的范围受到了一定的限制。游标卡尺的测量范围是按规格大小来分的。一般情况下分为以下几种：

0 ~ 125 mm；0 ~ 200 mm；

0 ~ 300 mm；300 ~ 500 mm；

300 ~ 800 mm；400 ~ 1 000 mm 等。

游标卡尺在制造过程中存在一定的示值误差，其示值总误差为±0.02 mm，所以它只适用于中等精度尺寸的测量与检验。

3. 千分尺

千分尺又称为螺旋测微仪，是测量中最常用的精密量具之一，按照用途不同可分为外径千分尺、内径千分尺、深度千分尺、内测千分尺和螺纹千分尺。

1）千分尺的结构和测量精度

千分尺的结构如图 3-10 所示，由尺架、测量杆、固定套筒、活动套筒、棘轮、锁紧装置等组成。尺架的一端有砧座，另一端装有表面有刻度线的固定套筒，里面是带有内螺纹的衬套。测量杆右面的螺纹和带有内螺纹的衬套配合，并用轴套定心。固定套管的外面是有刻度线的活动套筒，活动套筒和测量杆固定在一起。在活动套筒的后部安装有棘轮装置和棘轮盘。在尺架与固定套筒之间安装有锁紧装置。

千分尺的测量精度为 0.01 mm。

2）千分尺的刻线原理

千分尺的固定套管上刻有轴向中线，作为读数基准线，上面一排刻线标出的数字表示毫米整数值；下面一排刻线未注数字，表示对应上面刻线的半毫米值。即固定套管上下每相邻两刻线轴向长为 0.5 mm。千分尺的测微螺杆的螺距为 0.5 mm，当微分筒每转一圈时，测微螺杆便随之沿轴向移动 0.5 mm。微分筒的外锥面上一圈均匀刻有 50 条刻线，微分筒每转过一个刻线格，测微螺杆沿轴向移动 0.01 mm。所以千分尺的测量精度为 0.01 mm。其刻线如图 3-11 所示。

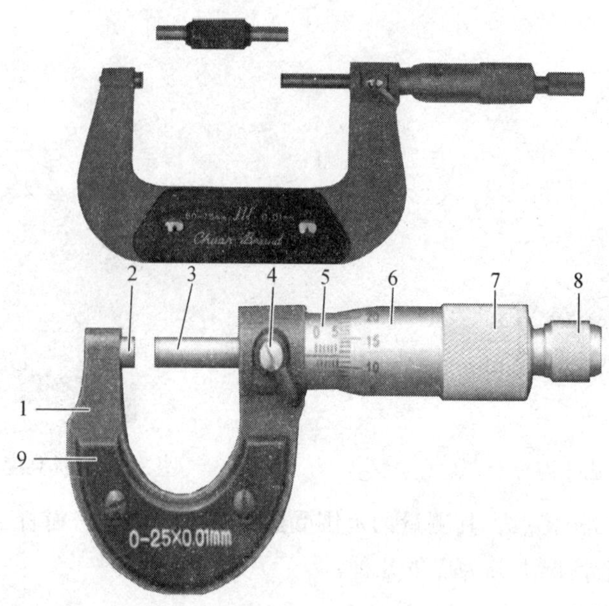

图 3-10　千分尺结构

1—尺架；2—测砧；3—测微螺杆；4—锁紧装置；5—固定套筒；6—活动套筒（微分筒）；7—旋钮；8—测力棘轮；9—隔热装置

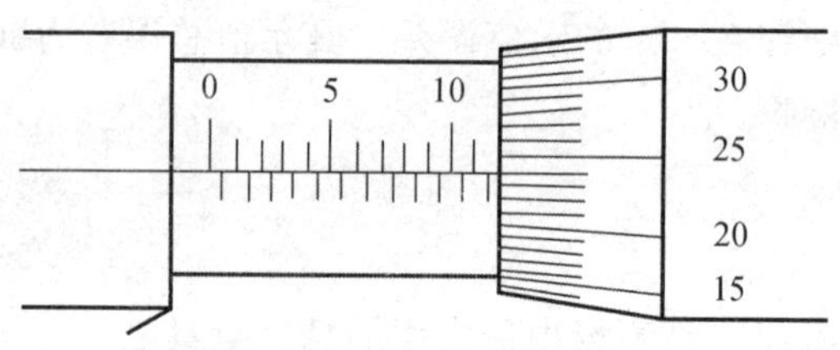

图 3-11　千分尺的刻线

千分尺的测量范围按照其规格的大小分类：外径千分尺的测量范围在 500 mm 以内时，每 25 mm 为一挡，如 0 ~ 25 mm，25 ~ 50 mm 等；测量范围在 500 ~ 1 000 mm 时，每 100 mm 为一挡，如 500 ~ 600 mm，600 ~ 700 mm 等，使用时按被测零件的大小选用千分尺。

千分尺的制造精度分为 0 级和 1 级两种，0 级精度最高，1 级次之。

4. 百分表

百分表是零件加工和机器装配中，检查零件尺寸和形状细微偏差的主要量具，是一种指示式量仪，主要用来测量工件的尺寸、形状和位置误差（包括零件表面平直度、平行面间的平行度和圆形零件的椭圆度及偏心度等），也可用于检验机床的几何精度或调整工件的装夹位置偏差等。

1）百分表的结构和测量精度

百分表的结构如图 3-12 所示，由测头、量杆、小齿轮、大齿轮、传动齿轮、指针、表盘、表圈和拉簧锁紧装置等组成。百分表的测量范围一般有 0 ~ 3 mm，0 ~ 5 mm 和 0 ~ 10 mm 3 种；按制造精度不同，百分表可分为 0 级、1 级和 2 级。

百分表的测量精度为 0.01 mm。

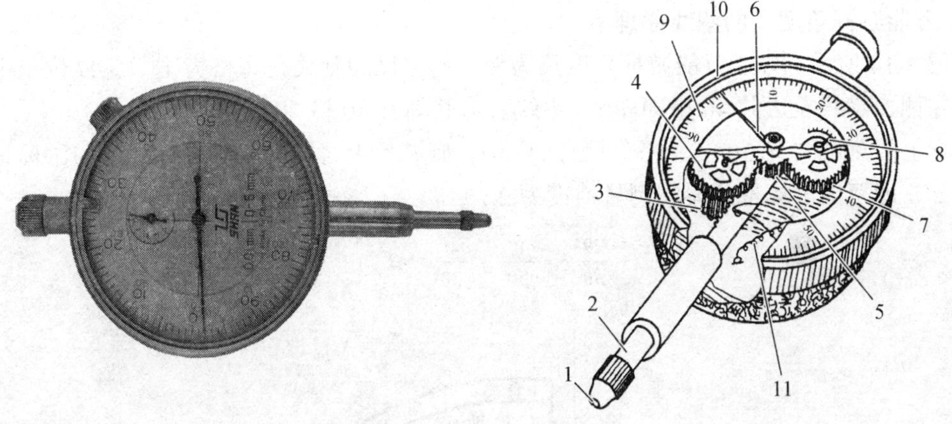

图 3-12　百分表结构

1—测头；2—量杆；3—小齿轮（16 齿）；4、7—大齿轮（100 齿）；5—传动齿轮；6、8—大小指针；9—表盘；10—表圈；11—拉簧

2）百分表的刻线原理

百分表量杆上的齿距是 0.625 mm。当量杆上升 16 齿时（即上升 0.625×16 = 10 mm），16 齿的小齿轮正好转 1 周，与其同轴的 100 齿的大齿轮也转 1 周，从而带动齿数为 10 的小齿轮和长指针转 10 周。即当量杆上移动 1 mm 时，长指针转 1 周。由于表盘上共等分 100 格，所以长指针每转 1 格，表示量杆移动 0.01 mm，故百分表的测量精度为 0.01 mm。

5. 万能游标角度尺

万能游标角度尺也称为万能角度尺，是用来测量零件内外角度的检测量具。按游标的测量精度分为 2′和 5′两种。现在常用的是精度为 2′的万能游标量角器，其测量示值误差为±2′。

1）万能游标角度尺的结构

万能角度尺的结构如图 3-13 所示，它主要由基尺、尺身（主尺）、直角尺、直尺、游标（副尺）、制动器（锁紧螺钉）、扇形板、调节螺钮和卡块等组成。扇形板可以在主尺上回转移动，形成和游标卡尺相似的结构。角尺可用卡块固定在扇形板上，直尺可用卡块固定在角尺上，也可固定在扇形板上。

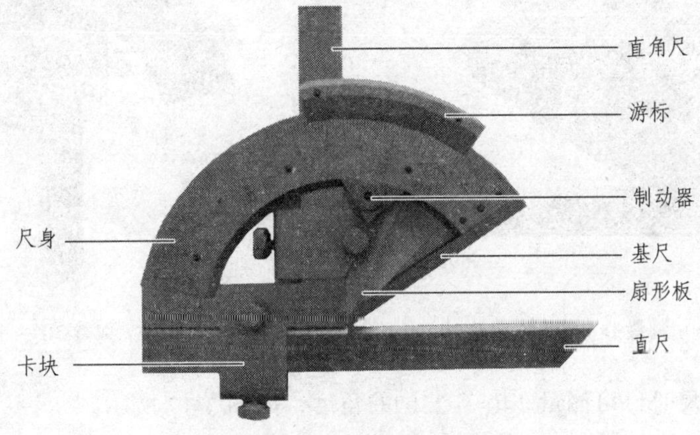

图 3-13　万能角度尺结构

2）万能游标角度尺的刻线原理

如图 3-14 所示，以 2′万能游标角度尺为例，其主尺的刻线是每格为 1°，零线位于主尺的中间偏左侧，零线左边共 40 格即 40°，零线右边共刻有 80 格即为 80°。

游标上的刻线共有 30 格，平分尺身的 29°，则游标上每格为 29°/30，尺身与游标每格的差值为 2′，即万能游标量角器的测量精度为 2′。

$$1° - \frac{29°}{30} = \frac{1°}{30} = \frac{60'}{30} = 2'$$

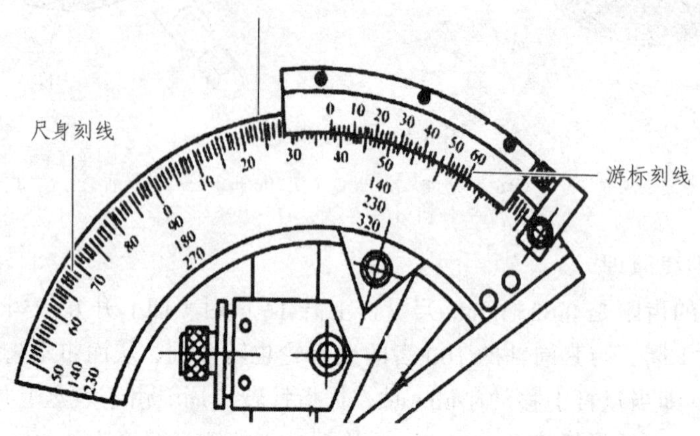

图 3-14　万能角度尺刻线

3）万能游标角度尺的测量范围

由于万能角度尺上角尺和直尺可以移动或拆换，使其能够测量 0°～320°范围内的任意内角度，以及 40°以上的任意外角度。

（1）角尺和直尺全装上时，可测量 0°～50°的角度，如图 3-15 所示。

（2）仅装上直尺时，可测量 50°～140°的角度，如图 3-16 所示。

图 3-15　测量 0°～50°的角度

图 3-16　测量 50°～140°的角度

（3）仅装上角尺时，可测量 140°～230°的角度，如图 3-17 所示。

（4）角尺和直尺全拆下时，可测量 230°～320°的角度，如图 3-18 所示。

图 3-17　测量 140°～230°的角度

图 3-18　测量 230°～320°的角度

【技能操作与训练】

1. 钢尺的使用方法

（1）钢尺必须经常保持良好状态，不能损伤或弯曲，尺的端边和长边应相互垂直。

（2）钢尺的使用方法应根据零件形状灵活掌握：测量方形零件时，要注意使钢尺和零件的一边垂直，和零件的另一边平行；测量圆柱形零件的长度时，要使钢尺和圆柱的中心轴线相平行；测量圆形零件顶端的外径和孔径时，要用尺靠着零件一面的边线来回摆动，直到获得最大的尺寸，才是直径的尺寸。

（3）用钢尺测量工件尺寸时，可能由于尺上的刻线粗细不匀或尺在工件上的方位没有放对以及尺寸没有看准等原因，产生 0.3～0.5 左右的误差。

2. 游标卡尺的使用方法

1）读数方法

分 3 步进行，如图 3-19 所示。

（1）读出游标副尺 0 刻度线左侧对应主尺的毫米整数值。

（2）找出游标副尺与主尺相对齐的刻度线，并读出副尺上 0 刻线到对齐的刻线有多少格，然后乘每格之差值 0.02，得出小数数值。

（3）将毫米整数值和小数值相加，就是所测得结果。

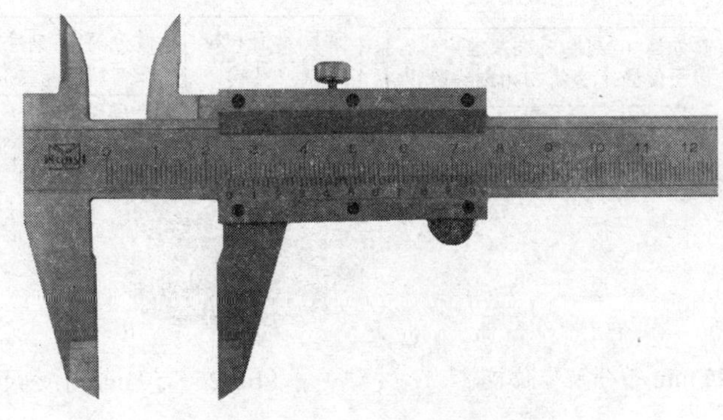

图 3-19　游标卡尺读数方法

2）游标卡尺使用注意事项

（1）根据被测工件的特点、尺寸大小和精度要求选用合适的类型、测量范围和分度值。

（2）测量前应将游标卡尺擦干净，并将两量爪合并，检查游标卡尺的精度状况；大规格的游标卡尺要用标准棒校准检查。

（3）测量时，被测工件与游标卡尺要对正，测量位置要准确，两量爪与被测工件表面接触松紧合适。

（4）读数时，要正对游标刻线，看准对齐的刻线，正确读数；不能斜视，以减少读数误差。

（5）用单面游标卡尺测量内尺寸时，测得尺寸应为卡尺上的读数加上两量爪宽度尺寸。

（6）严禁在毛坯面、运动工件或温度较高的工件上进行测量，以防损伤量具精度和影响测量精度。

3）游标卡尺维护保养

（1）游标卡尺要轻拿轻放，用完后应放在专用的盒子里，不应和其他工具放在一起，特别不能和手锤、锉刀、凿子、车刀等刃具堆放在一起。

（2）应时刻注意使卡尺平放，尤其对大卡尺更应注意这点，否则易使主尺变形。带有测深杆的游标卡尺，测量工作完毕后，要及时将测深杆推入，防止变形甚至折损。

（3）卡尺不使用时，应擦拭干净、涂油，放在专用的盒内。

（4）不能把卡尺放在带有磁场的物体附近，以免使卡尺磁化。

（5）卡尺刻度表面生锈或积结污物，不应使用砂布或研磨砂来擦除，如实在要用时，也只能用极细的研磨膏仔细进行擦拭修理。

3. 千分尺的使用方法

1）读数方法

使用千分尺前，应先校对千分尺的零位。所谓“校对千分尺的零位”，就是把千分尺的两个测量面擦干净，转动测微螺杆使它们贴合在一起（这里针对 0 ~ 25 mm 的千分尺而言，若测量范围大于 0 ~ 25 mm 时，应该在两测量面间放上校对样棒），检查微分筒圆周上的“0”刻线是否对准固定套筒的基准轴向中线，微分筒的端面是否正好使固定套筒上的“0”刻线露出来，如图 3-20 所示。

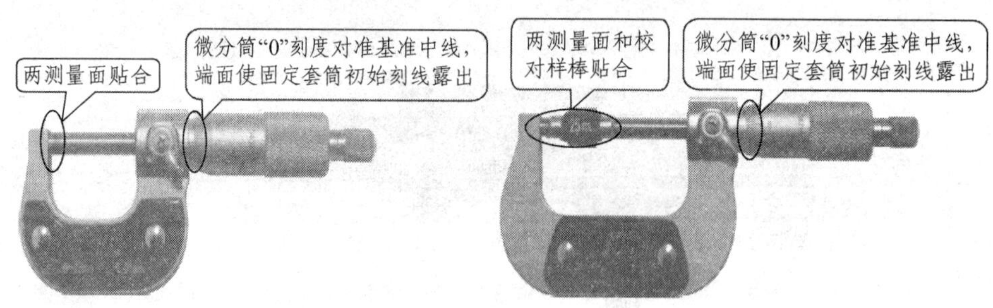

（a）0 ~ 25 mm 千分尺零位校准　　（b）25 ~ 50 mm 千分尺零位校准

图 3-20　千分尺校零

千分尺校零后，读数按 3 步进行，如图 3-21 所示。

（1）读出活动套筒边缘在固定套筒上主尺的毫米整数和半毫米数。

（2）看活动套筒管上哪一格与固定套筒上基准线对齐，并读出不足半毫米的小数。

（3）把两个数加起来就是所测得的实际尺寸。

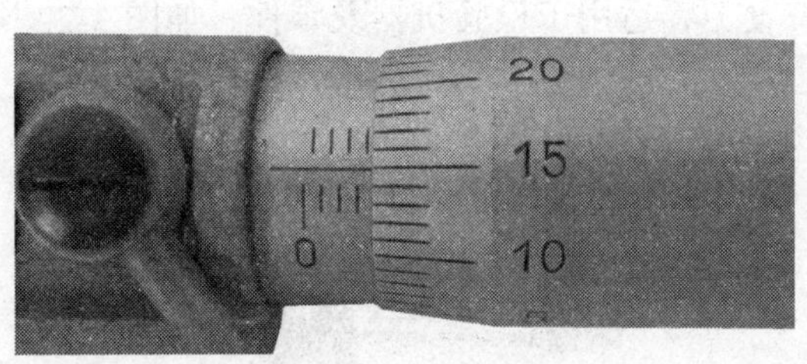

图 3-21　千分尺读数方法

2）千分尺使用注意事项

（1）使用前，应先把千分尺的两个测量面擦干净，转动测力装置，使两测量面接触，此时活动套筒和固定套筒的零刻度线应对准。

（2）测量前，应将零件的被测量面擦干净，不能用千分尺测量带有研磨剂的表面和粗糙表面。

（3）测量时，左手握千分尺尺架上的绝热板，右手旋转测力装置的转帽，使测量表面保持一定的测量压力。

（4）绝不允许旋转活动套筒（微分筒）来夹紧被测量面，以免损坏千分尺。

（5）应注意测量杆与被测尺寸方向一致，不可歪斜，并保持与测量表面接触良好。

（6）用千分尺测量零件时，最好在测量中读数，测毕经放松后，再取下千分尺，以减少测量杆表面的磨损。

（7）读数时，要特别注意不要读错主尺上的 0.5 mm。

（8）测量旋转零件时，必须等零件转动完全停止后方可进行测量；其用后应及时擦干净，放入盒内，以免与其他物件碰撞而受损，影响精度。

3）千分尺维护保养

（1）千分尺应经常保持清洁，不能随便放在肮脏的地方，更不能和其他工具、刃具堆放在一起。

（2）不可把千分尺放在磁场附近，避免磁化。

（3）不要把千分尺放在机床的滑动部分，如车床的导轨面，以免因疏忽而受到不应有的损伤。

（4）千分尺用完后，要擦净平放在盒内，外径千分尺的两个测量面，稍离开一些，以免发生腐蚀现象。

4. 百分表的使用方法

百分表不能单独使用，它是和表座配套一起使用的，主要用来测量零件的平面度、同轴度、平行度。

1）百分表的度数方法

用百分表测量时，必须与表架配合使用。百分表的量杆被推向管内，量杆移动的距离等于小指针的读数（测出的整数部分）加上大指针的读数（测出的小数部分）。

百分表使用时可装在专用表架上，表架上的接头和伸缩杆可调百分表的位置，表架可放在平板上或某一平面的位置上，适用于检验机器及零件，如图 3-22 所示。

图 3-22　百分表使用的专用表架

（1）测量平行度或平整程度：把零件放在平板上，使百分表的测头压到被测零件的表面上，再转动刻度盘，使指针对准零位，然后移动千分表（或零件）进行读数。

（2）测量轴的偏心数值：将需要检验的轴，装在检验架上或 V 形铁上，使百分表的测头压到轴的表面上，用手转动轴进行读数，就可读出轴的偏心数值（表上读数差的 1/2）。

另外，用百分表和块规，可对零件的尺寸进行比较测量。

2）百分表使用注意事项

（1）读数时眼睛要垂直于表针，防止偏视造成读数误差。

（2）远离液体，不使冷却液、切削液、水或油与内径表接触。

（3）在不使用时，要摘下百分表，使表解除其所有负荷，让测量杆处于自由状态。

（4）成套保存于盒内，避免丢失与混用。

3）百分表维护保养

（1）百分表与表架在表座上固定时，须相当稳固，以免造成倾斜或动摇现象，对于磁性百分表座，一定要注意检查按钮的位置。

（2）测轴及测头，不应粘有油污，否则会使测轴失去原有灵敏性或把易脏物带入表内。

（3）测量时，百分表的测轴应与被测量的零件表面相垂直，否则影响尺寸的测量精度。

（4）用百分表检验零件时，应避免受振动，因为在振动场合下，不能使指针指示准确位置。

（5）在刻度盘上观察读数时，视线应与盘面垂直，否则会造成读数过大或过小。

（6）在同一检验过程中，不应调换百分表，否则很难得出完全一致的读数。

（7）测量时，要注意不使测轴移动距离过大；不使测轴突然落到零件上；不要把零件强迫推入测头上，这样做会影响表的精度，甚至损坏表。

（8）百分表用完后，要及时从表架上取下，擦干净放入专用盒中。

5. 万能游标角度尺使用方法

1）万能游标角度尺的读数方法

万能角度尺使用前应先校准零位。万能角度尺的零位，是直尺与直角尺均装上，当直角尺和基尺的底边与直尺无间隙接触，此时主尺与游标的“0”刻线对准。调整好零位后，通过基尺、直尺、直角尺进行组合，可测量 0～320°之间 4 个角度段内的任意角度值。测量时，根据零件被测部位的情况，先调整好直角尺或直尺的位置，用卡块上的螺钉把它们紧固住，再来调整基尺测量面与其他有关测量面之间的夹角。这时，要先松开制动器上的螺母，移动主尺作粗调整，然后再转动扇形板背面的旋钮作细微调整，直到两个测量面与被测表面密切贴合为止。最后拧紧制动器上的螺母，把角度尺取下来进行读数。

万能游标角度尺的读数方法和游标卡尺相似，其读数方法为：

（1）先从主尺上读出副尺零线前的整度数。

（2）再看副尺上第几格与主尺的刻度线对齐，然后乘以 2′，读出角度“分”的角度值。

（3）两者相加就是被测零件的实际角度数值。

2）万能游标角度尺使用注意事项

（1）使用前，检查角度尺的零位是否对齐。

（2）测量时，应使角度尺的两个测量面与被测件表面在全长上保持良好的接触，然后拧紧制动器上螺母进行读数。

（3）测量角度在 0°～50°范围内，应装上角尺和直尺。

（4）测量角度在 50°～140°范围内，应装上直尺。

（5）测量角度在 140°～230°范围内，应装上角尺。

（6）测量角度在 230°～320°范围内，不装角尺和直尺。

（7）测量完毕后，应用汽油或酒精把万能角度尺洗净，用干净布仔细擦干，涂上防锈油，然后装入专用盒内存放。

【测量实例】

案例 1　精度为 0.02 mm 游标卡尺的测量读数，如图 3-23 所示。

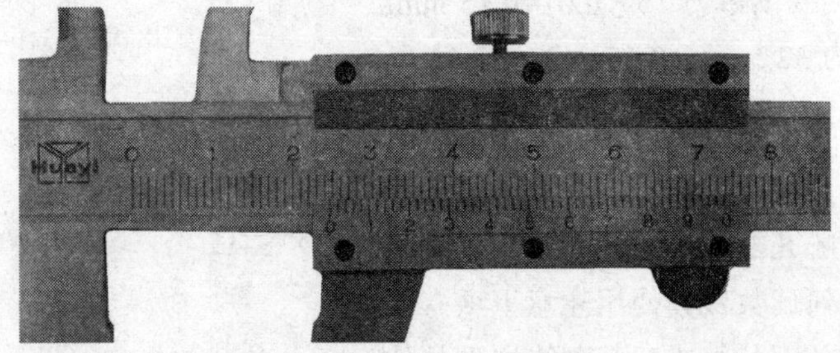

图 3-23　游标卡尺测量读数

（1）主尺读数为 24 mm。

（2）游标副尺刻线读数为 37×0.02=0.74 mm。（游标副尺上的刻线读数是刻线格数乘以 0.02 后所得的数值）

（3）测量读数为 24 mm+0.74 mm = 24.74 mm。

案例 2 千分尺的测量读数，如图 3-24 所示。

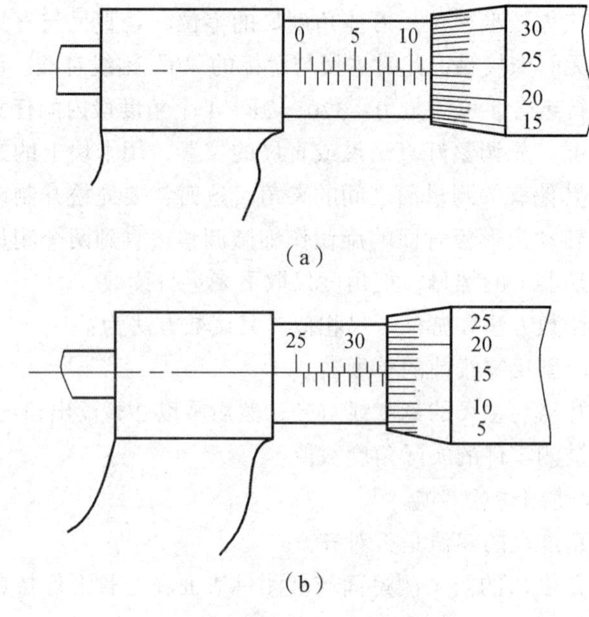

图 3-24 千分尺测量读数

1. 图 3-24（a）测量读数

（1）固定套筒刻线读数为 11.5 mm。

（2）活动套筒刻线读数为 24×0.01=0.24 mm。（活动套筒上的 24 刻度与固定套筒上的基准线对齐，则小数部分为 24×0.01=0.24 mm）

（3）测量读数为 11.5 mm+0.24 mm = 11.74 mm。

2. 图 3-24（b）测量读数

（1）固定套筒刻线读数为 32.5 mm。

（2）活动套筒刻线读数为 15×0.01=0.15 mm。

（3）测量读数为 32.5 mm+0.15 mm = 32.65 mm。

【知识巩固】

1. 游标卡尺由哪几部分组成？其刻线原理是什么？
2. 游标卡尺如何读数？其使用注意事项有哪些？
3. 千分尺由哪几部分组成？其刻线原理是什么？
4. 千分尺如何读数？其使用注意事项有哪些？
5. 游标卡尺和千分尺维护保养有哪些要求？
6. 百分表由哪几部分组成？其刻线原理是什么？
7. 百分表使用注意事项有哪些？

8. 百分表的维护保养有哪些要求？

9. 万能游标角度尺由哪几部分组成？其刻线原理是什么？

10. 万能游标角度尺如何读数？

11. 万能游标角度尺的使用注意事项有哪些？

任务 3.2　钳工常用检验工具的使用

【目的与要求】

（1）掌握成套量块的编组、使用方法与注意事项，并能够熟练选用。

（2）掌握塞尺、塞规和卡规的结构、特点和使用注意事项以及熟练操作的基本技能。

（3）掌握水平仪的结构、工作原理和使用注意事项，并能够熟练操作使用。

【实施的环境、设备、工具】

钳工实习场、块规、塞尺、塞规、卡规、水平仪和相关检验零件。

【相关知识】

钳工检验工具是机械制造中为了确保零件和产品的质量，专门用来检验零件或量具尺寸、形状以及安装位置的工具。钳工常用检验工具有：块规、塞尺、极限验规和水平仪等。

1. 块　规

块规也叫量块，如图 3-25 所示是一种精密检验工具，用于检验零件或量规的尺寸、调整测量仪器和量具等，它是具有一对相互平行测量面和精确尺寸，且一般截面为矩形长方体状的长度测量工具。它是用不易变形的耐磨材料（常用优质钢经热处理、老化处理和研磨）制成的，有较高的硬度和尺寸稳定性。

图 3-25　块规

1）成套块规

块规是成套制作、成套供应的。每套具有一定数量、不同尺寸的量块，装在一个专用的木盒里，其尺寸编组有一定的规定。常用成套量块的块数和每块量块的尺寸如表 3-1 所示，其中常用的一般有 42 块、87 块、91 块等。

表 3-1　成套量块的编组

套别	总块数	精度级别	尺寸系列/mm	间隔/mm	块数
1	91	00，0，1	0.5，1	—	2
			1.001，1.002，…，1.009	0.001	9
			1.01，1.02，…，1.49	0.01	49
			1.5，1.6，…，1.9	0.1	5
			2.0，2.5，…，9.5	0.5	16
			10，20，…，100	10	10
2	83	00，0，1，2，（3）	0.5，1，1.005	—	3
			1.01，1.02，…，1.49	0.01	49
			1.5，1.6，…，1.9	0.1	5
			2.0，2.5，…，9.5	0.5	16
			10，20，…，100	10	10
3	46	0，1，2	1	—	1
			1.001，1.002，…，1.009	0.001	9
			1.01，1.02，…，1.09	0.01	9
			1.1，1.2，…，1.9	0.1	9
			2，3，…，9	1	8
			10，20，…，100	10	10
4	38	0，1，2（3）	1，1.005	—	2
			1.01，1.02，…，1.09	0.01	9
			1.1，1.2，…，1.9	0.1	9
			2，3，…，9	1	8
			10，20，…，100	10	10
5	10^-	00，0，1	0.991，0.992，…，1	0.001	10
6	10^+		1，1.001，…，1.009	0.001	10
7	10^-		1.991，1.992，…，2	0.001	10
8	10^+		2，2.001，…，2.009	0.001	10
9	8	00，0，1，2，（3）	125，150，175，200，250，300，400，500	—	8
10	5		600，700，800，900，1000	—	5

2）量块尺寸的组合

在总块数为 83 块和 38 块的两盒成套量块中，有时带有 4 块护块，所以每盒成为 87 块和

42 块了。护块即保护量块，主要是为了减少常用量块的磨损，在使用时可放在量块组的两端，以保护其他量块。每块量块只有一个工作尺寸，但由于量块的两个测量面做得十分准确而光滑，具有可黏合的特性。即将两块量块的测量面轻轻地推合后，这两块量块就能黏合在一起，不会自己分开，好像一块量块一样。由于量块具有可黏合性，每块量块只有一个工作尺寸的缺点就克服了。利用量块的可黏合性，就可组成各种不同尺寸的量块组，大大扩大了量块的应用。但为了减少误差，希望组成量块组的块数不超过 4 ~ 5 块。具体为：用 87 块一套的量块，一般不要超过 4 块；用 42 块一套的量块，一般不超过 5 块。

2. 塞　尺

塞尺也称间隙片或厚薄规，如图 3-26 所示，它是由一组薄钢片将一端钉在一起呈扇形而构成。每一套由若干片组成，各片厚度不等，每片都标有厚度数值。在机械钳工中，经常用它测量配合零件间的间隙大小，或用它与平尺、等高垫块配合起来，检验工作台面的不平度。它的工作尺寸一般为 0.02 ~ 1 mm，测量精度为 0.01 mm。使用塞尺时，根据被测间隙的大小，可用一片或数片重叠在一起插入间隙内。

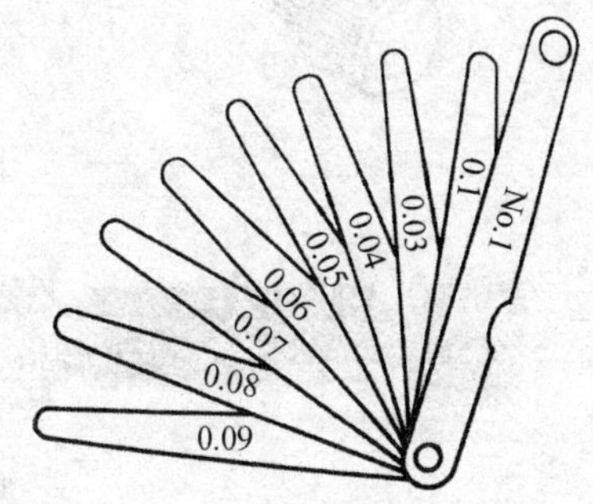

图 3-26　塞尺

目前国产成套塞尺的规格如表 3-2 所示。

表 3-2　塞尺的规格（mm）

组别	尺寸范围	尺寸排列
Ⅰ	0.02 ~ 0.10	0.02 0.03 0.04 0.05 0.06 0.07 0.08 0.09 0.10
Ⅱ	0.03 ~ 0.50	0.03 0.04 0.05 0.06 0.07 0.08 0.09 0.10 0.15 0.20 0.25 0.30 0.35 0.40 0.45 0.50
Ⅲ	0.03 ~ 0.50	0.03 0.04 0.05 0.06 0.07 0.10 0.15 0.20 0.30 0.40 0.50
Ⅳ	0.05 ~ 1.00	0.05　0.06 0.07 0.08 0.09 0.10 0.15 0.20 0.25　0.30 0.40 0.50 0.75 1.00
Ⅴ	0.05 ~ 1.00	0.50 0.55 0.60 0.65 0.70 0.75 0.80 0.85 0.90 0.95 1.00

3. 极限验规

极限验规是一种具有固定尺寸的检验工具，它一般是根据被检验零件的形状、大小，制成两个控制尺寸的检验端部，一端叫过端，另一端叫止端。极限验规就是利用过端和止端的这两个控制尺寸，来判断零件的尺寸是否符合图纸的公差范围。

极限验规是一种定性判定零件尺寸合格与否的检验工具，虽不能得到被检验尺寸的具体数值，但具有使用方便、迅速和可靠的特点，是成批大量生产中常用的工量具之一。极限验规中常用有两种：检验内径和检验外径极限验规，也分别称之为塞规和卡规，其上一般刻有公称尺寸、配合记号及上、下尺寸偏差等。

1）塞　规

常用的有圆孔塞规和螺纹塞规。使用时，可根据被测量孔的精度选择适宜相应精度的塞规。圆孔塞规做成圆柱形状，外形如图 3-27 所示。有两个测量面：小端尺寸按工件内径的最小极限尺寸制作，在测量内孔时应能通过，称为通规；大端尺寸按工件内径的最大极限尺寸制作，在测量内孔时不通过工件，称为止规（即止端直径与过端直径的差等于孔径的公差）；螺纹塞规是测量内螺纹尺寸正确性的检验工具，外形如图 3-28 所示。它可分为普通粗牙、细牙和管子螺纹 3 种。其中螺距为 0.35 mm 或更小的 2 级精度及高于 2 级精度的螺纹塞规，和螺距为 0.8 mm 或更小的 3 级精度的螺纹塞规都没有止端测头，其使用方法与圆孔塞规类似。

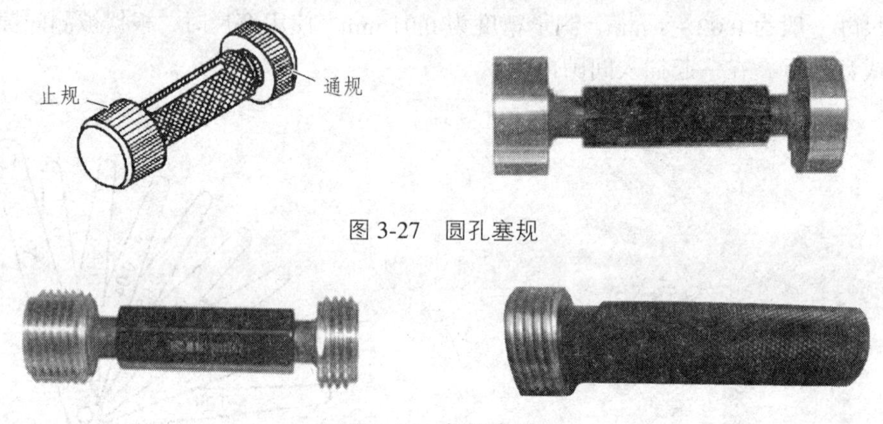

图 3-27　圆孔塞规

图 3-28　螺纹塞规

2）卡　规

卡规是用来检验轴类工件外圆尺寸的量规，外形如图 3-29 所示。它有两个测量面：大端尺寸按轴的最大极限尺寸制作，在测量时应通过轴颈，称为通规；小端尺寸按轴的最小极限尺寸制作，在测量时不通过轴颈，称为止规。

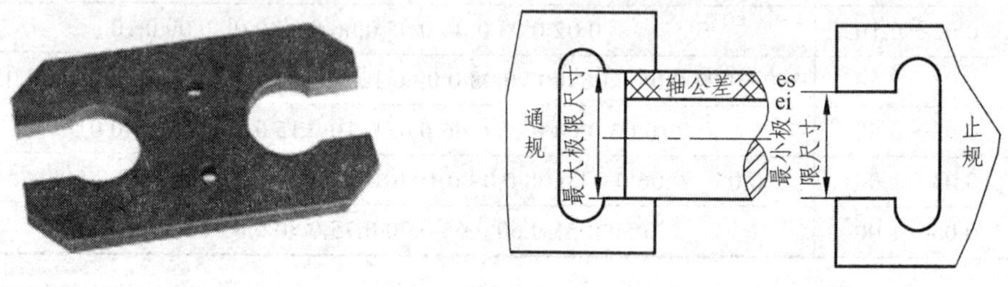

图 3-29　卡规

加工后的轴径是否合格，只要用这种卡规进行检验，就可作出正确判断。合格轴径在检验时，应使卡规的过端刚能滑过，止端只能骑在轴上，不能通过，则表明轴径的实际尺寸是在最大与最小极限尺寸之间，是合格的，二者缺一不可，否则，即是不合格。

4. 水平仪

水平仪用于检验各种机床及其他机械设备导轨的平直度、机件相对位置的平行度以及设备安装的水平位置和垂直位置，以测量零件的微小倾角，因此，水平仪是机械设备制造、安装和修理中最基本的一种检验工具。

一般用的水平仪，有钳工水平仪（也称条形水平仪）和框式水平仪两种。钳工水平仪只能用来检验平面对水平位置的偏差，如图 3-30 所示；框式水平仪的各边框准确地校准成 90°角，因此它不仅能检验平面对水平位置的偏差，还可以检验平面对竖直位置的偏差，如图 3-31 所示。

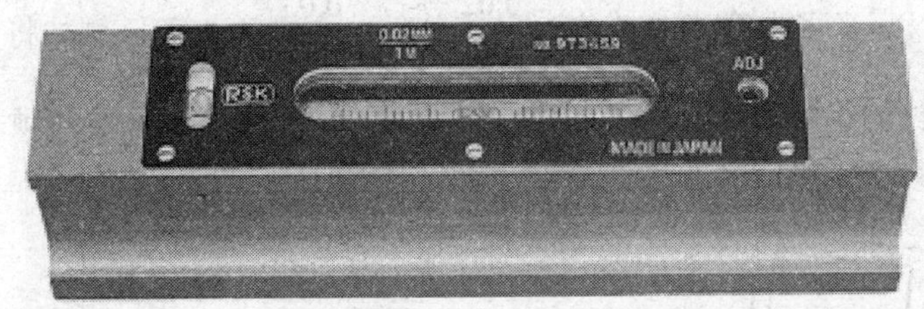

图 3-30　条形水平仪

图 3-31　框式水平仪

1）水平仪的结构

水平仪主要由测量基面用的金属主体、读数用的主水准器和定位用的横水准器等零件组成。水平仪的测量基面上开有 V 形槽，以便将水平仪放置在圆柱表面上或设备导轨上进行检验工作。

2）工作原理

水平仪的主水准器是一个封闭的内壁磨成一定曲率半径的玻璃管，管内装有酒精并留有一定长度的气泡，管上刻有与内壁曲率半径相应间距（2 mm 左右）的刻线，如图 3-32 所示。当水平仪倾斜至任一角度位置后，因其内液面始终要保持水平位置，所以气泡必会产生移动。

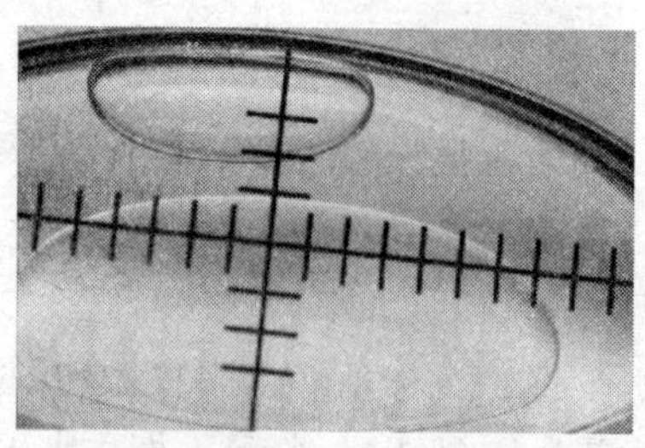

图 3-32　水平仪刻线

水平仪的刻度值也称为读数精度或灵敏度，是空气泡移动一个格时的倾斜度，常以秒（$\frac{1°}{3\,600}$）为单位或以每米多少毫米为单位（$\frac{0.02}{1\,000}$ mm、$\frac{0.03}{1\,000}$ mm 等）。例如将读数精度 $\frac{0.02}{1\,000}$ 的水平仪放置在 1 m 长的平尺表面上，在右端垫起 0.02 mm 高度，平尺便会倾斜一个角度 α，此时，水准器气泡的移动距离恰好为一个刻度，如图 3-33 所示。

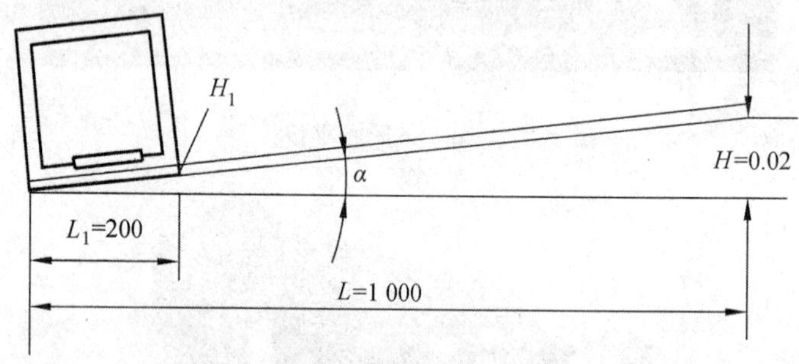

图 3-33　水平仪工作原理

即水平仪的倾斜角 α 的正切：

$$\tan\alpha = \frac{\Delta H}{L} = \frac{0.02}{1\,000} = 0.000\,02\,\text{mm}$$

$$\alpha = 4''$$

可见，$\frac{0.02}{1\,000}$ 的水平仪的气泡每移动一个刻度，其倾角等于 4″。同理也可换算出水平仪下垫铁（垫铁的长度为 L_1）两端的高度差 ΔH_1 为：

$$\Delta H_1 = L_1 \tan\alpha \ （\text{mm}）$$

由上可见，水平仪的实际变化值与所使用水平仪垫铁的长度有关，另外，它还与读数精度有关。

【技能操作与训练】

1. 块规的使用及注意事项

长方形的块规，每块有两个相互平行的测量面，两测量面间的尺寸为测量尺寸，也叫量块的尺寸。块规使用时，应将两个量块测量面的一端接触，再用力推压，使其粘在一起组成量块组，量块组的尺寸就是各个量块尺寸的总和。块规使用时，首先应确定组成量块组的尺寸，然后再从盒内选取量块，拼凑量块组的原则为，选取的块数越少越好。其注意事项为：

（1）使用前，先在汽油中洗去防锈油，再用清洁的麂皮或软绸擦干净。不要用棉纱头去擦量块的工作面，以免损伤量块的测量面。

（2）组合量块时，不能用力过大，特别对小尺寸的量块更应注意，否则会使量块扭弯和变形。在组合过程中，应避免用手触摸量块测量面，以免污染；量块组合后，要检查是否密贴牢固，以防止使用中跌落受损。

（3）组合在一起的量块组，用完后，要及时拆开，拆时应沿着它的测量面长边的平行方向滑动分开并擦干净。

（4）使用量规要注意温度的影响。

（5）清洗后的量块，不要直接用手去拿，应当用软绸衬起来拿。若必须用手拿量块时，应当把手洗干净，并且要拿在量块的非工作面上。

（6）量块要轻拿轻放，如把量块放在工作台上时，应使量块的非工作面与台面接触。

（7）不要使量块的工作面与非工作面进行推合，以免擦伤测量面。

（8）量块使用后，应及时在汽油中清洗干净，用软绸揩干后，涂上防锈油（或用软布擦干净，再涂凡士林防锈），放在专用的盒子里。不许将量块散放在块规盒外面，更不能和其他工具、刃具堆放在一起。若经常需要使用，可在洗净后不涂防锈油，放在干燥缸内保存。绝对不允许将量块长时间地黏合在一起，以免由于金属黏结而引起不必要损伤。

2. 塞尺的使用及注意事项

（1）使用塞尺检验间隙时，应根据结合面的间隙情况选用塞尺片数。实际检验时，应先用较薄的试塞，逐步加厚，组合数片进行测定，但片数越少越好。

（2）测量时不能用力太大，以免塞尺遭受弯曲和折断。

（3）不能测量温度较高的工件。

（4）塞尺使用完后要擦拭干净，并及时放到夹板中去。

3. 塞规的使用及注意事项

由于塞规止规直径与通规直径之差为测量孔径的公差，如图 3-34 所示，因此使用塞规检验零件孔径时，如果塞规的过端能轻轻塞入孔内，则表明孔的实际尺寸比最小极限尺寸大；如果塞规的止端不能塞入，则表明孔的实际尺寸比最大极限尺寸小，即孔的实际尺寸处于所规定的公差范围内，是合格的。如出现过端塞不进或止端能塞入，皆属于不合格。

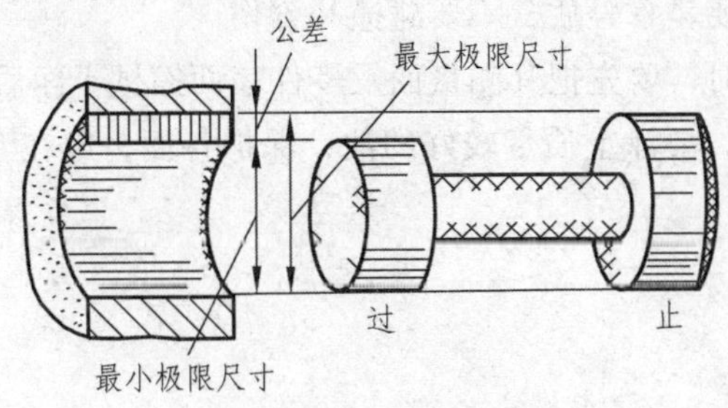

图 3-34　塞规与孔径的关系

其使用注意事项为：

（1）塞规两端的两个圆柱面是工作面，精度很高，使用时应握住手柄轻拿轻放。

（2）检验时，要对准零件内孔，并顺着内孔轴线向孔内试塞。

（3）检验试塞时，在垂直孔上，应该是利用塞规本身的重量，使过端滑进孔内；在水平位置的孔上，只可将过端轻轻地送进去。

（4）检验时，在任何位置上，都禁止用强力将塞规压入孔内或拔出孔外，否则塞规测量面和孔壁都会被损坏。

4. 卡规的使用及注意事项

使用卡规过端检验零件时，正确方法为：用手拿住卡规，使卡规垂直于被检验轴线，不加任何压力，让卡规在本身重量的作用下，在轴的外圆上滑过，如图 3-35 所示；只有在卡规的重量不够大，或者从水平方向去检验轴时，才可稍微加一点压力，使卡规的过端轻轻地在轴上滑过。任何时候不允许紧握卡规用力往轴上卡去，这样做不仅会影响检验的准确性，还会损坏卡规及零件。

不论是使用卡规的过端还是止端进行检验，都必须使卡规平面与零件轴线相垂直，如果放置歪斜，就会影响检验的准确性。另外，在检验中，应当小心而缓慢地由被检验零件上取下验规，切忌猛力拔下。

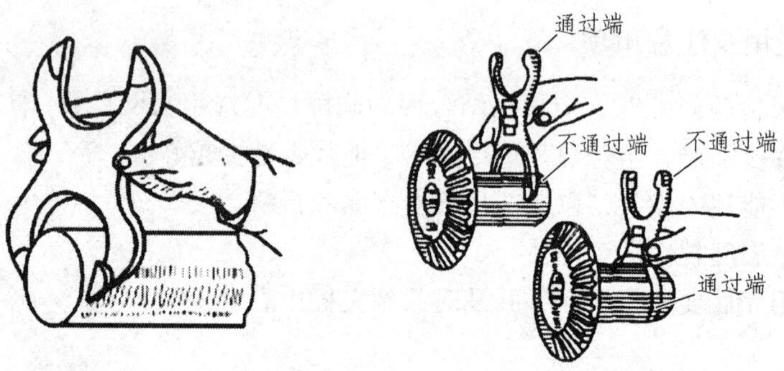

图 3-35　卡规的使用

5. 水平仪的使用及注意事项

（1）使用水平仪时，一定要注意垫铁的长度、读数精度以及单独使用时气泡移动一格所表示的真实数值。

（2）使用水平仪时，要轻拿轻放，不要碰撞和刻伤。

（3）使用水平仪检验时，要先把其测量面及零件表面擦拭干净后，再安放水平仪。

（4）每次使用完毕后，要涂上质量较好的油，保护各面，放在专用盒内，使它不受高温或震动影响。

【使用实例】

案例　使用块规时，需组成 48.145 mm 的量块组，如何选择量块尺寸？

如表 3-3 所示，采用 87 块一套的块规，选择步骤如下：

表 3-3　87 块成套块规的块数、公称尺寸范围及精度

套别	总块数	精度级别	尺寸系列/mm	间隔/mm	块数
2	83	00，0，1 2，(3)	0.5，1，1.005	—	3
			1.01，1.02，…，1.49	0.01	49
			1.5，1.6，…，1.9	0.1	5
			2.0，2.5，…，9.5	0.5	16
			10，20，…，100	10	10

（1）量块组的尺寸：48.145 mm。

（2）选用的第一块量块尺寸：1.005 mm。

（3）剩下的尺寸：47.14 mm。

（4）选用的第二块量块尺寸：1.14 mm。

（5）剩下的尺寸：46 mm。

（6）选用的第三块量块尺寸：6 mm。

（7）剩下的即为第四块尺寸：40 mm。

【知识巩固】

1. 量块使用组合的原则是什么？其使用注意事项有哪些？
2. 塞尺的作用与特点是什么？其使用注意事项有哪些？
3. 塞规的作用与特点是什么？其使用注意事项有哪些？
4. 卡规的作用与特点是什么？其使用注意事项有哪些？
5. 水平仪的作用和常用类型有哪些？
6. 水平仪使用注意事项有哪些？

任务 3.3　第四种轮对检查器的使用

【目的与要求】

（1）掌握第四种轮对检查器的特点和功能用途。

（2）掌握 LLJ-4A 型第四种检查器的结构和各组成部分相互联动与配合关系。

（3）掌握 LLJ-4A 型第四种检查器各测量功能测量原理，并能够熟练操作使用。

【实施的环境、设备、工具】

钳工实习场、第四种检查器和车辆轮对等相关检验零件。

【相关知识】

轨道运输设备检修中，由于走行装置轮对的检查直接关系到行车安全，因此显得尤为重要，而第四种检查器是当前我国轮对检查器中最主要的量具。目前，LLJ-4A 型铁道机车、车辆车轮第四种检查器是国内测量车轮轮辋、踏面及相关缺陷尺寸的一种重要工具。

1. 特 点

LLJ-4A 型第四种检查器具有 11 个测量功能,主要特点是根本改变了原我国铁路以车轮轮缘为基点的测量轮缘厚度的方法。该种检查器以车轮踏面滚动圆（即距车轮内侧面 70 mm 处的基线）为基点测量轮缘厚度，车辆轮对的轮缘厚度测量点始终距车轮滚动圆保持恒定距离值（12 mm），不会因踏面磨耗而改变。

该种车轮检查器测量数据准确，对保证行车安全，检查脱轨的安全性，延长车轮使用寿命及减少人、财、物的浪费起到了重要作用。

2. 用 途

可用于测量以下 12 个车轮参数：

（1）车轮踏面圆周磨耗。

（2）轮缘厚度。

（3）轮缘高度。

（4）轮辋宽度。

（5）轮辋厚度。

（6）车轮外侧碾宽。

（7）踏面擦伤深度。

（8）踏面擦伤长度。

（9）踏面剥离深度。

（10）踏面剥离长度。

（11）车轮轮缘垂直磨耗。

（12）车钩闭锁位钩舌与钩腕内侧距离。

3. 结 构

LLJ-4A 型第四种检查器主要由主尺、轮辋厚度测尺、踏面圆周磨耗测尺、轮缘厚度测尺、踏面圆周磨耗测尺框、轮缘厚度测尺框、定位角铁、定位挡块和紧固螺钉等组成，其结构如图 3-36 所示。

LLJ-4A 型第四种检查器主尺为直角形，其垂直尺身（又称轮辋厚度测尺）正面刻有长度双刻度线，水平尺身的背面刻有车轮滚动圆中心定位刻线。踏面圆周磨耗测尺和轮缘厚度测尺通过踏面圆周磨耗测尺框和轮缘厚度测尺框组合在一起，从而形成整体的联动结构形式。

为保证车轮检查器测量操作的稳定和数据准确可靠，在轮辋厚度测尺的背面装有定位角铁。

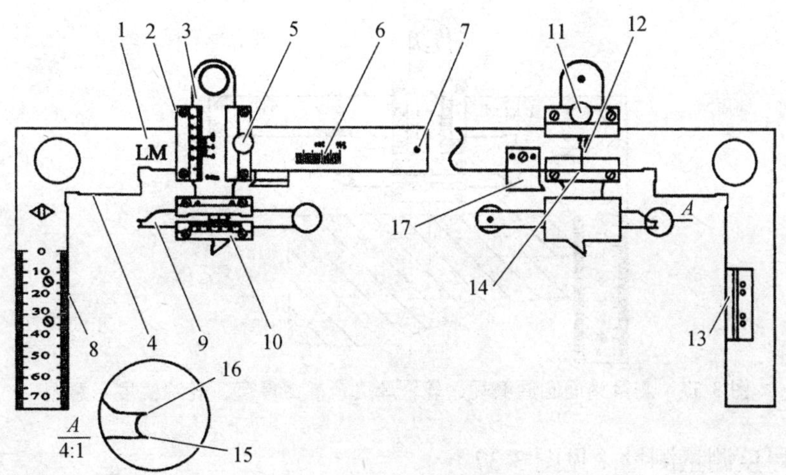

图 3-36　LLJ-4A 型轮对检查器

1—主尺；2—踏面圆周磨耗测尺框；3—踏面圆周磨耗测尺；4—轮缘高度测量定位面；5—尺框紧固螺钉；6—轮辋宽度测尺；7—止钉；8—轮辋厚度测尺；9—轮缘厚度测尺；10—轮缘厚度测尺尺框；11—踏面磨耗尺紧固螺钉；12—滚动圆中心定位刻线；13—定位角铁；14—踏面磨耗测尺框车轮滚动圆刻线；15—轮辋厚度测头；16—垂直磨耗测头；17—定位挡块

【技能操作与训练】

1. LLJ-4A 型第四种检查器测量准备

测量车轮踏面圆周磨耗、轮辋厚度、轮缘高度时，首先将踏面圆周磨耗测尺框车轮滚动圆刻线（14）与主尺背面上的车轮滚动中心定位刻线（12）对齐[或用定位挡块（17）定位，方法是先把尺框（2）推向最左侧，再把踏面磨耗测尺（3）推向最上方后，将尺框（2）向右拉，拉不动为止]。拧紧踏面圆周磨耗尺框紧固螺钉（5），将踏面圆周磨耗测尺（3）推向最上方，再将轮缘厚度测尺（9）推向最右侧。然后将车轮检查器立放在车轮踏面上，主尺的轮辋厚度测尺（8）贴靠在轮辋内侧面上，其尾端指向车轴中心线（即主尺平面通过轮心），使车轮检查器的踏面磨耗测量定位面（4）与车轮轮缘顶部接触，按下述步骤测量各部位尺寸。

2. 踏面圆周磨耗测量（见图 3-37）

推动踏面圆周磨耗测尺（3），使其测头接触车轮踏面，读取踏面圆周磨耗测尺（3）上面刻线与踏面圆周磨耗尺框（2）刻线相重合的数值，即为踏面圆周磨耗数值（整数加游标值）。

3. 轮缘厚度测量（见图 3-37）

推动轮缘厚度测尺（9），使其测头（15）接角轮缘，读取轮缘厚度测尺（9）上面刻线与轮缘厚度尺框（10）刻线相重合的数值，即为轮缘厚度数值（整数加游标值）。

4. 轮缘高度测量（见图 3-37）

用 27 mm 加上踏面圆周磨耗正、负数值，即为实际轮缘高度数值。

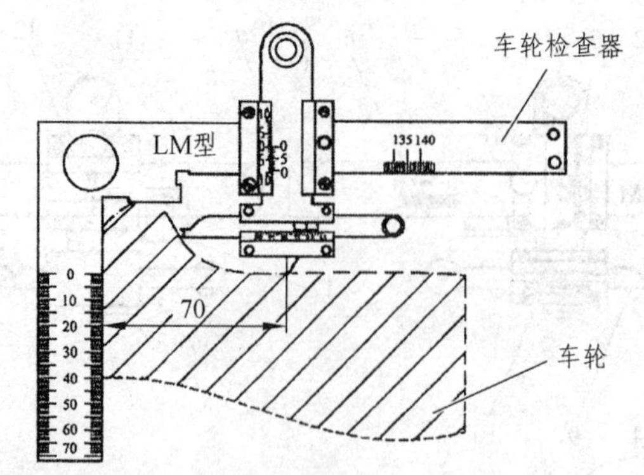

图 3-37　测量踏面圆周磨耗、轮辋厚度、轮缘厚度、轮缘高度示意图

5. 轮辋厚度测量测量（见图 3-37）

读取轮辋内侧边缘与轮辋厚度测尺（8）内侧刻度线对应数值，再减去踏面圆周磨耗数值，即为轮辋厚度。

6. 轮辋宽度测量测量（见图 3-38）

将踏面圆周磨耗尺框（2）推向右侧，使踏面圆周磨耗测尺（3）的测头贴靠（或指向）车轮外侧面，读取踏面圆周磨耗尺框（2）左侧面对应轮辋宽度测尺（6）的数值，即为轮辋宽度。如果踏面有碾宽，应减去踏面碾宽数值，即为轮辋实际宽度。

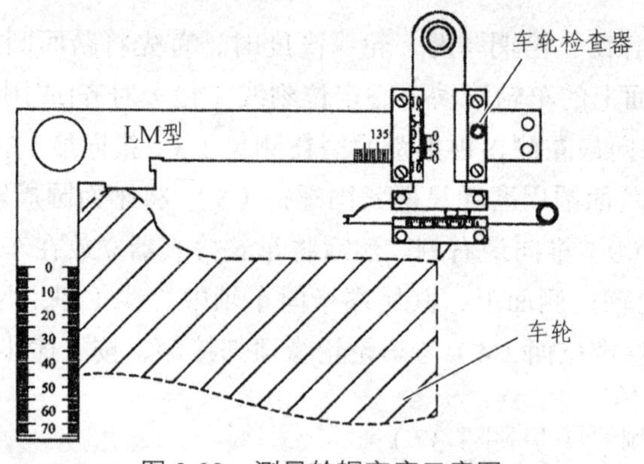

图 3-38　测量轮辋宽度示意图

7. 车轮外侧碾宽测量测量（见图 3-39）

将踏面圆周磨耗尺框（2）推向右侧，使踏面圆周磨耗测尺（3）的测头贴靠（或指向）车轮外侧边缘，用钢板尺接触轮辋外侧面，踏面圆周磨耗测尺（3）测头对应的刻度线，即为车轮碾宽数值。

8. 踏面擦伤深度测量

移动踏面圆周磨耗测尺框（2）和踏面圆周磨耗测尺（3），使踏面圆周磨耗测尺（3）的测头对准踏面擦伤部位最深处，并紧固踏面圆周磨耗尺框紧固螺钉（5），读取踏面圆周磨耗测尺（3）上面刻线与踏面圆周磨耗尺框（2）刻线相重合的数值（整数加游标值），做好记录，然后沿车轮圆周方向移动主尺（1）测量同一圆周未擦伤部位的踏面圆周磨耗深度（整数加游标值），两个量值的差值，即为踏面擦伤深度。

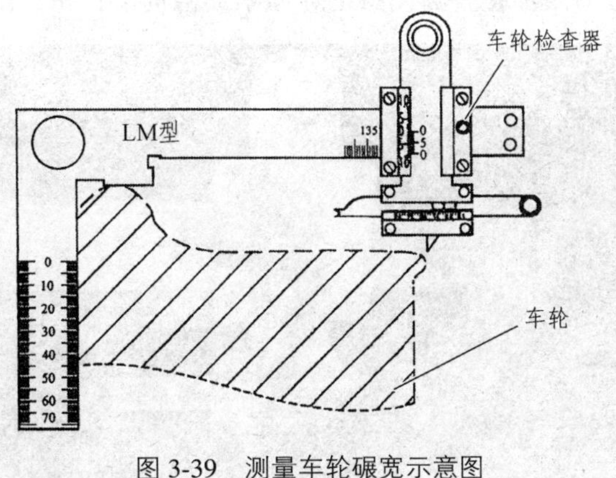

图 3-39　测量车轮碾宽示意图

9. 踏面擦伤长度测量

用车轮检查器的轮辋厚度测尺（8）的外刻线，沿车轮圆周方向测量擦伤的长度，即为踏面擦伤长度。

10. 踏面剥离深度测量

测量方法与踏面擦伤深度的测量方法相同。

11. 踏面剥离长度测量

测量方法与踏面擦伤长度的测量方法相同。

12. 轮缘垂直磨耗测量测量（见图 3-37）

测量轮缘厚度的同时，如果垂直磨耗测头（16）接触轮缘，说明车轮轮缘垂直磨耗到限。

13. 车钩闭锁位钩舌与腕内侧距离测量测量（见图 3-40）

用检查器直角边外形尺寸 135 mm 的一边，水平插向钩舌与钩腕内侧之间，上、中、下测 3 点，其中一处能插入时即为不合格。

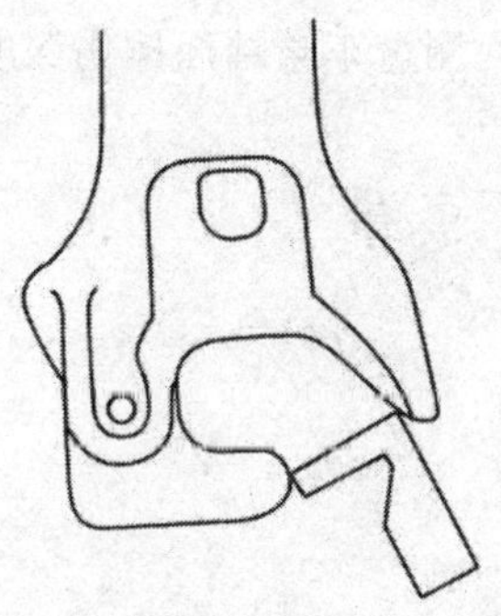

图 3-40　车钩闭锁位钩舌与腕内侧距离测量

【测量实例】

案例 用 LLJ-4A 型第四种检查器测量 LM 型踏面圆周磨耗量，如图 3-41 所示。

图 3-41 LM 型踏面圆周磨耗量测量

（1）对齐定位刻线（车轮滚动圆刻线与车轮滚动中心定位刻线重合对齐）并拧紧踏面圆周磨耗尺框紧固螺钉。

（2）把踏面圆周磨耗测尺推向最上方，同时将轮缘厚度测尺推向最右侧。

（3）将检查器放置在车轮踏面上，其尾部垂直于车轴中心线，同时踏面磨耗测量定位面与轮缘顶部接触。

（4）推动踏面磨耗测尺测头接触车轮踏面。

（5）踏面圆周磨耗量读数：9×0.10 = 0.90 mm（读踏面圆周磨耗测尺上刻线与踏面圆周磨耗尺框刻线相重合的数值，其读数原理与游标卡尺一致）。

【知识巩固】

1. LLJ-4A 型第四种检查器的特点及用途是什么？
2. LLJ-4A 型第四种检查器主要由哪几部分构成？
3. LLJ-4A 型第四种检查器如何测量车轮踏面圆周磨耗？
4. LLJ-4A 型第四种检查器如何测量车轮轮辋厚度？
5. LLJ-4A 型第四种检查器如何测量车轮外侧碾宽？
6. LLJ-4A 型第四种检查器如何测量车轮踏面擦伤深度？

项目 4　读图与识图

【项目描述】

本项目主要阐述了零件图和装配图的识读方法，说明了零件图和装配图的概念、用途和组成内容；重点说明了零件图和装配图的技术要求内容；说明了零件图视图选择方法和装配图规定画法和简化画法，为普通钳工和轨道设备操作人员读图、识图奠定了理论基础。

【内容构架】

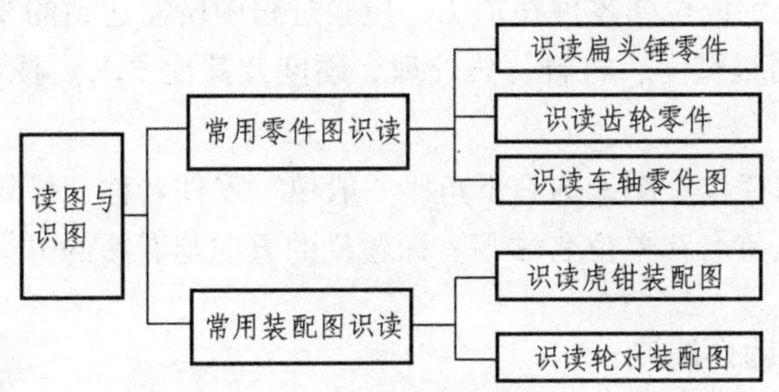

任务 4.1　常用零件图识读

【目的与要求】

（1）掌握零件图的作用和组成。
（2）熟悉零件图视图选择方法，掌握零件图中的技术要求。
（3）掌握零件图的读图方法。
（4）能独立分析零件图中的各个尺寸。

【实施的环境、设备、工具】

（1）环境：钳工实训场、多媒体教室。
（2）设备、工具：三角板、圆规、图纸、毛坯、零件等。

【相关知识】

1. 零件图的作用和内容

1）零件图的作用

零件是机器或部件的基本组成单元。每一台机器或部件都是由若干个零件按照一定的装配关系和技术要求组装起来的。要生产出合格的机器或部件，首先需要加工出合格的零件，而零件的加工和检验需要根据零件图来完成。零件图是用来表示零件结构形状、尺寸及技术要求的图样，是直接指导制造和检验零件的重要技术文件。

2）零件图的内容

一张完整的零件图，一般应具有下列内容：

（1）一组视图。完整、清晰地表达零件的结构和形状，可以采用视图、剖视、剖面、规定画法和简化画法等表达方法。

（2）全部尺寸。正确、完整、清晰、合理地表达零件各部分的大小和各部分之间的相对位置关系。

（3）技术要求。表示或说明零件在加工、检验过程中所需达到的要求。例如，尺寸公差、形状和位置公差、表面粗糙度、材料、热处理、硬度及其他要求。技术要求常用符号或文字来表示。

（4）标题栏。标题栏位于图纸的右下角，一般填写零件名称、材料、数量、图样的比例，代号以及图样的责任人签名和单位名称等。标题栏的方向与看图的方向应一致。

2. 零件图的视图选择原则

零件的视图是零件图中的重要内容之一，必须使零件上每一部分的结构形状和位置都表达完整、正确、清晰，并符合设计和制造要求，且便于读图和画图。因此，正确选择视图，是读图和画图的根本。

1）主视图的选择

主视图是零件视图中最重要的视图，选择主视图时，一般应从主视图的投射方向和零件的摆放位置两方面来考虑。

（1）主视图的投射方向。选择主视图的投射方向，应考虑形体特征原则，即所选择的投射方向所得到的主视图应最能反映零件的形状特征。

（2）零件的摆放位置。当零件主视图的投射方向确定以后，还需确定主视图的位置。主视图的位置，就是零件的摆放位置。一般按照以下顺序来选择：首先考虑工作位置，使所选择的主视图的位置，应尽可能与零件在机械或部件中的工作位置相一致；其次考虑加工位置，当工作位置不易确定或按工作位置画图不方便时，一般按零件在机械加工中所处的位置作为主视图的位置；最后考虑自然摆放平稳的位置，如果零件为运动件，工作位置不固定，或零件的加工工序较多其加工位置多变，则可按其自然摆放平稳的位置为画主视图的位置。

2）其他视图的选择

对于十分简单的轴、套、球类零件，一般只用一个视图，再加所注的尺寸，就能把其结构形状表达清楚。但是对于一些较复杂的零件，只靠一个主视图是很难把整个零件的结构形状表达完全的。因此，一般在选择好主视图后，还应选择适当数量的其他视图与之配合，才能将零件的结构形状完整清晰地表达出来。应优先考虑选用左、俯视图，然后再考虑选用其他视图。

一个零件需要多少视图才能表达清楚，只能根据零件的具体情况分析确定。一般原则是：在保证充分表达零件结构形状的前提下，尽可能使零件的视图数目为最少。

3. 零件图的尺寸标注

1）尺寸标注的基本规定

（1）零件的真实大小应以图样上所标注的尺寸数值为依据，与图形的大小及绘图的准确度无关。

（2）图样中的尺寸以 mm 为单位时，不需标注计量单位的代号或名称，若采取其他单位，则必须标注。

（3）图样中所注的尺寸，为该零件的最后完工尺寸。

（4）零件上的每一个方向上尺寸，只标注一次，不重复标注。且应标注在反映该结构最清晰的视图上。

2）尺寸的组成

标注完整的尺寸应具有尺寸界线、尺寸线、尺寸数字及表示尺寸终端的箭头或斜线，如图 4-1 所示。

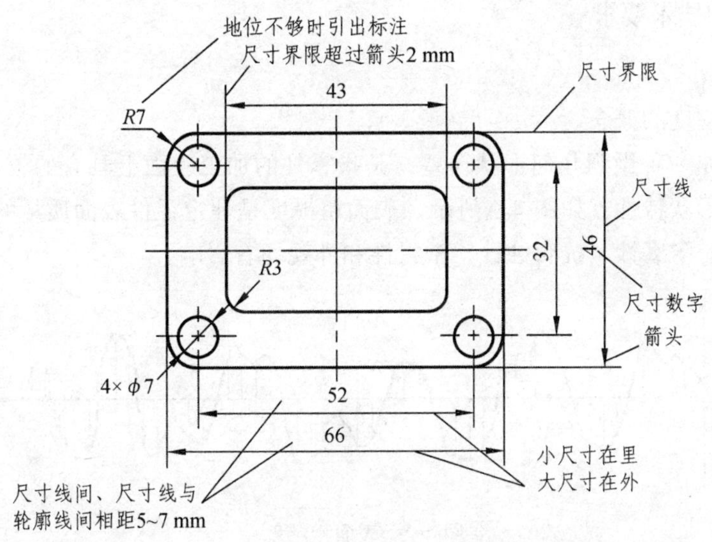

图 4-1　尺寸的组成及标注

3）标注尺寸时基准的选择

（1）基准的概念。

基准是指零件在机器中或在加工及测量时，用以确定其位置的一些面、线或点。可分为设计基准和工艺基准。设计基准指的是用来确定零件在工作运用时，保证功能要求的标注尺寸的起始位置。工艺基准指的是用来确定零件在加工制造及测量时标注尺寸的起始位置。

常用的基准线：零件的对称中心线、回转体的轴线等。

常用的基准面：底板的大面积安装面，装配结合面、重要端面。

零件图在 3 个坐标方向上各有 1 个主要基准和多个辅助基准。

（2）合理选择基准的要点。

相互关联的零件，在标注其相关尺寸时，应以同一个平面或直线（如接合面、对称中心平面、轴线等）作为尺寸基准。

① 以加工面作为基准。但在同一方向内，同一加工表面不能作为两个或两个以上非加工面的基准。

② 要求保证轴线之间的距离时，应以轴线为基准注出轴线之间的距离。

③ 要求对称的要素，应以对称中心平面或中心线作为基准注出对称尺寸。

4）标注尺寸时的注意事项

（1）影响零件工作性能、精度、互换性及装配定位关系的功能尺寸应直接标注。

（2）零件上不重要尺寸，可作为尺寸链中的开口环，不注尺寸，不能闭合。

（3）自然形成的尺寸不标注。

（4）一般情况下，零件图上应标注总体尺寸（总长、总宽、总高）。

（5）对于铸件或冲压件等，加工面与不加工面之间应有一个联系尺寸，其余不加工面间应直接标注尺寸。

（6）标注尺寸时应注意到加工和测量的方便。

4. 零件图的技术要求

1）表面粗糙度

（1）表面粗糙度的概念。

表面粗糙度是一种微观几何形状误差，是指零件的加工表面上具有的较小间距和峰谷所形成的微观几何形状特性，如图 4-2 所示。表面粗糙度是评定零件表面质量的一项重要指标，它对零件的配合、耐磨性、抗腐蚀性、密封性和外观均有影响。

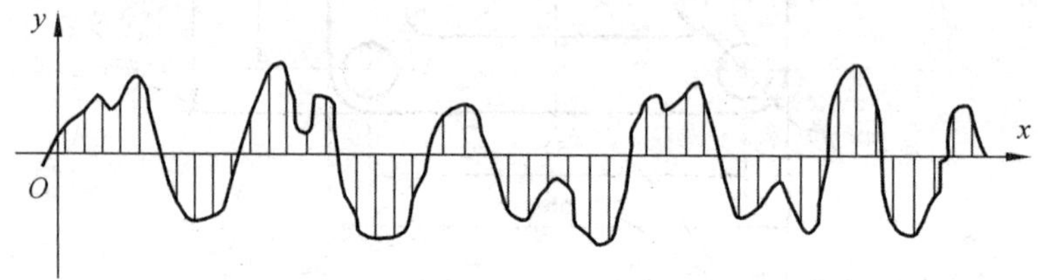

图 4-2　表面粗糙度

目前，在生产中评定零件表面粗糙度的参数有 3 个，分别是：轮廓算术平均偏差 R_a、微观不平度十点高度 R_z 和轮廓最大高度 R_y。应用最广泛的是轮廓算术平均偏差 R_a。如果用微观不平度十点高度或轮廓最大高度需注明 R_z 或 R_y

轮廓算术平均偏差 R_a 是指在一个取样长度内，轮廓偏距（y 方向上轮廓线上的点与基准线之间的距离）绝对值的算术平均值，如图 4-3 所示。

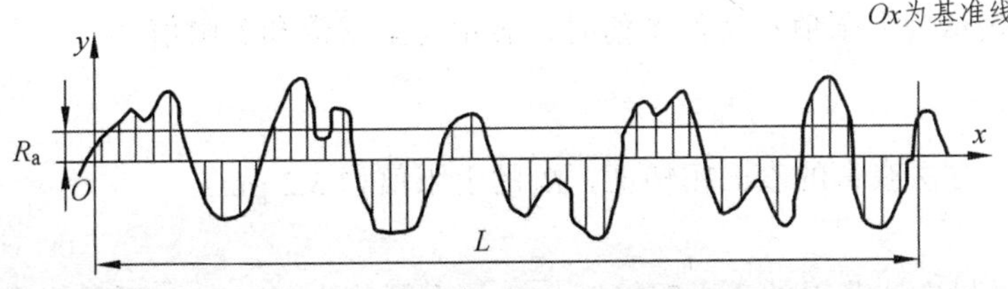

图 4-3　轮廓算术平均偏差

（2）表面粗糙度符（代）号。

表面粗糙度符（代）号表示方法如图 4-4 所示。符号中各部尺寸表示方法见表 4-1 表面粗糙度符号的尺寸和表 4-2 表面粗糙度符号的意义。

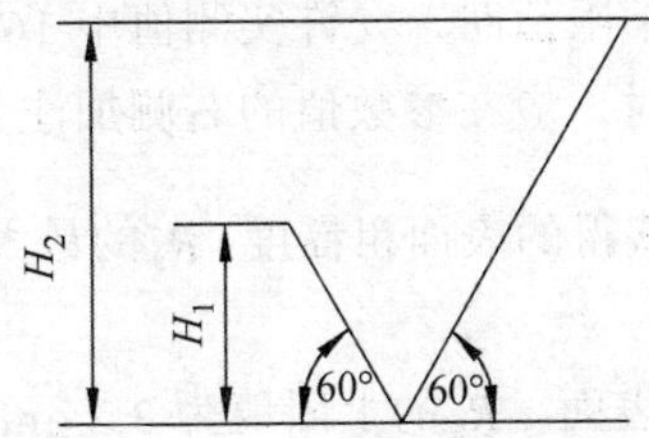

图 4-4　表面粗糙度基本符号

表 4-1　表面粗糙度符号的尺寸

轮廓线的线宽	0.5	0.7	1	1.4	2	20.5
数字字高 h	3.5	5	7	10	14	20
高度 H_1	5	7	10	14	20	28
高度 H_2	11	15	21	30	42	60
符号线宽	0.35	0.5	0.7	0.1	1.4	0.2

表 4-2　表面粗糙度符号的意义

符号	说明
	用任何方法获得的表面（单独使用无意义）
	用去除材料的方法获得的表面
	用不去除材料的方法获得的表面
	横线上用于标注有关参数和说明
	表示所有表面具有相同的表面粗糙度要求

（3）表面粗糙度参数。

表面粗糙度参数的单位是μm。注写 R_a 时，只写数值；注写 R_z 时，应同时注出 R_z 和数值。

只注一个值时，表示为上限值；注两个值时，表示为上限值和下限值。

例如：

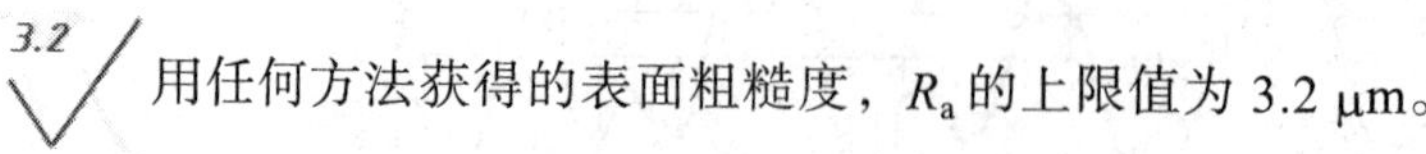

3.2 用任何方法获得的表面粗糙度，R_a的上限值为 3.2 μm。

3.2 1.6 用去除材料方法获得的表面粗糙度，R_a的上限值为 3.2 μm，下限值为 1.6 μm。

Rz3.2 用任何方法获得的表面粗糙度，R_z的上限值为 3.2 μm。

说明：

① 当标注上限值或上限值与下限值时，允许实测值中 16%的测值超差。

② 当不允许任何实测值超差时，应在参数值的右侧加注 max 或同时标注 max 和 min。

例如，3.2max 1.6min 用去除材料方法获得的表面粗糙度，R_a的最大值为 3.2 μm，最小值为 1.6 μm。

铣 3.2 用去除材料方法获得的表面，R_a的上限值为 3.2 μm，加工方法为铣削。

（4）表面粗糙度标注。

表面粗糙度代[符]号应注在图样的轮廓线，尺寸界线或其延长线上，必要时可注在指引线上。符号的尖端必须从材料外指向表面。

在同一图样上，每一个表面一般只标注一次代号或符号。为便于看图，一般标注在有关尺寸附近。

当零件的所有表面具有相同的表面粗糙度时，可在图样的右上角统一标注，如图 4-5 所示。

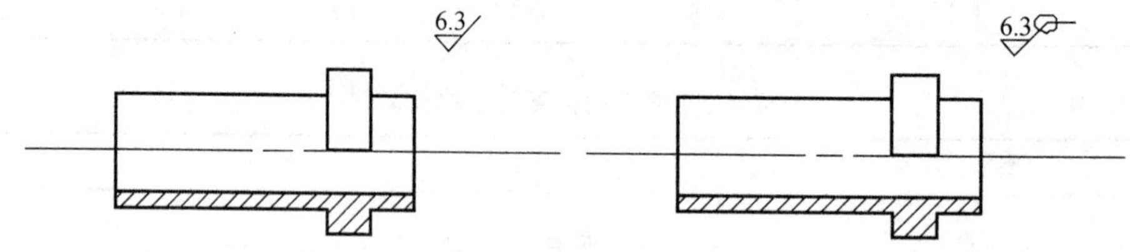

图 4-5　所有表面统一标注

当零件的大部分表面具有相同的粗糙度要求时，可以将使用最多的一种符号或代号统一标注在图样的右上角，并加注“其余”两字。

对于连续表面或重复要素表面，以及用细实线相连的不连续的统一表面，只需标注一次粗糙度代号。

在同一表面上如要求不同的粗糙度时，应用细实线画出两个不同要求部分的分界线，如图 4-6 所示。

（5）表面粗糙度的测量。

① 比较法：将被测表面和表面粗糙度样板直接进行比较，多用于车间评定表面粗糙度值较大的工件。

② 光切法：利用光切原理，用双管显微镜测量。 常用于测量 R_z为 0.5 ~ 60 μm。

③ 干涉法：利用光波干涉原理，用干涉显微镜测量。可测量 R_z 和 R_y 值。

④ 印模法：利用石蜡、低熔点合金或其他印模材料，压印在被测零件表面，放在显微镜下间接地测量被测表面的粗糙度。适用于笨重零件及内表面。

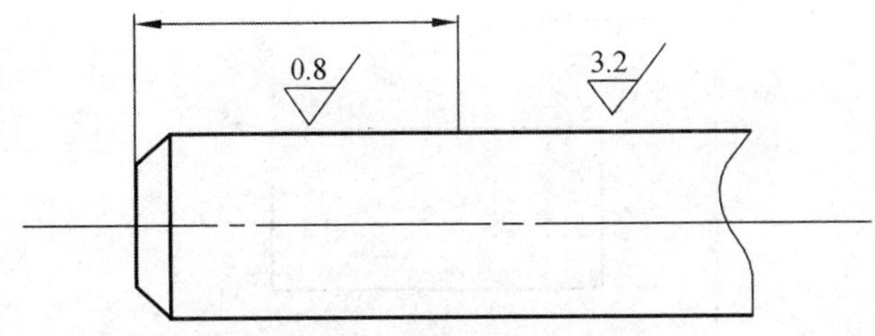

图 4-6　同一表面不同粗糙度

2）尺寸公差

（1）互换性。

零件的互换性指的是当装配一台机器或部件时，只要在一批相同规格的零件中任取一件装配到机器或部件上，不需修配加工就能满足性能要求。

互换性按其互换性程度可分为完全互换和不完全互换。完全互换指的是零、部件在装配时不需要挑选、调整和附加修配；不完全互换指的是零、部件在装配前需进行预先分组，对应组内的零、部件才可互换，通常只适用于厂内组织生产采用（如滚动轴承的大批量生产）。

（2）极限的有关术语及定义。

① 基本尺寸。基本尺寸是零件设计时，根据性能和工艺要求，通过必要的计算和实验确定的尺寸。

② 实际尺寸。实际尺寸是实际测量零件获得的尺寸　。

③ 极限尺寸。极限尺寸是设计允许的零件实际尺寸变化的两个极限值。两个极限值中，大的一个称为最大极限尺寸，小的一个称为最小极限尺寸。

④ 尺寸偏差（简称偏差）。尺寸偏差是某一尺寸（实际尺寸、极限尺寸等）减去基本尺寸所得的代数值。常用的是上偏差和下偏差。

上偏差 = 最大极限尺寸 − 基本尺寸

下偏差 = 最小极限尺寸 − 基本尺寸

⑤ 尺寸公差（简称公差）。尺寸公差是设计允许的尺寸的变动量。

尺寸公差 = 最大极限尺寸 − 最小极限尺寸

⑥ 公差带。如图 4-7 所示，由代表上偏差和下偏差或最大极限尺寸和最小极限尺寸的两条直线所限定的一个区域称为公差带。其中孔的上偏差和下偏差分别以 ES 和 EI 表示；轴的上偏差和下偏差分别以 es 和 ei 表示。

在公差带示意图中，零线是表示基本尺寸的一条直线，以其为基准确定偏差和公差。

⑦ 标准公差。标准公差是国标规定的用来确定公差带大小的标准化数值（又称精度）。

标准公差按基本尺寸范围和标准公差等级确定，分 20 个级别，即 IT01、IT0、IT1 至 IT18。

对一定的基本尺寸而言，公差等级越高，公差数值越小，尺寸精度越高。同一公差等级，基本尺寸越大，对应的公差数值越大。

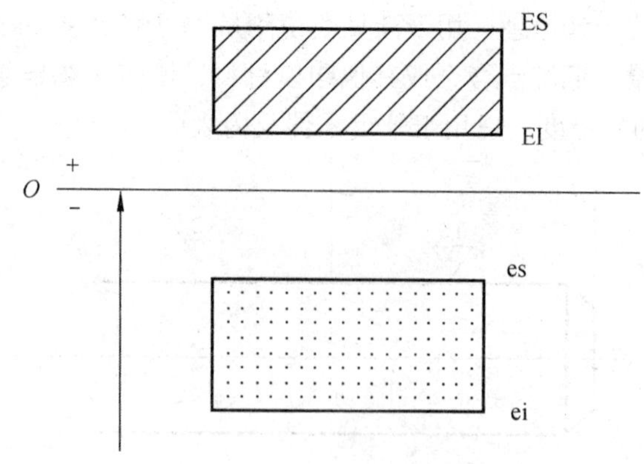

图 4-7　公差带示意图

表 4-3　基本尺寸小于 500 mm 的标准公差（GB 1800.1—2009）

基本尺寸/mm		公差等级									
		IT01	…	IT6	IT7	IT8	IT9	IT10	IT11	IT12	…
大于	至	μm									
…	3	0.3	…	6	10	14	25	40	60	100	…
3	6	0.4	…	8	12	18	30	48	75	120	…
6	10	0.4	…	9	15	22	36	58	90	150	…
10	18	0.5	…	11	18	27	43	70	110	180	…
18	30	0.6	…	13	21	33	52	84	130	210	…
30	50	0.6	…	16	25	39	62	100	160	250	…
50	80	0.8	…	19	30	46	74	120	190	300	…
80	120	1	…	22	35	54	87	140	220	350	…
…	…	…	…	…	…	…	…	…	…	…	…
…	…	…	…	…	…	…	…	…	…	…	…
…	…	…	…	…	…	…	…	…	…	…	…
400	500	4	…	40	63	97	155	250	400	630	…

⑧ 基本偏差。基本偏差是确定公差带相对零线位置的那个极限偏差，它可以是上偏差也可以是下偏差，一般指靠近零线的那个偏差，如图 4-8 所示。

⑨ 公差带代号。公差带代号由基本偏差代号和公差等级组成。

例如，公差带代号 ϕ50H8，表示孔的基本尺寸为 ϕ50，公差等级为 *8* 级，基本偏差代号为 *H*。公差带代号 ϕ18f7，表示轴的基本尺寸为 ϕ*18*，公差等级为 7 级，基本偏差代号为 f。

查取标准公差表，就可以确定上下偏差数值。

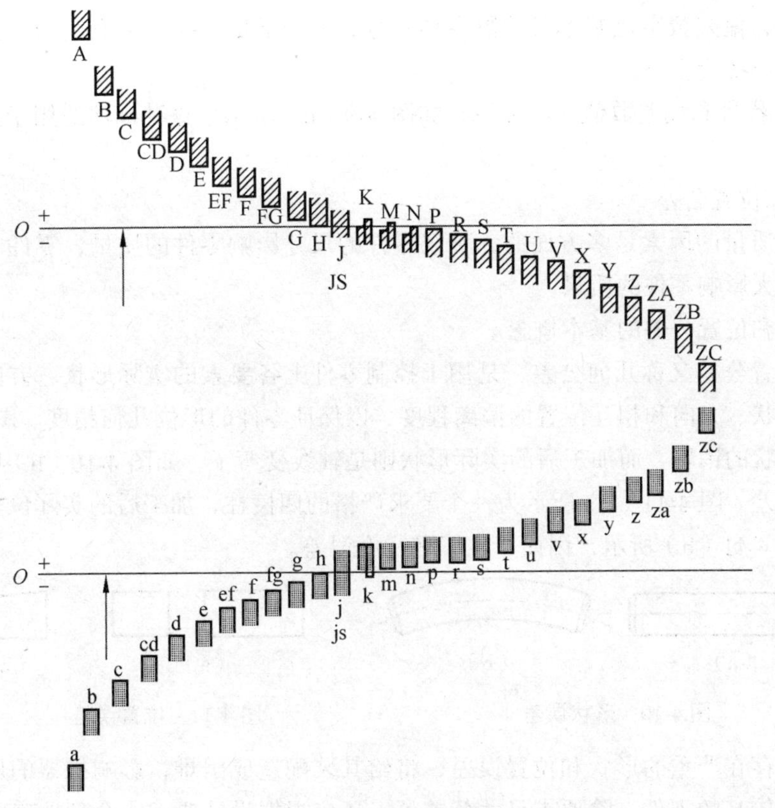

图 4-8　基本偏差系列

（3）尺寸公差在零件图上的标注方法。

① 标注公差带的代号，如图 4-9（a）所示。这种标注方法适用于大量生产，采用专用量具检验零件。

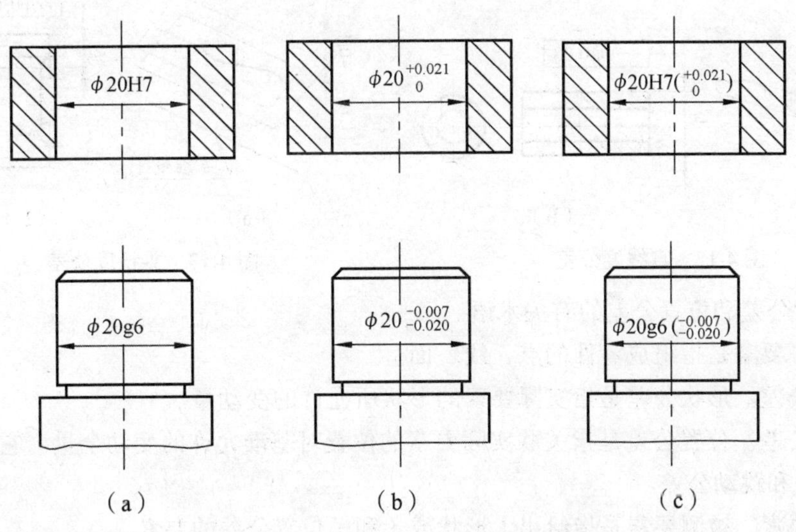

图 4-9　零件图中尺寸公差的标注方法

② 标注偏差数值，如图 4-9（b）所示。上偏差注在基本尺寸的右上方，下偏差注在基本

尺寸的右下方，偏差数字比基本尺寸数字小一号，上、下偏差的小数点应当对齐。这种标注适用于单件、小批量生产。

③ 公差带代号和偏差数值一起标注，如图 4-9（c）所示。这种标注适用于产量不定时的加工机构。

3）形状和位置公差

影响零件质量的因素是多方面的，不仅零件的尺寸影响零件的质量，零件的几何形状和结构位置也大大影响零件的质量。

（1）形状和位置公差的基本概念。

形状和位置公差又称几何公差，是用于控制零件上各要素的实际形状、方向和相互位置相对于理想形状、方向和相互位置的偏离程度，以保证零件的形位几何精度。图 4-10（a）所示为一理想形状的销轴，而加工后的实际形状则是轴线变弯了，如图 4-10（b）所示，因而产生了直线度误差。图 4-11（a）所示为一个要求严格的四棱柱，加工后的实际位置却是上表面倾斜了，如图 4-11（b）所示，因而产生了平行度误差。

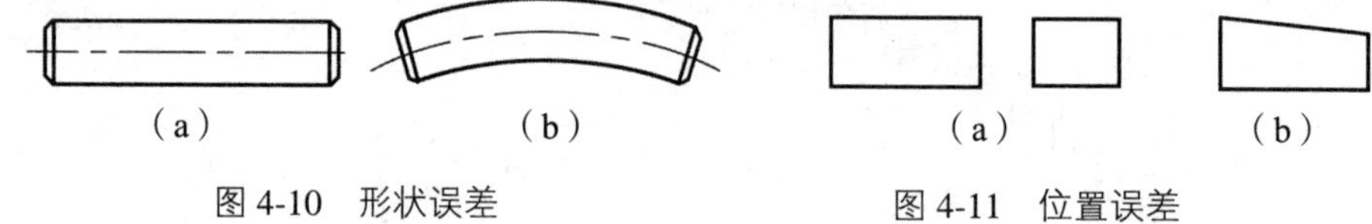

图 4-10　形状误差　　图 4-11　位置误差

如果零件存在严重的形状和位置误差，将给其装配造成困难，影响机器的质量，因此，对于精度要求较高的零件，除要求尺寸公差外，还应根据设计要求，合理地确定出形状和位置误差的最大允许值，如图 4-12（b）中的 ϕ0.08（即销轴轴线必须位于直径为公差值 ϕ0.08 的圆柱面内，如图 4-12（a）所示）、4-13（b）中的 0.1 表示表面必须位于距离为公差值 0.1 且平行于基准表面 A 的两平行平面之间，如图 4-13（a）所示。

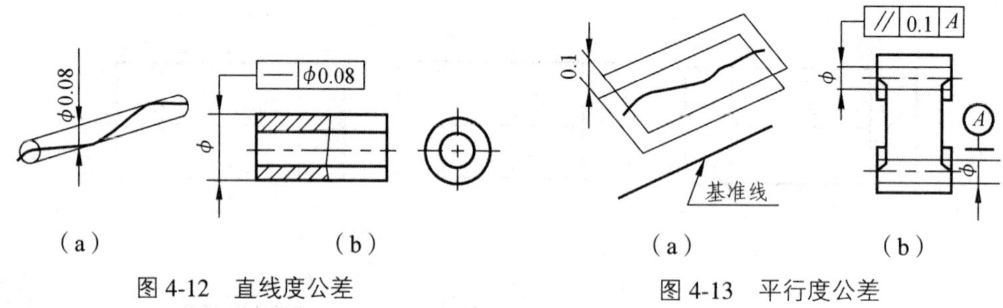

图 4-12　直线度公差　　图 4-13　平行度公差

（2）形状公差和位置公差的有关术语。

① 要素。要素是指组成零件的点、线、面。

② 形状公差。形状公差是指实际要素的形状所允许的变动量。

③ 位置公差。位置公差是指关联实际要素的位置对基准允许的变动全量。它包括定向公差、定位公差和跳动公差。

④ 被测要素。被测要素是指给出了形状或（和）位置公差的要素。

⑤ 基准要素。基准要素是指用来确定理想被测要素方向或（和）位置的要素。

（3）常用形位公差一览表，见表 4-4。

表 4-4　形位公差的分类、项目资料及符号

分类	项　目	特征符号		有无基准要求
形状公差	形状	直线度	—	无
		平面度	⏥	无
		圆度	○	无
		圆柱度	⌭	无
形状或位置	轮廓	线轮廓度	⌒	有或无
		面轮廓度	⌓	有或无
位置公差	定向	平行度	//	有
		垂直度	⊥	有
		倾斜度	∠	有
	定位	位置度	⌖	有
		同轴度（同心度）	◎	有
		对称度	⌯	有
	跳动	圆跳动	↗	有
		全跳动	⌰	有

注：国家标准 GB/T 1182-1996 规定项目特征符号线型为 $h/10$，符号高度为 h（同字高）其中，平面度、圆柱度、平行度、跳动等符号的倾斜角度为 75°。

（4）形位公差的标注。

① 公差框格。公差框格用细实线画出，画成水平的或垂直的，框格高度是图样中尺寸数字高度的两倍，它的长度视需要而定。框格中的数字、字母、符号与图样中的数字等高，如图 4-14 所示。用带箭头的指引线将被测要素与公差框格一端相连。

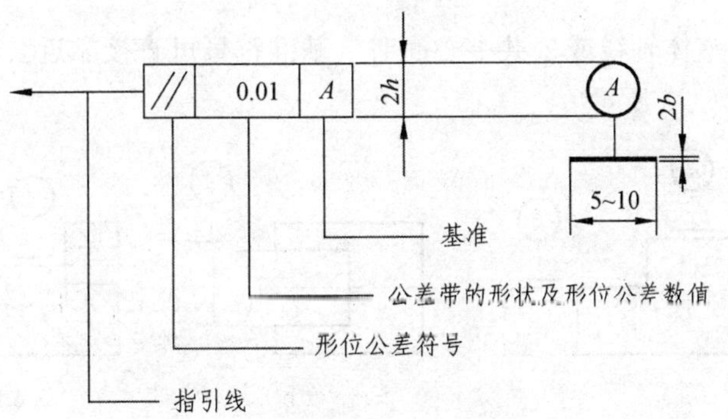

图 4-14　形位公差代号及基准符号

② 被测要素。用带箭头的指引线将被测要素与公差框格一端相连，指引线箭头指向公差带的宽度方向或直径方面。指引线箭头所指部位分为：

a. 当被测要素为整体轴线或公共中心平面时，指引线箭头可直接指在轴线或中心线上，如图 4-15（a）所示。

b. 当被测要素为轴线、球心或中心平面时，指引线箭头应与该要素的尺寸线对齐，如图 4-15（b）所示。

c. 当被测要素为线或表面时，指引线箭头应指在该要素的轮廓线或其引出线上，并应明显地与尺寸线错开，如图 4-15（c）所示。

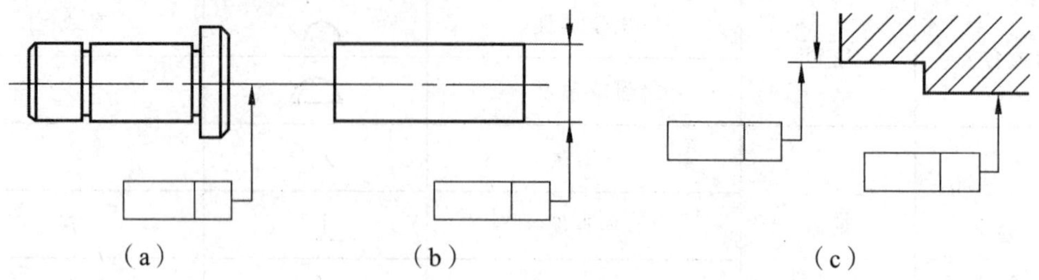

图 4-15　被测要素标注示例

③ 基准要素。基准符号的画法如图 4-16 所示，无论基准符号在图中的方向如何，细实线圆内的字母一律水平书写。

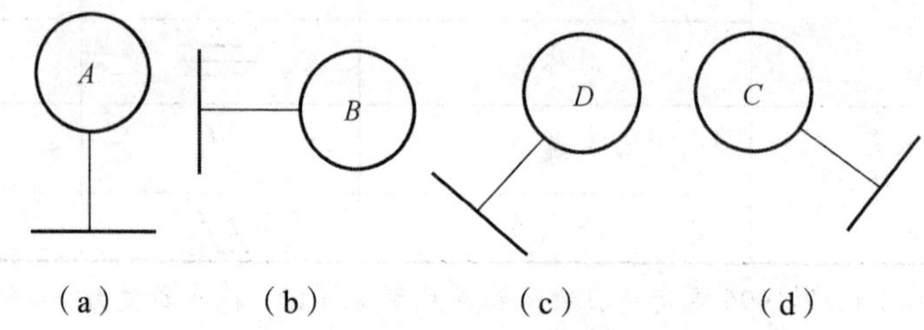

图 4-16　形位公差基准符号

a. 当基准要素为素线或表面时，基准符号应靠近该要素的轮廓线或引出线标注，并应明显地与尺寸线箭头错开，如图 4-17（a）所示。

b. 当基准要素为轴线、球心或中心平面时，基准符号应与该要素的尺寸线箭头对齐，如图 4-17（b）所示。

c. 当基准要素为整体轴线或公共中心面时，基准符号可直接靠近公共轴线（或公共中心线）标注，如图 4-17（c）所示。

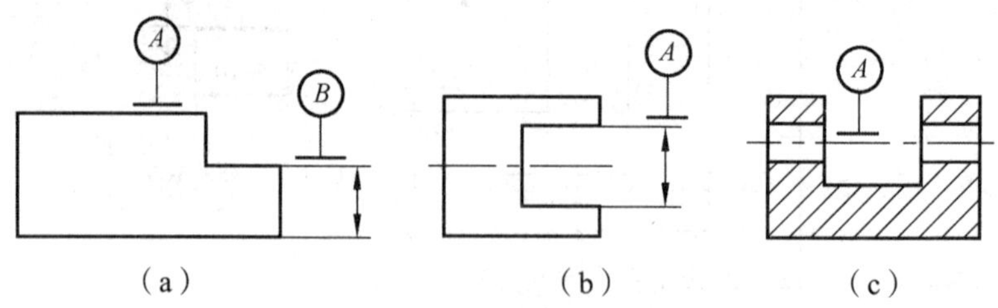

图 4-17　基准要素标注示例

④ 标注实例，如图 4-18 所示。

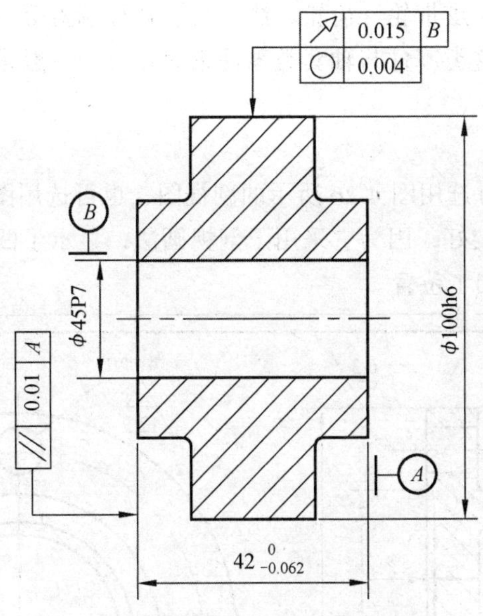

图 4-18 零件图上标注形位公差的实例

【技能操作与训练】

1. 典型零件的视图选择

铁道车辆上的各类零部件可以根据零件结构形状分成 4 类，分别是轴套类零件、盘盖类零件、叉架类零件和箱体类零件。一般来说，后一类零件比前一类零件复杂，因而零件图中的视图和尺寸也较多。

1）轴套类零件

（1）主视图选择。

一般选择将轴线横放，即把轴线画成水平。此外，将键槽转向正前方，主视图可以反映键的形状和位置，如图 4-19 所示。

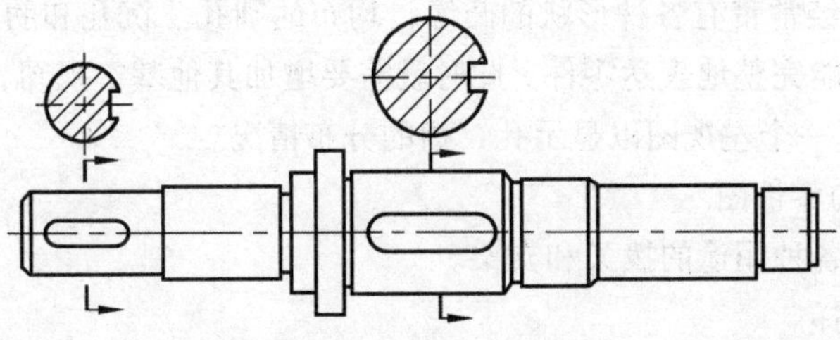
图 4-19 蜗轮轴的视图选择

（2）其他视图选择。

由于轴的各段圆柱可以用尺寸 ϕ 来表示，因此不必画出其左视图或右视图。轴上的两个键槽在主视图上反映了它的长度和宽度，为了表示其深度，分别采用了移出剖面。这样蜗轮轴的全部结构形状已经表达清楚。

2）盘盖类零件

盘盖类零件包括手轮、皮带轮、齿轮、法兰盘、各种端盖等。这类零件的基本形状是扁平的盘状，常具有轴孔。这类零件与轴套类零件正好相反，一般是轴向尺寸较小，而径向尺寸较大。

（1）主视图选择。

端盖零件的主视图，可选用图 4-20 所示的剖视图，也可选用图中的外形视图。但经过比较，选用前者作为主视图较好，因为它采用了剖视画法，显示了凹腔等结构的形状及相对位置；并且也符合它的主要加工位置。

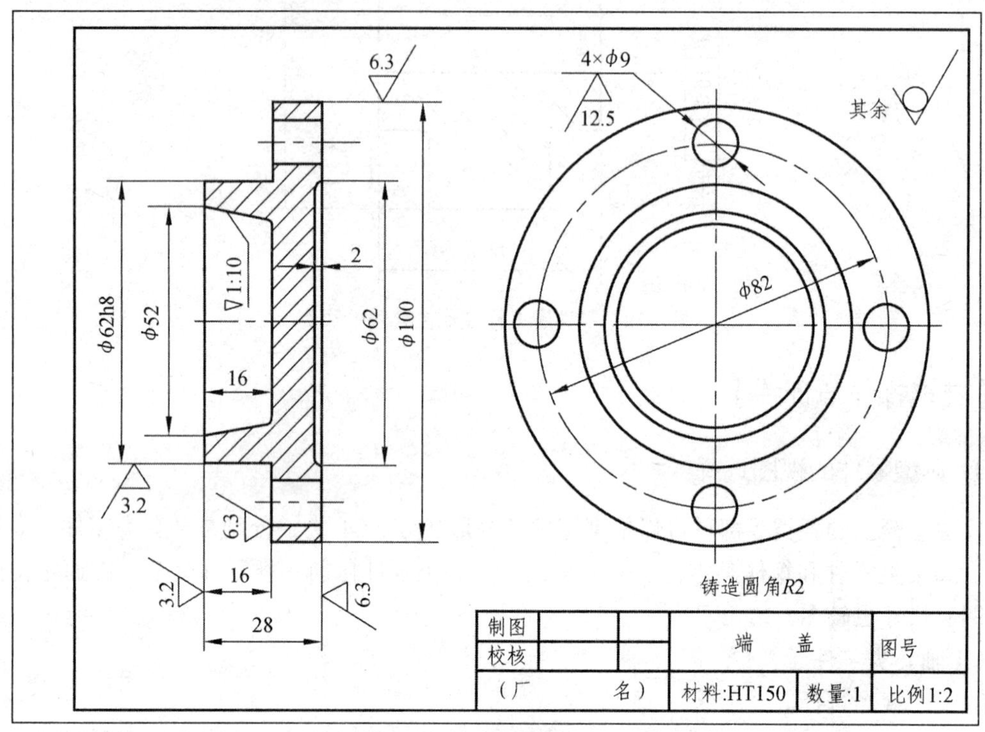

图 4-20 端盖零件图

（2）其他视图的选择。

由于盘盖类零件经常带有各种形状的凸缘，均布的圆孔、沉孔和肋等局部结构，所以仅采用一个主视图还不能完整地表达零件。此时就需要增加其他基本视图，如左视图或右视图。在图 4-20 中就增加了一个左视图以显示孔、槽的分布情况。

3）叉架类零件的零件图

叉架类零件包括各种用途的拨叉和支架。

（1）主视图的选择。

由于叉架类零件的毛坯形状复杂，加工位置多变，因此它的零件图一般按工作位置放置，而不考虑其加工位置。有些叉架类零件（如拨叉、连杆等）在机器上的工作位置正好处于倾斜状态，为了便于制图，也可将其位置放正，处于较正常状态进行绘图。如图 4-21 所示中支架是按工作位置绘制的，从主视图中可清晰地看出它的工作、固定和连接 3 部分的形状特征和相对位置。

（2）其他视图的选择。

由于叉架类零件形状一般不很规则，又经常具有倾斜结构等，所以仅采用基本视图往往不能清晰地表达某些部分结构的详细形状，因此常采用局部视图、斜视图、剖面、局部剖视图和斜剖等表达方法。图 4-21 中支架的主、俯视图均采用了局部剖视图，表达底板和支撑板断面的形状；左视图采用全剖视图，表达轴承孔的内部结构及两侧支撑板形状。

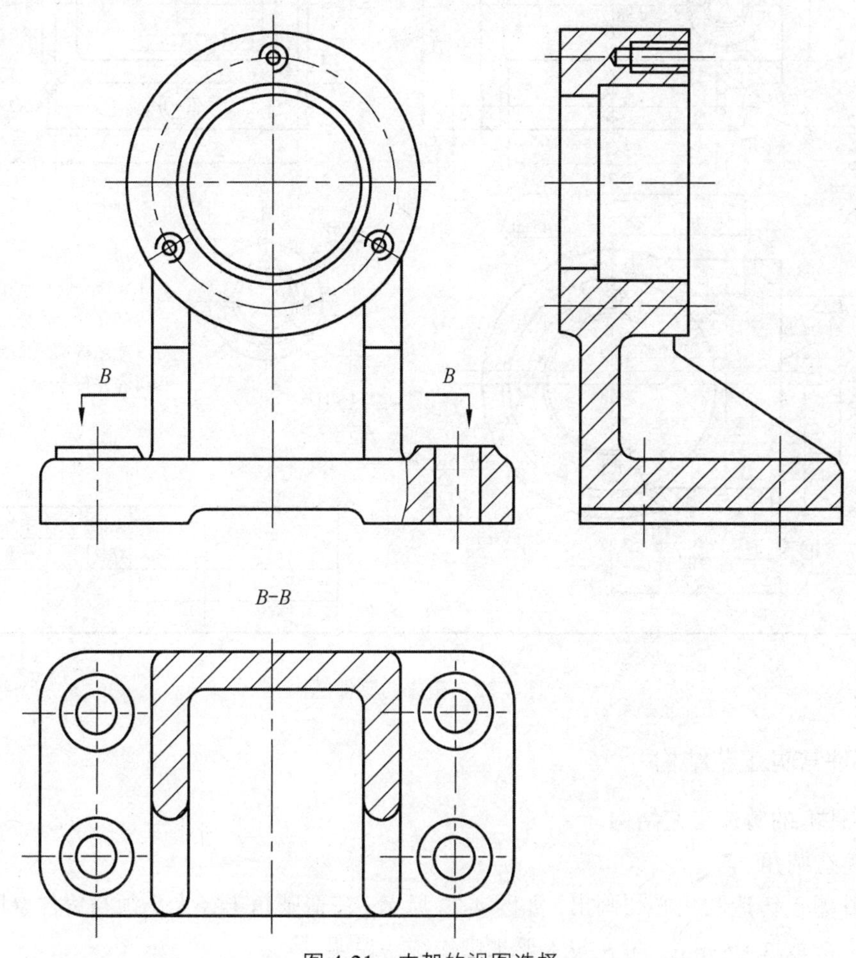

图 4-21　支架的视图选择

4）箱体类零件的零件图

箱体类零件包括泵体、阀体、机座和减速箱体等，箱体类零件多为铸造件，是铁道车辆的主要零件。

（1）视图的选择。

箱体类零件通常以最能反映其形状特征及结构间相对位置的一面作为主视图的投影方向。以自然安放位置或工作位置作为主视图的摆放位置，如图 4-22 所示。

（2）其他视图的选择。

由于箱体类零件的结构较复杂，所以一般需要两个或两个以上的基本视图才能将其主要结构形状表示清楚。常用局部视图、局部剖视图和局部放大图等来表达尚未表达清楚的局部结构。

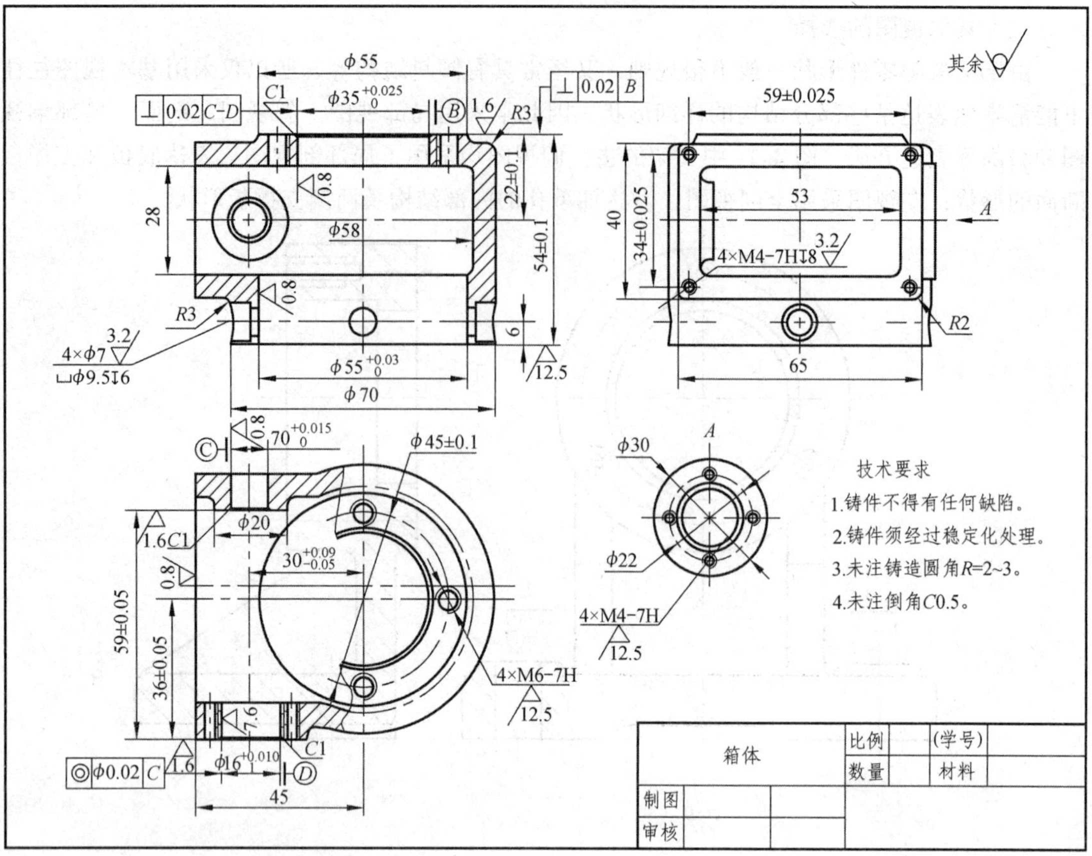

其余
技术要求
1.铸件不得有任何缺陷。
2.铸件须经过稳定化处理。
3.未注铸造圆角R=2~3。
4.未注倒角C0.5。
箱体
比例
(学号)
数量
材料
制图
审核

图 4-22　箱体的零件图

2. 零件常见工艺结构

1）零件上的铸造工艺结构

（1）铸造圆角。

在零件图上铸造圆角必须画出，如图 4-23 所示。铸造圆角半径大小须与铸件壁厚相适应。其半径值一般取 3 ~ 5 mm，可在技术要求中作统一说明。

铸造圆角
缩孔
裂缝
加工后成尖角

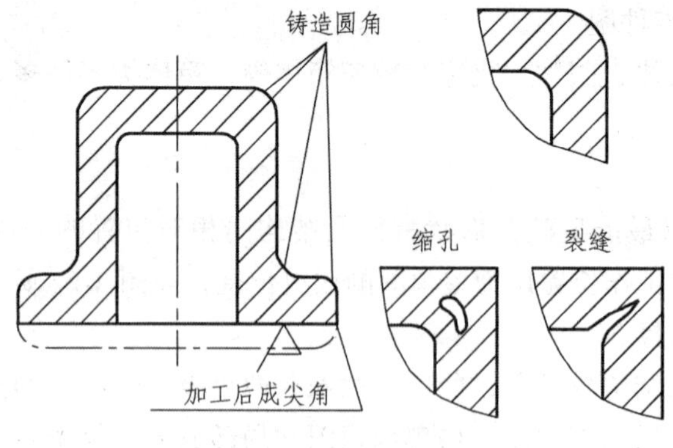

图 4-23　铸造圆角

（2）拔模斜度。

在翻砂造型时，为了便于在砂型中取模，在铸件沿拔模方向的内外壁上应有 1∶20 的斜度，叫作拔模斜度，如图 4-24（a）所示。

拔模斜度的大小：木模常为 1°～3°；金属模为 0.5°～2°。因斜度很小，通常在图样上不画出，也不标注，如图 4-24（b）所示。

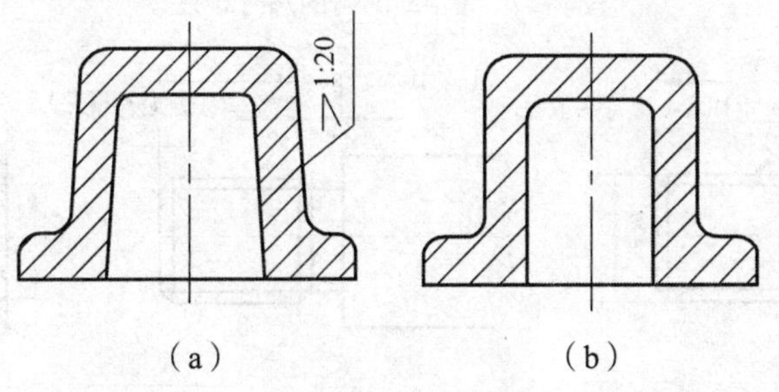

图 4-24　拔模斜度

（3）铸件壁厚。铸件壁厚见图 4-25。

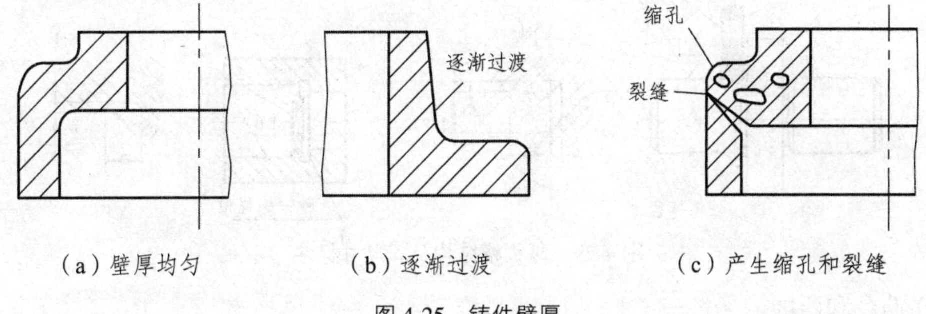

图 4-25　铸件壁厚

2）零件上的机械加工工艺结构

（1）倒角和倒圆。

为了去除毛刺、锐边和便于装配，在轴和孔的端部（或零件的面和面的相交处）一般都加工成倒角；为了避免因应力集中而产生裂纹，在轴肩处往往加工成圆角的过渡形式即为倒圆。常见倒圆和 45°倒角，如图 4-26 所示。非 45°倒角如图 4-27 所示。倒角宽度应按轴（孔）径查标准。

（2）退刀槽和越程槽。

在机械加工中，退刀槽与越程槽的结构是一样的。退刀槽是在车床加工中，如车削内孔、车削螺纹时，为便于退出刀具并将工序加工到毛坯底部，在待加工面的末端预先制出的退刀的空槽，如图 4-28 所示。越程槽是在磨削时方便退出砂轮或砂带而沿圆周方向开的槽，如图 4-29 所示。

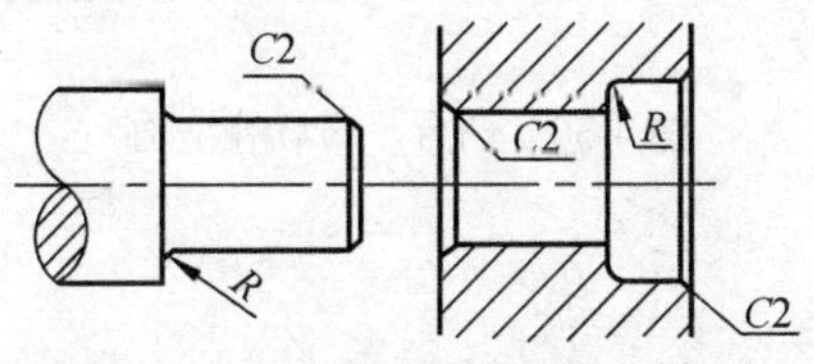

图 4-26　45°倒角和倒圆的尺寸标注

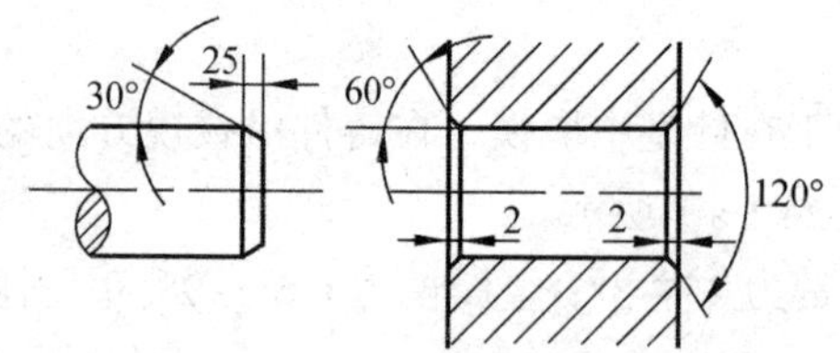

图 4-27 非 45°倒角的尺寸标注

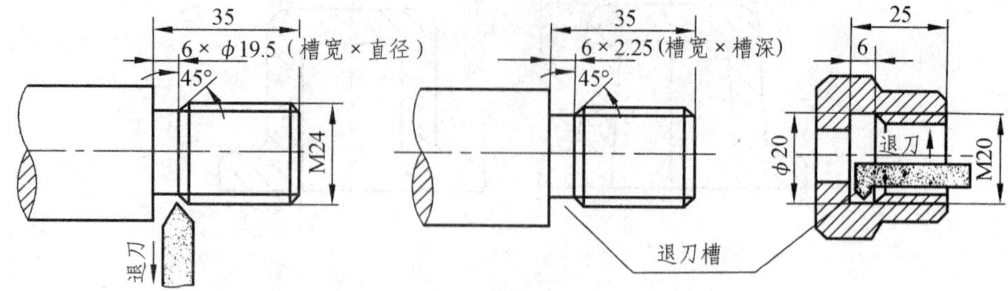

4-28 退刀槽结构及其尺寸标注

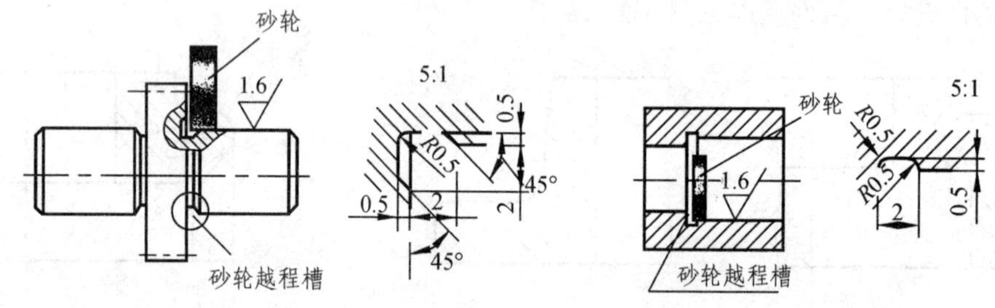

图 4-29 越程槽结构及其尺寸标注

（3）凸台和凹坑。

为了保证零件间接触良好，零件上凡于其他零件接触的表面一般都要加工。但为了降低零件的制造费用，在设计零件时应尽量减少加工面。因此，在零件上常有凸台和凹坑结构。而且凸台应在同一平面上，以保证加工方便，如图 4-30 所示。

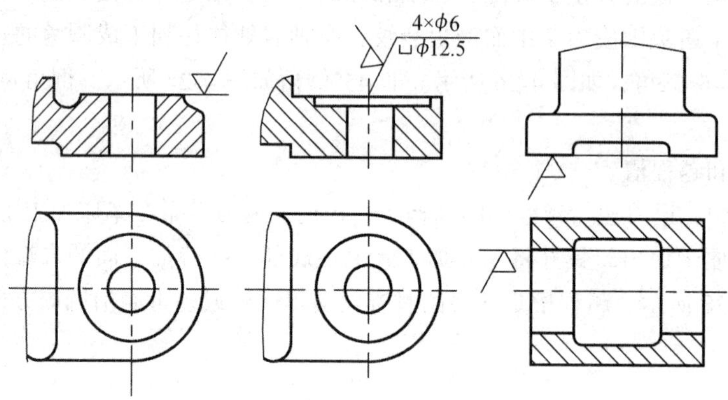

图 4-30 凸台、凹坑等结构

3. 零件图的读法

看图的基本步骤是：

（1）看标题栏。通过标题栏可以知道零件的名称、比例、材料以及加工方法等。

（2）分析图形。先看主视图，再联系其他视图，分析图中剖视、剖面及重要部位等，可以想象出零件的结构形状。

（3）分析尺寸。对零件的基本结构了解清楚后，再分析零件的尺寸。首先确定零件各部分结构形状的大小尺寸，再确定各部分结构之间的位置尺寸，最后分析零件的总体尺寸。同时分析零件长、宽、高 3 个方向的尺寸基准。找出图中的重要尺寸和主要定位尺寸。

（4）看技术要求。对图中出现的各项技术要求，如尺寸公差、表面粗糙度、形状和位置公差以及热处理等加工方面的要求，要逐个进行分析和了解。

【读图案例】

案例 1　识读扁头锤零件图

1. 扁头锤的基本知识

扁头锤是敲打物体使其移动或变形的工具，主要用于敲击平面，也可以敲击较深的凹陷或拐角。在铁路行业中主要用于修形和钣金。修形时使用扁头锤的方头处，钣金时使用扁头锤的扁头处。

在高职院校的钳工操作实训中一般会选用制作扁头锤作为综合训练的工件。可以综合钳工的各项基本操作。

2. 扁头锤零件图（见图 4-31）

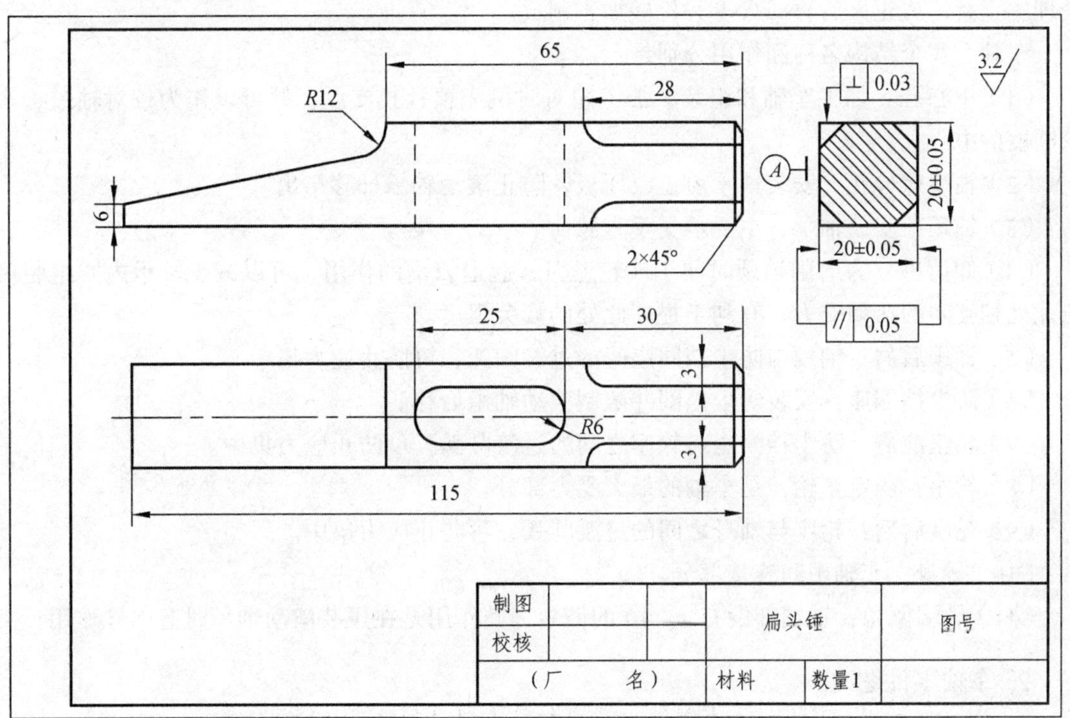

图 4-31　扁头锤零件图

案例 2　识读圆柱齿轮零件图

1. 圆柱齿轮的基本知识

齿轮是广泛应用于各种机械传动中的一种常用件，用来传递动力、改变转动速度和方向等。齿轮传动承载高，瞬时传动比准确，在各类机械中应用广泛。齿轮传动分为圆柱齿轮传动、圆锥齿轮传动和蜗轮蜗杆传动。三者分别应用于两轴线平行、两轴线相交和两轴线交错的工作场合。在零件图中齿轮的齿型是标准件，不用画出具体齿型轮廓，只画出齿顶圆、分度圆和齿根圆即可，如图 4-32 所示。

模数、压力角和齿数是齿轮最重要的 3 个参数。模数已经标准化，模数越大，齿轮承载能力越高。

2. 圆柱齿轮零件图

圆柱齿轮零件图如图 4-32 所示。

案例 3　识读车轴零件图

1. 车轴的基本知识

车轴是轨道机车、车辆轮对的主要配件，它除了与车轮组成轮对外，两端还要与轴箱润滑装置配合，以保证车辆安全运行。按其使用轴承的不同，车轴分为滑动轴承车轴和滚动轴承车轴。目前，我国铁路车轮轮对绝大部分都采用滚动轴承车轴。

车轴采用优质碳素钢，如平炉钢或电炉钢钢锭或专门的车轴钢坯加热锻压成型，经过热处理（正火，或正火后再回火）和机械加工制成。

车轴上各个结构名称和作用分别是：

（1）中心孔：加工车轴和组装、加工轮对时机床顶针孔支点，并可以作为校对轴颈、车轮圆度的中心。

（2）轴端螺栓孔：安装轴承前盖或压板，防止滚动轴承外移窜出。

（3）轴颈：安放轴承，主要承受垂直载荷。

（4）卸荷槽：为磨削轴颈时便于砂轮退刀，起退刀槽的作用，可以减少轴承内圈组装后与此处相互间的接触应力，有利于提高此处的疲劳强度。

（5）轴颈后肩：轴颈与防尘挡圈座间的过渡圆弧，可防止应力集中。

（6）防尘挡圈座：安装防尘挡圈并限制滚动轴承后移。

（7）轮座前肩：防尘挡圈座与轮座之间的过渡圆弧，可防止应力集中。

（8）轮座：固定车轮，是车轴的最大受力部分。

（9）轮座后肩：轮座与轴身之间的过渡圆弧，可防止应力集中。

（10）轴身：车轴中间连接部分。

（11）轴端倒角：轴端部设有 1∶10 的倒角，其作用是在压装滚动轴承时起引导作用。

2. 车轴零件图

车轴零件图如图 4-33 所示。

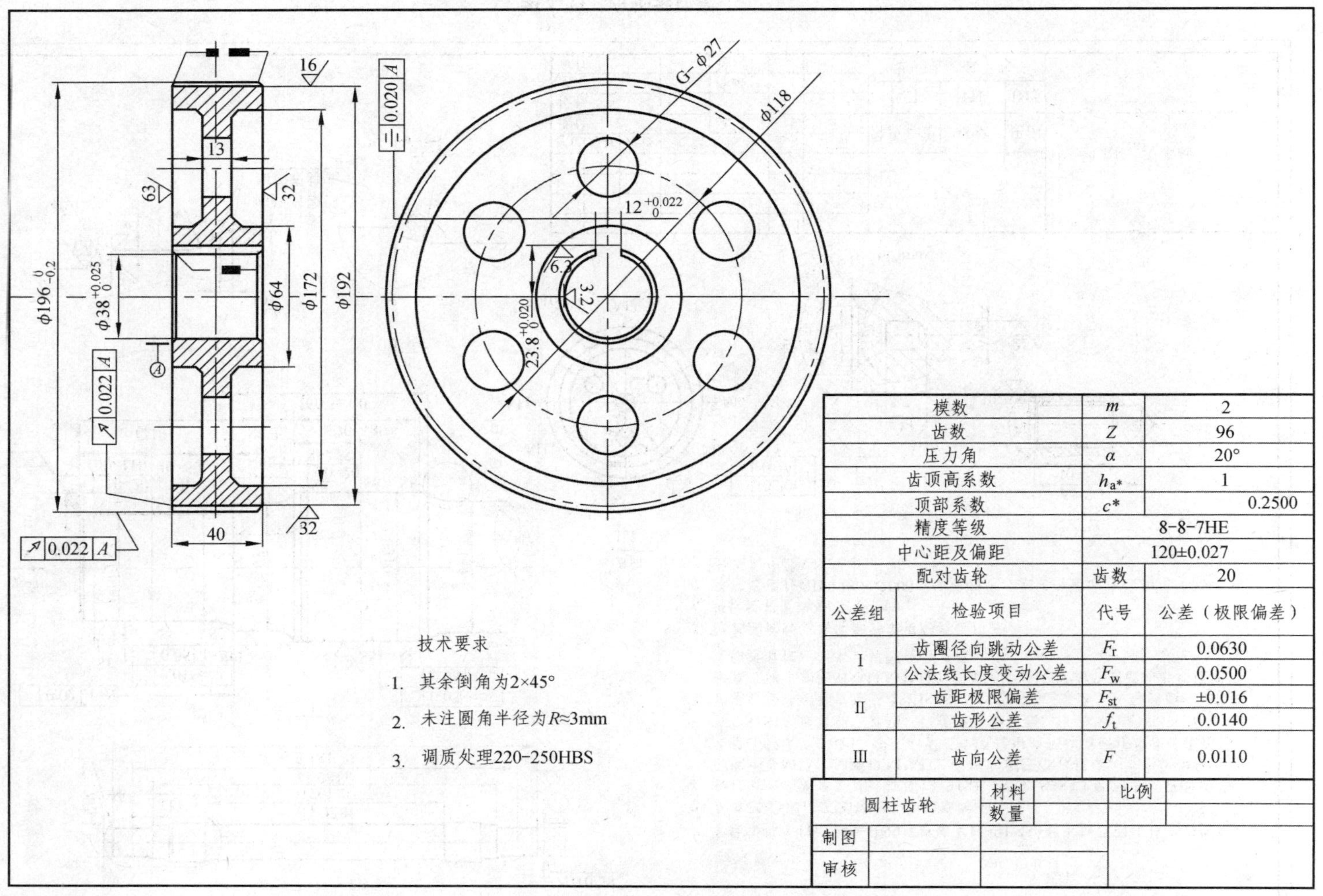

图 4-32　圆柱齿轮零件图

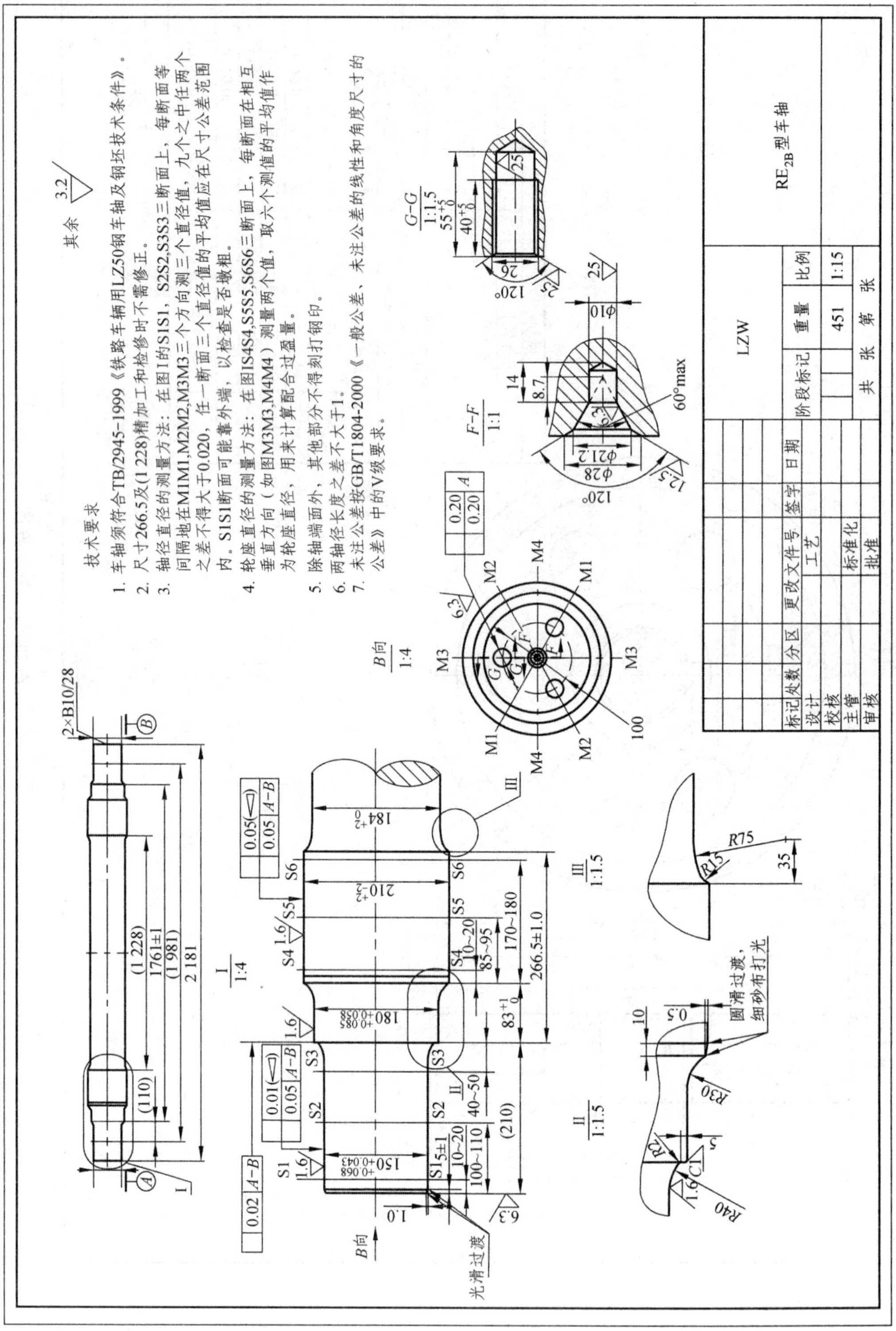

其余 3.2

技术要求

1. 车轴须符合TB/2945-1999《铁路车辆用LZ50钢车轴及钢坯技术条件》。
2. 尺寸266.5及(1 228)精加工和检修时不需修正。
3. 轴径直径的测量方法：在图I的S1S1，S2S2,S3S3三断面上，每断面等间隔地在M1M1,M2M2,M3M3三个方向测三个直径值，九个之中任两个之差不得大于0.020，任一断面三个直径值的平均值应在尺寸公差范围内。S1S1断面可能靠外端，以检查是否墩粗。
4. 轮座直径的测量方法：在图IS4S4,S5S5,S6S6三断面上，每断面在相互垂直方向（如图M3M3,M4M4）测量两个值，取六个测值的平均值作为轮座直径，用来计算配合过盈量。
5. 除轴端面外，其他部分不得刻打钢印。
6. 两轴径长度之差不大于1。
7. 未注公差按GB/T1804-2000《一般公差、未注公差的线性和角度尺寸的公差》中的V级要求。

						LZW			RE_{2B}型车轴
标记	处数	分区	更改文件号	签字	日期	阶段标记	重量	比例	
设计			工艺				451	1:15	
校核									
主管			标准化						
审核			批准			共 张 第 张			

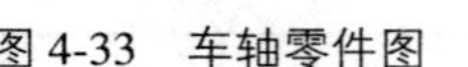

图 4-33 车轴零件图

【知识巩固】

1. 什么是零件图？由哪几部分组成？
2. 简述零件图尺寸标注的注意事项。
3. 什么是表面粗糙度？它与形状误差有何不同？
4. 什么是偏差？什么是公差？二者的不同点在哪里？
5. 简述零件图的读图步骤。

任务 4.2　常用装配图识读

【目的与要求】

（1）掌握装配图的作用和组成。
（2）熟悉装配图的规定画法和简化画法，掌握装配图中的技术要求。
（3）掌握装配图的读图方法。
（4）能独立分析装配图中各个零件的装配关系。

【实施的环境、设备、工具】

（1）环境：钳工实训场、多媒体教室。
（2）设备、工具：三角板、圆规、模型、装配图、零件、零件毛坯等。

【相关知识】

1. 装配图的作用和内容

1）装配图的作用

装配图是表达机器或部件的图样。通常用来表达机器或部件的工作原理以及零部件间的装配、连接关系，是机械设计和生产中的重要技术文件之一。

在产品或部件的设计过程中，一般是先设计画出装配图，然后再根据装配图进行零件设计，画出零件图；在产品或部件的制造过程中，先根据零件图进行零件加工和检验，再按照依据装配图所制订的装配工艺规程将零件装配成机器或部件；在产品或部件的使用、维护及维修过程中，也经常要通过装配图来了解产品或部件的工作原理及构造。

2）装配图的内容

（1）一组图形。用一组视图正确、完整、清晰、准确地表达出装配体的工作原理、零件之间的装配关系、连接方式和零件的主要结构形状。

（2）必要的尺寸。在装配图上必须标注表示机器或部件的规格、装配、检验和安装时所需要的尺寸。另外，在设计过程中经过计算而确定的重要尺寸也必须标注。

（3）技术要求。在装配图中用文字或符号注写出该装配体的性能和装配、检验、调整、试验等所必须满足的技术条件，以及使用、维护规则等方面的要求。

（4）标题栏、零部件序号和明细栏。标题栏用来注明装配体的名称、规格、比例、图号以及设计、绘图及审核人员的签名等。在装配图上对每种零件或组件必须进行编号，并编制明细栏。明细栏中依次注写出每个零件的序号、名称、规格、数量和材料等内容。

2. 装配图的尺寸标注

1）一般尺寸

由于装配图主要是用来表达零、部件的装配关系的，所以在装配图中不需要注出每个零件的全部尺寸，一般只需标注规格尺寸、装配尺寸、安装尺寸、外形尺寸和其他重要尺寸等五大类尺寸。

（1）规格或性能尺寸。表明装配体规格和性能的尺寸，是设计和选用产品的主要依据。

（2）装配尺寸。装配尺寸是保证部件正确装配，并说明配合性质及装配要求的尺寸。装配尺寸包括零件间有配合关系的配合尺寸以及零件间相对位置尺寸。

（3）外形尺寸。外形尺寸是指装配体外形轮廓尺寸，即总长、总宽、总高，提供包装、运输和安装时需要参考的尺寸。

（4）安装尺寸。安装尺寸是装配体安装到基座或其他工作位置时所需的尺寸。

（5）其他重要尺寸。这类尺寸包括运动零件的极限尺寸，重要零件之间的定位尺寸，以及零件的结构尺寸。

以上 5 类尺寸，并非每张装配图上都需全部标注，有时同一个尺寸，可同时兼有几种含义。所以装配图上的尺寸标注，要根据具体的装配体情况来确定。

2）配合尺寸

（1）配合。基本尺寸相同，相互结合的轴和孔公差带之间的关系称为配合。按配合性质不同可分为间隙配合、过盈配合和过渡配合。

① 间隙配合。孔的公差带完全在轴的公差带之上，任取其中一对轴和孔相配都成为具有间隙的配合（包括最小间隙为零），如图 4-34 所示。

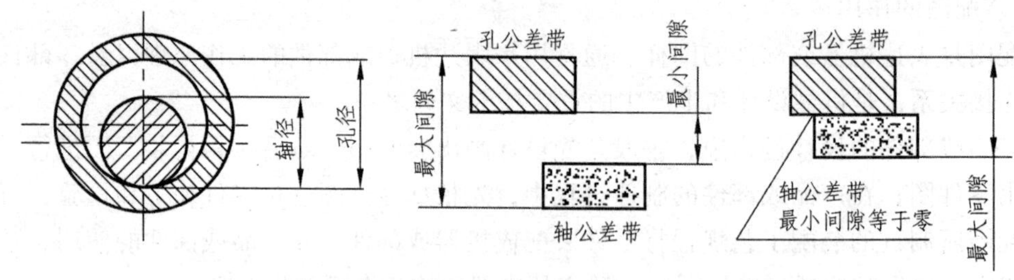

图 4-34　间隙配合

② 过盈配合。孔的公差带完全在轴的公差带之下，任取其中一对轴和孔相配都成为具有过盈的配合（包括最小过盈为零），如图 4-35 所示。

③ 过渡配合。孔和轴的公差带相互交叠，任取其中一对孔和轴相配合，可能具有间隙，也可能具有过盈的配合，如图 4-36 所示。

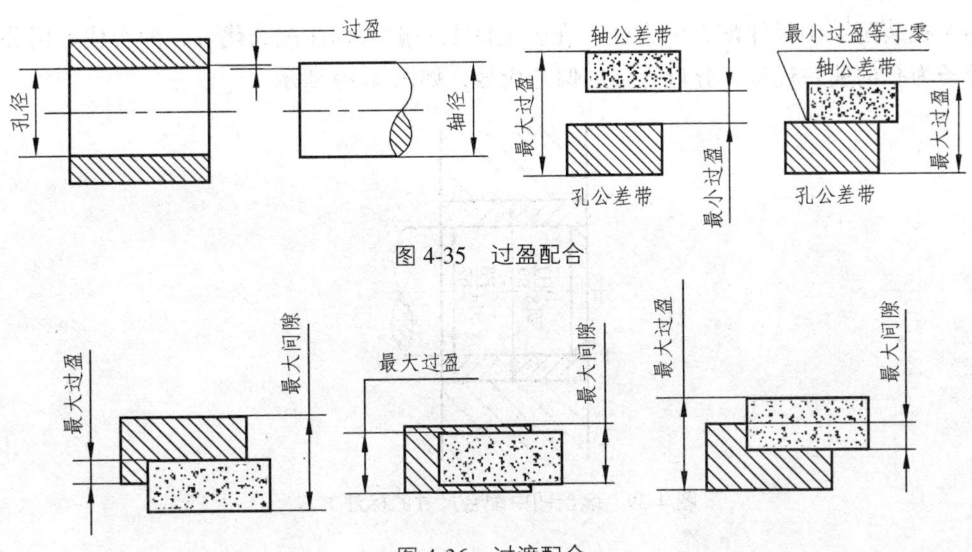

图 4-35　过盈配合

图 4-36　过渡配合

（2）配合制。配合制是指同一极限制的孔和轴组成配合的一种制度。国家标准规定了两种配合制度：基孔制和基轴制。采用基准制是为了统一基准件的极限偏差，从而达到减少零件加工定值刀具和量具的规格数量。

① 基孔制。基本偏差为一定的孔的公差带，与不同基本偏差的轴的公差带构成各种配合的一种制度称为基孔制。这种制度在同一基本尺寸的配合中，是将孔的公差带位置固定，通过变动轴的公差带位置，得到各种不同的配合，如图 4-37 所示。基孔制的孔称为基准孔。国家标准规定基准孔的下偏差为零，“H”为基准孔的基本偏差。

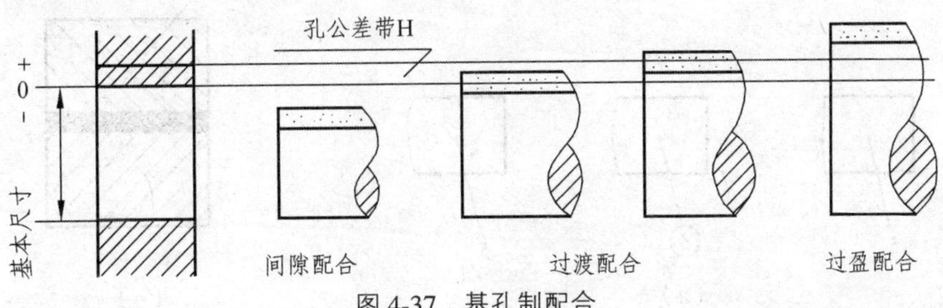

图 4-37　基孔制配合

② 基轴制。基本偏差为一定的轴的公差带与不同基本偏差的孔的公差带构成各种配合的一种制度称为基轴制。这种制度在同一基本尺寸的配合中，是将轴的公差带位置固定，通过变动孔的公差带位置，得到各种不同的配合，如图 4-38 所示。基轴制的轴称为基准轴。国家标准规定基准轴的上偏差为零，“h”为基轴制的基本偏差。

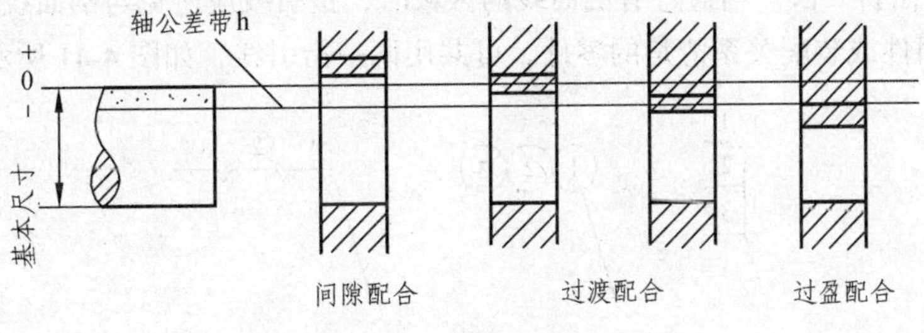

图 4-38　基轴制配合

（3）在装配图中标注配合的方法。在装配图上一般只标注配合代号，配合代号用分数表示，分子为孔的偏差代号，分母为轴的偏差代号，如图 4-39 所示。

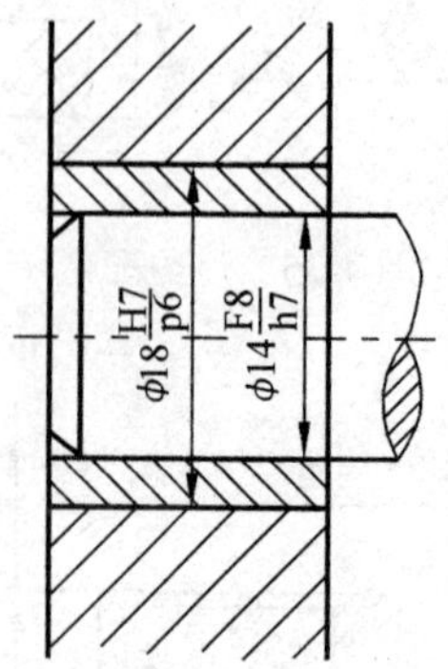

图 4-39 装配图中配合尺寸的标注方法

3. 装配图的零部件序号和明细栏

1）零部件序号

（1）一般规定。装配图中的每种零部件都应编写一个序号。零部件序号应与明细栏中的序号一致。

（2）序号编排方法。

① 序号表示方法有 3 种，如图 4-40（a）所示。但同一装配图中的形式应一致。

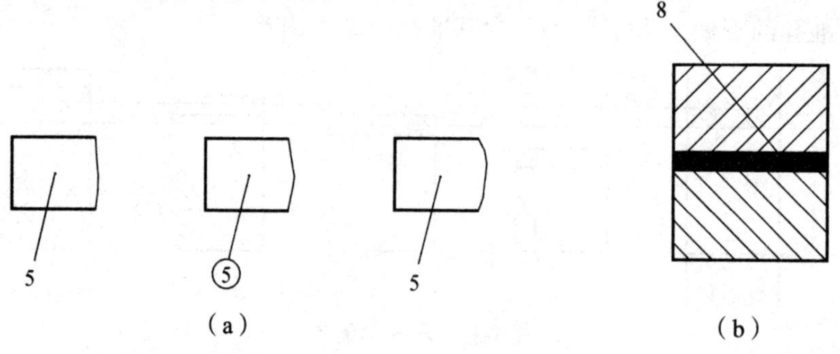

图 4-40 序号编写方法一

② 指引线（细实线）应自所指部分的可见轮廓内引出，并在末端画一圆点。若所指部分不能画圆点时，则在指引线的末端画箭头，指向该部分的轮廓。如图 4-40（b）所示。指引线不能相交，但可曲折一次。当通过有剖面线的区域时，指引线应避免与剖面线平行。

③ 一组紧固件或装配关系清楚的零件，可共用同一指引线，如图 4-41 所示。

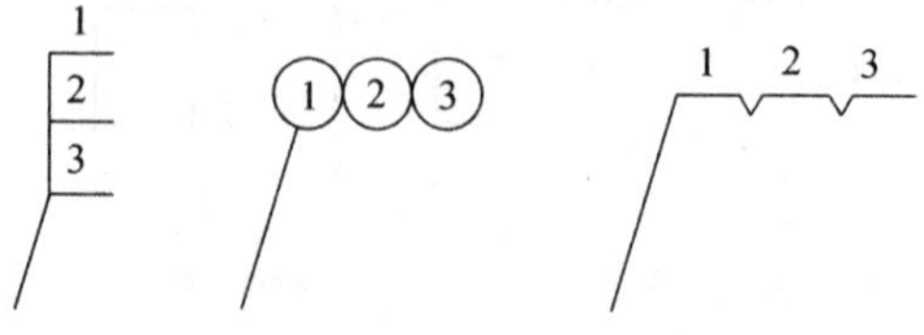

图 4-41 序号编写方法二

④ 装配图中的序号应按水平或垂直方向（顺时针或逆时针方向）顺次排列，以便于查找。

2）标题栏和明细栏

明细栏应包括序号、代号、名称、数量、材料、重量、备注等项内容。明细栏配置在栏题栏的上方，按由下而上的顺序填写，位置不够时，紧靠在标题栏的左边继续自下而上延伸，如图 4-42 所示。

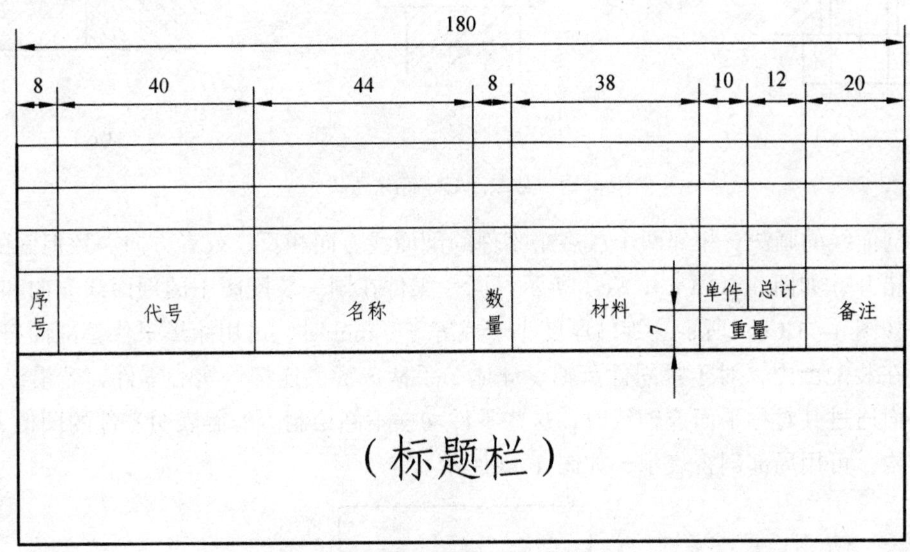

图 4-42　装配图标题栏和明细栏

4. 装配图的技术要求

装配图中的技术要求主要为说明机器或部件在装配、检验、使用时应达到的技术性能和质量要求等。主要包括以下几个方面：

（1）装配要求。装配时的注意事项和装配后应达到的指标等，如装配方法、装配精度等。

（2）检验要求。检验、实验的方法和条件及应达到的指标。

（3）使用要求。机器在使用、保养、维修时提出的要求，例如限速、限温、绝缘要求及操作注意事项等。

技术要求通常写在明细栏左侧或其他空白处，内容太多时可以另行编写技术文件。

【技能操作与训练】

1. 装配图的规定画法和特殊画法

装配图表达方法的侧重点是将装配体的结构、工作原理和零件间的装配关系正确、清晰地表示清楚。为此国家标准对装配图的画法又做了一些规定。

1）装配图画法的基本规定

（1）相邻两轮廓线的画法。相邻两个零件的接触面和配合面只画一条轮廓线，如图 4-43（b）、（c）所示；凡是非接触面、非配合面即使间隙很小，也必须画成两条轮廓线，如图 4-43（a）所示。

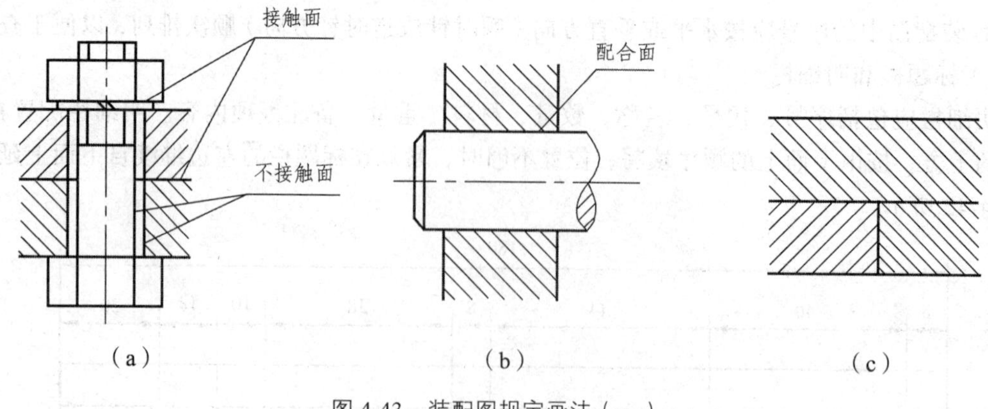

图 4-43　装配图规定画法（一）

（2）剖面线的画法。相邻两个或多个零件的剖面线方向相反，或者方向一致但间隔不同，明显相互错开，如图 4-43（a），（c）所示。同一零件在同一装配图中的剖面线方向和间隔必须一致，如图 4-43（b）所示。零件厚度小于或等于 2 mm 时，可用涂黑来代替剖面符号。

（3）在装配图中，对于紧固件及轴、球体、手柄、键、连杆等实心零件，若沿纵向剖切且剖切平面通过其对称平面或轴线时，这些零件均按不剖绘制。如需表明零件的凹槽、键槽、销孔等结构，可用局部剖视表示，如图 4-44 所示。

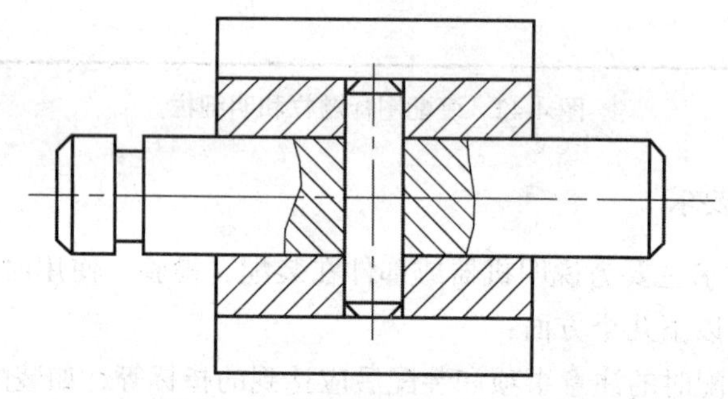

图 4-44　装配图规定画法（二）

2）装配图的特殊画法

（1）拆卸画法。在装配图的某一视图中，为表达一些被图形遮挡的重要零件的内、外部形状时，可假想拆去一个或几个零件后绘制该视图。此时，应在视图上方标注“拆去××字样。

（2）假想画法。在装配图中，为了表达运动零件的运动范围和运动的极限位置，可按其运动的一个极限位置绘制图形，再用细双点画线画出另一个极限位置的图形，如图 4–45 所示。当需要表达与本部件有装配关系但又不属于本部件的相邻零部件时，可用双点画线画出相邻零部件的部分轮廓。

（3）单独表示某个零件。在装配图中，当某个零件的主要结构在其他视图中未能表示清楚，而该零件的形状对部件的工作原理和装配关系的理解起着十分重要的作用时，可用向视图单独画出该零件的某一视图。并用箭头指明投射方向，用字母在视图上方注出该视图的名称。如图 4-46 所示为转子油泵中泵盖的 B 向视图。

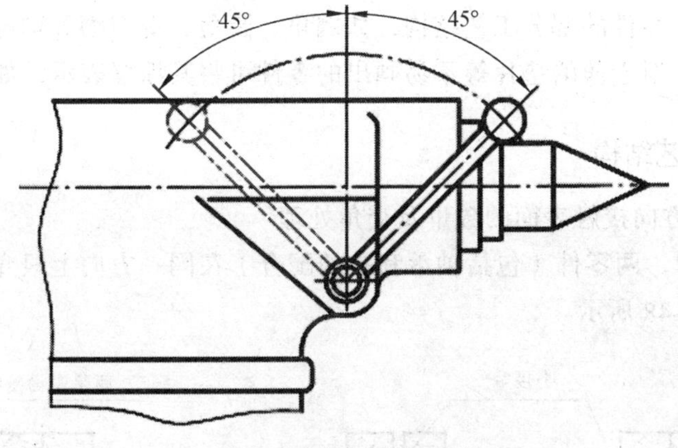

图 4-45　运动零件的极限位置

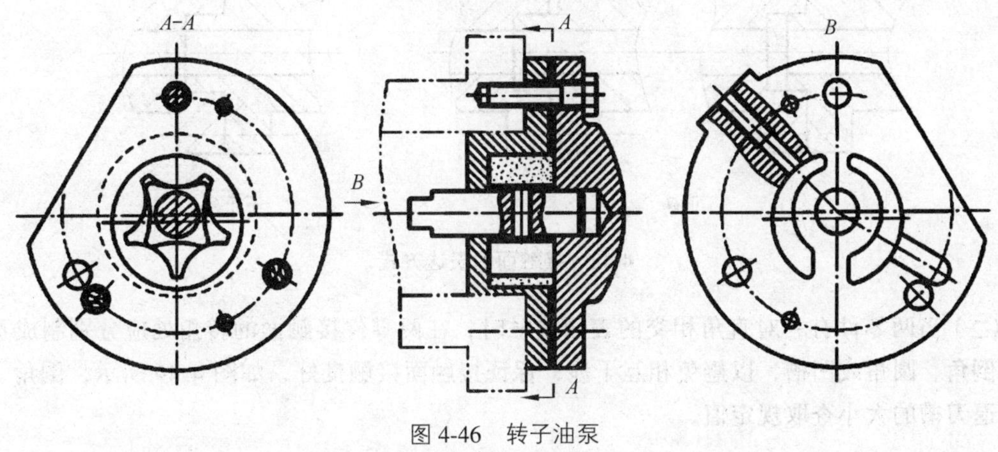

图 4-46　转子油泵

（4）简化画法。

① 装配图中若干相同的零、部件组，如螺栓连接等，可以详细地画出一组，其余只需用细点画线表示其位置即可，如图 4-47 所示。螺栓头、螺母、滚动轴承可用简化画法绘制。

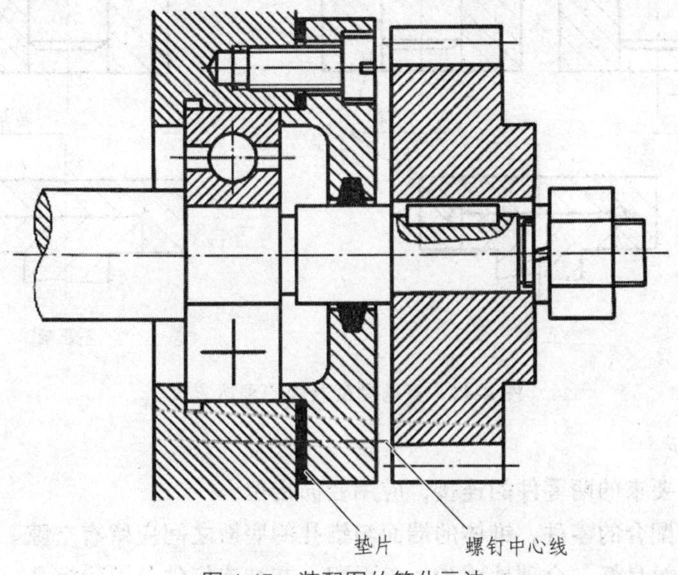

图 4-47　装配图的简化画法

② 在装配图中，零件的部分工艺结构，如倒角、圆角、退刀槽等均可不画。

③ 在装配图中，对于薄的垫片等不易画出的零件可将其涂黑表示，如图 4-47 所示。

2. 常见装配工艺结构

1）两零件同一方向接触表面的数量及交角处理

（1）在装配体中，两零件（包括轴承和孔的配合）在同一方向上只允许有一对表面接触（或相配合），如图 4-48 所示。

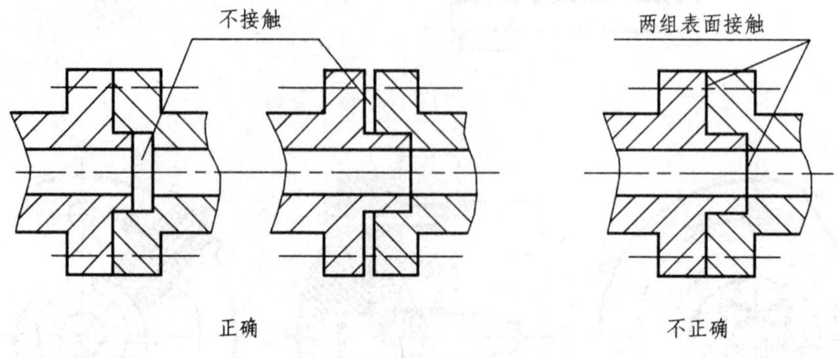

4-48　接触面的表达方式

（2）当两零件有一对直角相交的表面接触时，在两零件接触面的转角处应分别制成不相等的倒角、圆角或凹槽，以避免相互干涉，保证接触面接触良好，如图 4-49 所示，倒角、圆角、退刀槽的大小查取规定值。

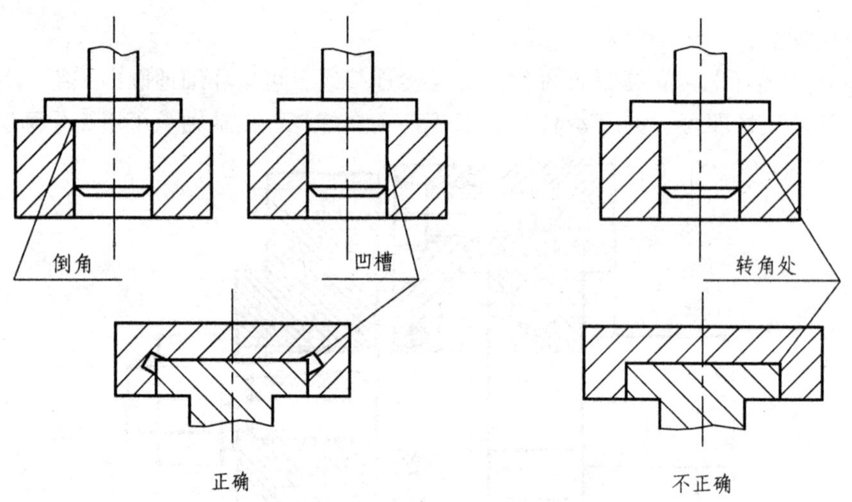

图 4-49　直角相交表面的表达方式

2）定位与固定

（1）有同轴度要求的两零件的连接，应用径向定位。

（2）两圆锥面配合的零件，锥体的端面与锥孔的底面之间应留有空隙。

（3）为保证接触良好，合理地减少加工面积，在被连接件上设置沉孔、凸台等结构。

3）密封结构

为阻止介质（液体或气体）沿轴、杆间隙处泄漏，或防止外界杂质进入部件内部而设置的密封结构，如图 4-50 所示。

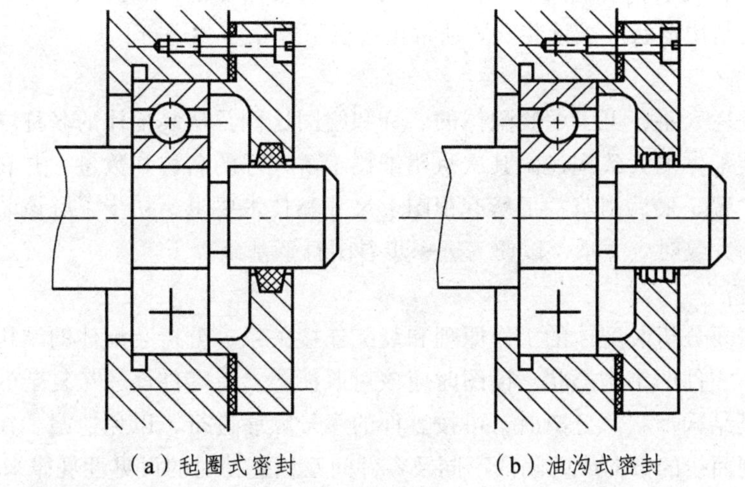

（a）毡圈式密封　　（b）油沟式密封

图 4-50 密封结构的表达方式

4）装配、使用、维修的结构

（1）滚动轴承端面接触结构。轴肩直径应小于轴承内圈的外径，孔肩直径应大于轴承外圈的内径（或采用工艺螺纹孔），以便于装拆，如图 4-51 所示。

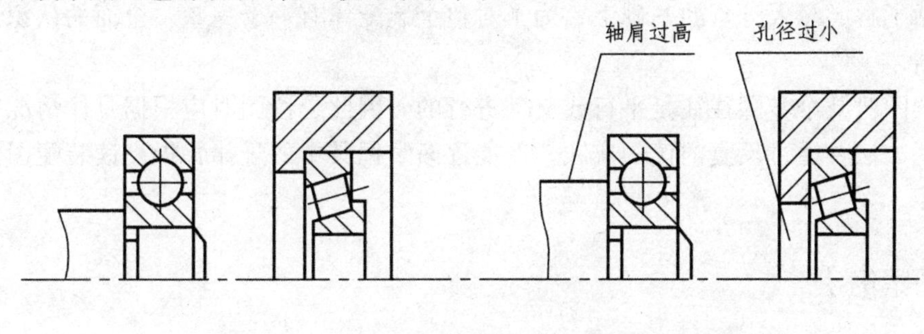

图 4-51 滚动轴承接触结构表达方式

（2）螺纹紧固件装配的合理结构。应考虑螺栓、螺钉装拆的可能，留出扳手、起子的操作空间，如图 4-52 所示。

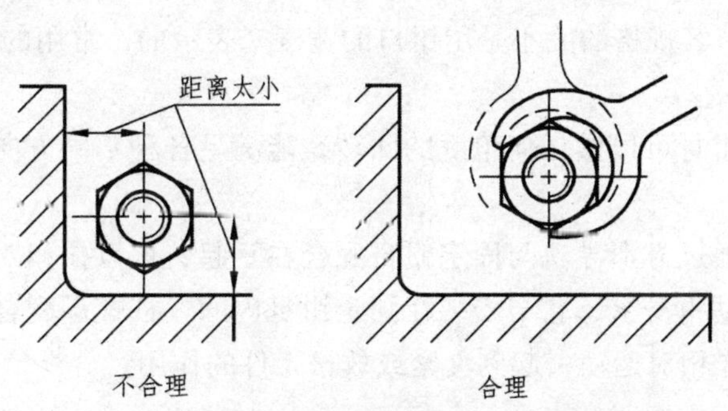

图 4-52 螺纹紧固件合理结构的表达方式

3. 装配图的读法

通过识读装配图能够使我们了解机器或部件的名称、规格、性能、功用和工作原理，了解零件的相互位置关系、装配关系及传动路线，了解使用方法、装拆顺序以及每个零件的作用和主要零件的结构形状等。读装配图通常可按以下 3 个步骤进行：

1）初步了解

首先从标题栏入手，可了解装配体的名称和绘图比例。从装配体的名称联系生产实践知识，可以掌握装配体的大致用途。其次从明细栏了解零件的名称和数量，并在视图中找出对应零件所在的位置。最后浏览一下所有视图、尺寸和技术要求，初步了解该装配图的表达方法及各视图间的大致对应关系，以便为进一步看图打下基础。

2）详细分析

详细分析需要分析装配体的工作原理和装配连接关系；分析装配体的结构组成及润滑、密封情况；分析零件的结构形状。读图时应该对照视图，将零件逐一从复杂的装配关系中分离出来，想象其结构形状。分离时，可按零件的序号顺序进行，以免遗漏。在分离零件时，利用剖视图中剖面线的方向或间隔的不同及零件间互相遮挡时的可见性规律来区分零件。

对照投影关系时，借助三角板、分规等工具，往往能大大提高读图的速度和准确性。

对于运动零件的运动情况，可按传动路线逐一进行分析，分析其运动方向、传动关系及运动范围。

3）归纳总结

在概括了解、深入分析的基础上，为了对整个装配体有一个完整、全面的认识，还应进行归纳总结。

实际读图时几个步骤往往是平行或交叉进行的。因此，读图时应根据具体情况和需要灵活运用这些方法，通过反复的读图实践，便能逐渐掌握其中的规律，提高读装配图的速度和能力。

【读图案例】

案例 1 识读虎钳装配图

1. 虎钳基本构造

虎钳是用来夹持工件的通用夹具，装置在工作台上，用以夹稳待加工工件。虎钳有固定式和回转式两种类型，其规格的大小是用钳口的宽度来表示的，常用的有 100 mm、125 mm、150 mm 等。

回转式台虎钳的钳身可以做任何角度的回转，能满足各种不同方向的加工需要，使用方便，应用比较广泛。

虎钳的活动钳身通过方形导轨与固定钳身配合在一起，可以作相对的滑动。手柄和丝杠连接，丝杠安装在活动钳身上，它与安装在固定钳身内的丝杠螺母配合，当摇动手柄时丝杠旋转，带动活动钳身作相对运动，起到夹紧或放松工件的作用。

2. 虎钳装配图（见图 4-53）

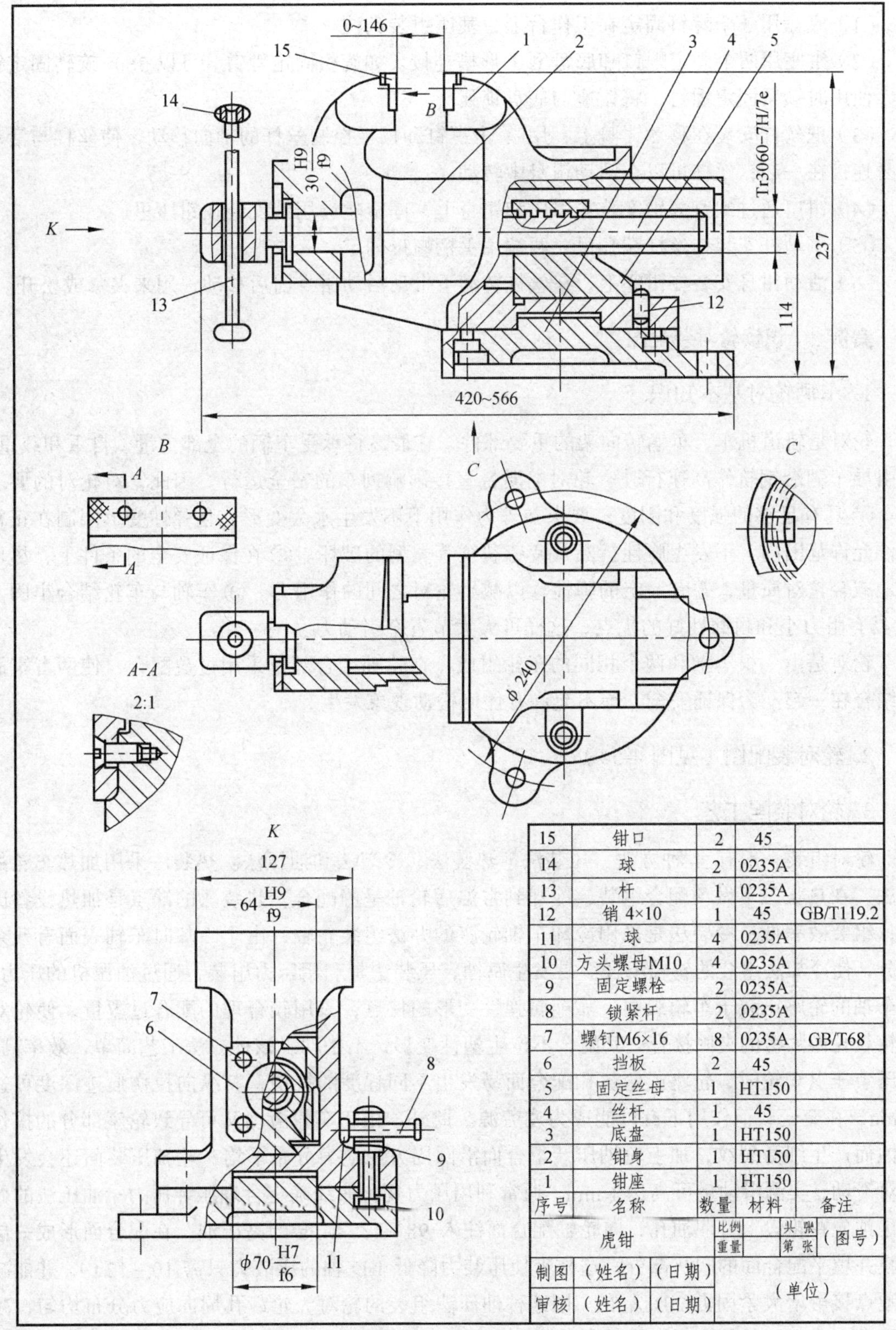

序号	名称	数量	材料	备注
15	钳口	2	45	
14	球	2	0235A	
13	杆	1	0235A	
12	销 4×10	1	45	GB/T119.2
11	球	4	0235A	
10	方头螺母M10	4	0235A	
9	固定螺栓	2	0235A	
8	锁紧杆	2	0235A	
7	螺钉M6×16	8	0235A	GB/T68
6	挡板	2	45	
5	固定丝母	1	HT150	
4	丝杆	1	45	
3	底盘	1	HT150	
2	钳身	1	HT150	
1	钳座	1	HT150	

虎钳		比例		共 张	（图号）
		重量		第 张	
制图	（姓名）	（日期）		（单位）	
审核	（姓名）	（日期）			

图 4-53　虎钳装配图

3. 读图理解装配工艺

（1）底盘用 3 个螺钉固定在工作台上，基座组装到位。

（2）钳座用两个固定螺钉和底盘倒 T 形槽连接。如旋松固定螺钉，可以 360° 旋转固定钳身，使用时锁紧固定螺钉，将钳座与底盘锁死。

（3）把丝杠安装在移动钳身上，用 4 个螺钉和挡板控制丝杆的轴向移动，使丝杠与活动钳身连接在一起，丝杠可以在活动钳身中转动。

（4）钳口通过螺钉分别安装在钳座和钳身上，固定丝母用销安装在钳座里。

（5）手动杆安装在丝杠端孔里，两端用手柄螺母固定。

（6）活动钳身安装在钳座上，在丝杠转动下带动活动钳身前后移动，用来夹紧或松开。

案例 2 识读轮对装配图

1. 车辆轮对基本知识

轮对是轨道机车、车辆转向架的重要部件，它最终将承受车辆的全部重量（自重和载重）并引导车辆沿钢轨作高速行驶。轮对的质量直接影响列车的安全运行。因此，对轮对的要求是：① 具有足够的强度和刚度；要求在外力作用下不发生永久变形，且弹性变形限制在正常工作允许范围内，不发生脆性折断及疲劳裂纹等类型的破坏。② 在保证安全的条件下，尽可能地减轻轮对质量，并有一定的弹性，以减小轮对之间的作用力。③ 车轴与车轮结合牢固。④ 具有阻力小和耐磨性好的优点，这样可大大节省牵引动力。

轮对是由一根车轴和两个相同的车轮组成。在轮轴结合部位采用过盈配合，使两者牢固地结合在一起。为保证安全，绝不允许有任何松动现象发生。

2. 轮对装配图（见图 4-54）

3. 轮对装配工艺

轮对组装一般有 4 种方法：压装法、热装法、冷装法和油压法。热装法采用加热车轮的办法，在热状态下做动配合组装，冷却到常温后轮轴呈静配合，热装法的缺点是加热设备庞大，组装效率低；冷装法是采用冷却车轴轮座的办法组装轮轴，由于冷却时车轴表面有残余水分，使冷却法组装的轮轴配合面易发生腐蚀；压装法是利用压力组装，通过油压机的压力，将车轴的轮座压装于车轮毂中，靠金属弹性变形的特点，采用较合理的配合过盈量，使轮对的轮毂孔做紧密的夹固接合。其配合不产生塑性变形，不松动。该种方法工艺简单，效率高。但压装压退车轮时，轮座或轮毂孔配合面易发生不同程度的拉伤，其纵向拉伤痕迹深度可达 1 mm，在交变载荷作用下有可能成为疲劳源。此外，由于车轮滑动又可导致轮座部分的擦伤腐蚀而产生细微裂纹，加上轮轴压装组合面沿圆周方向应力分布不均，轮轴压装面还会发生相对滑动，实测滑动量可高达 1 mm。通常利用压力变化曲线确定合理压装压力；油压法的做法是预先在轮毂上打注油孔，向轮轴配合面注入 98 ~ 137 MPa 的高压油，在配合面形成一层油膜并填平配合面的凹凸部分，这样来使压装力降低（D 轴的压装力只需 10 ~ 12 t），并能减少硬点接触增大紧固力 20%左右。用这种油压法组装的轮对，轮毂孔周向应力分布均匀，减少了应力集中。目前我国广泛采用的是压装法，从国外进口的部分轮对采用油压法组装。

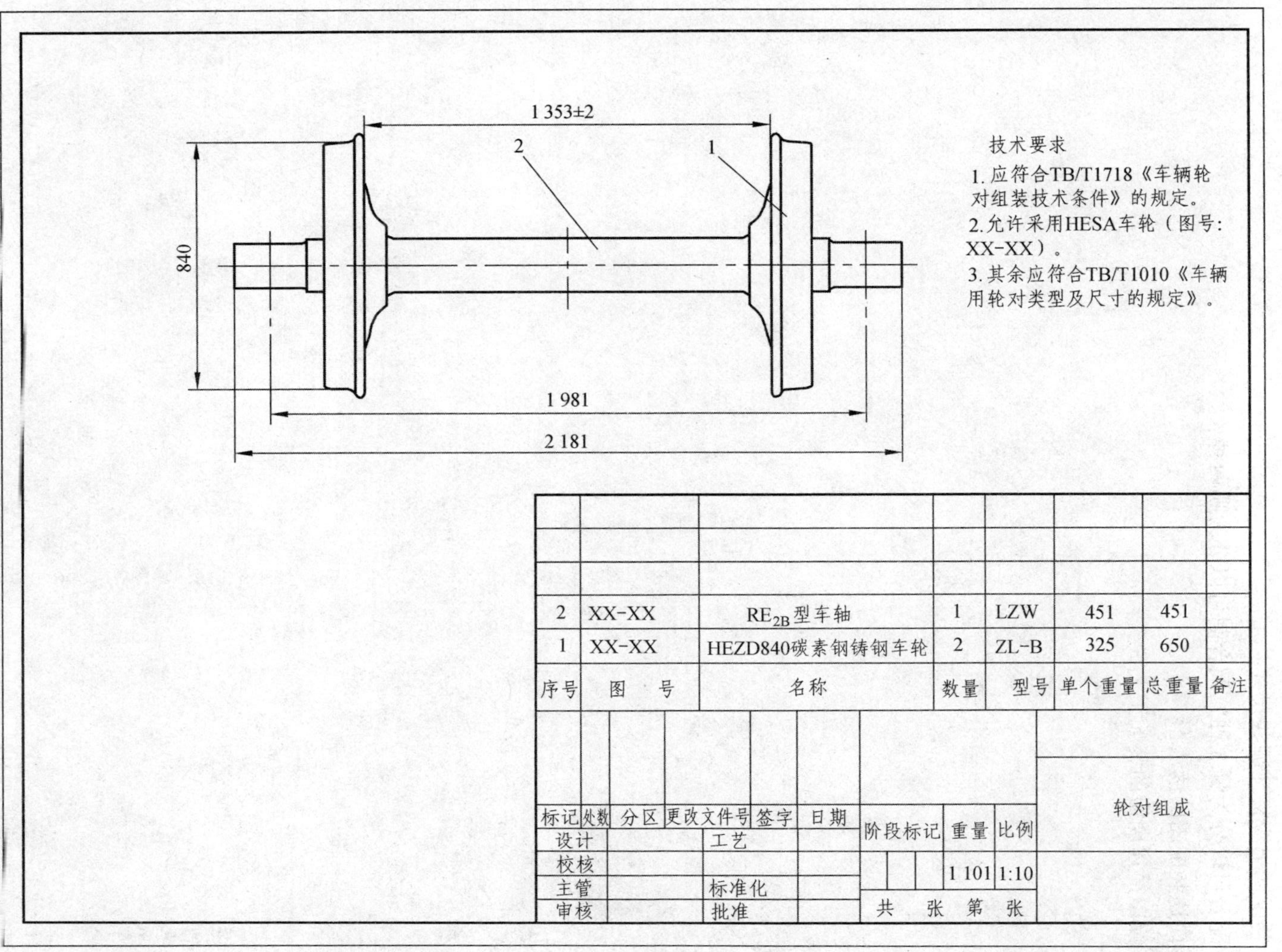
1 353±2
2
1
840
1 981
2 181
技术要求
1. 应符合TB/T1718《车辆轮对组装技术条件》的规定。
2. 允许采用HESA车轮（图号：XX-XX）。
3. 其余应符合TB/T1010《车辆用轮对类型及尺寸的规定》。
2　XX-XX　RE2B型车轴　1　LZW　451　451
1　XX-XX　HEZD840碳素钢铸钢车轮　2　ZL-B　325　650
序号　图　号　名称　数量　型号　单个重量　总重量　备注
标记　处数　分区　更改文件号　签字　日期
设计　工艺
校核
主管　标准化
审核　批准
阶段标记　重量　比例
1 101　1:10
共　张　第　张
轮对组成

4-54　轮对装配图

【知识巩固】

1. 什么是装配图？由哪几部分组成？
2. 装配图上应标注哪些尺寸？
3. 配合可以分为哪 3 种？配合制可以分为哪两种？
4. 简述装配图的读法。
5. 读图简述虎钳的装配工艺。

项目 5　钳工基本操作技能

【项目描述】

本项目主要阐述了钳工基本操作技能，包括：划线、錾削、锉削、锯削、钻孔、攻螺纹套螺纹、研磨等。说明了各项基本操作技能及相关的知识。列举了典型的机械零件加工案例，并说明了加工工艺过程。

【内容构架】

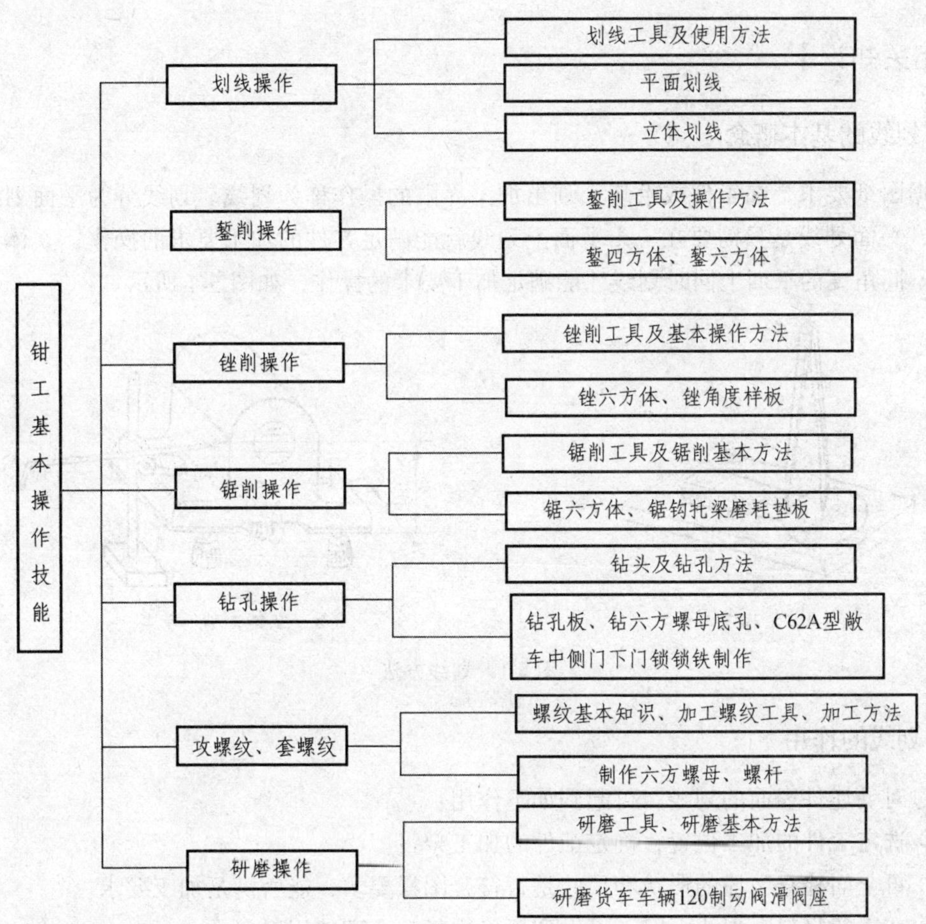

任务 5.1　划　线

【目的与要求】

（1）明确划线的作用，掌握划线中基准的确定。
（2）正确使用各种划线工具。
（3）掌握平面划线方法。
（4）熟悉立体划线方法。

【实施的环境、设备、工具】

（1）设备：划线平台
（2）工具：划针、划规、划线盘、高度游标卡尺、90°角尺、钢直尺、样冲、支承工具等。
（3）材料：待划线工件

【相关知识】

1. 划线的基本概念

根据图纸要求，在工件或毛坯上划出加工界限的操作称为划线。划线分为平面划线和立体划线，平面划线是只需要在一个平面上划线就能满足零件的加工要求的操作；立体划线是在几个不同角度的平面上同时划线才能满足加工要求的操作，如图 5-1 所示。

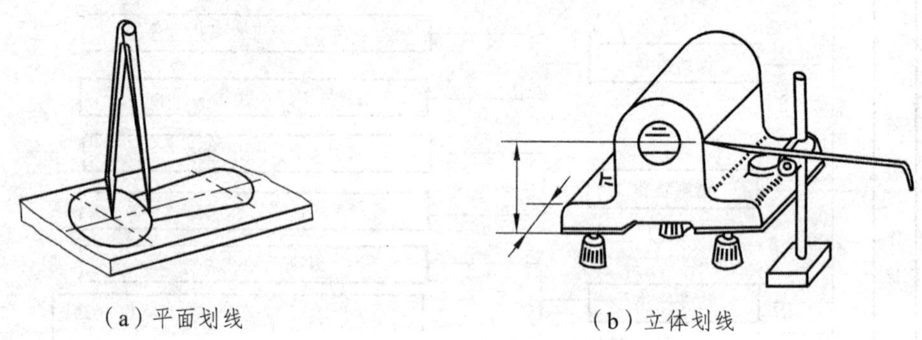

（a）平面划线　　（b）立体划线

图 5-1　划线方法

2. 划线的作用

通过对毛坯件表面的划线，可起到如下作用：
（1）选定工件的加工位置，确定工件的加工余量。
（2）可全面检查毛坯的形状和尺寸是否符合图样要求，能否满足加工要求。
（3）在大的材料上划线下料，可做到正确排料，合理使用材料。
（4）采用找正、借料的划线方法，正确合理地分配毛坯的加工余量，补救有缺陷的毛坯零件。

划线除了要求划出的线条清晰均匀以外，最重要的是要保证尺寸准确。划线发生错误或精度太低时，都有可能造成加工错误而使工件报废。由于划出的线条总有一定的粗细，以及在使用工具和量取尺寸时难免存在一定的误差，所以不可能达到绝对的准确。一般划线精度要求在 0.25 ~ 0.5 mm 范围内。因此，通常不能单依靠划线直接来确定加工时的最后尺寸，而在加工时仍要通过测量才能确定工件的尺寸是否达到了图样的要求。

3. 划线工具及使用方法

1）划线平台

划线平台又称为划线平板，用铸铁制成。是用来安放工件和划线工具的，需要在它上面进行划线工作，如图 5-2 所示。

图 5-2　划线平台

划线平台表面的平整性直接影响划线的质量，因此，它的工作表面需经过精刨或刮削等精确加工。为了长期保持平板表面的平整性，应注意以下一些使用和保养规则：

（1）安装划线平台时要使其上平面保持水平状态，以免倾斜后在长期的重力作用下发生变形。

（2）使用时要随时保持划线平台表面清洁，因为有铁屑、灰砂等污物时，在划线工具或工件的拖动下要刮伤平台表面，同时也可能影响划线精度。

（3）工件和工具在划线平台上都要轻放，尤其要防止重物撞击平台或在平台上进行较重的敲击工作而损伤表面。大平台不应经常划小工件，避免局部表面磨损。

（4）划线结束后要把平台表面揩擦干净，并涂上机油，以防生锈。

2）划　针

划针用碳素工具钢制成，直径为 3 ~ 5 mm，长度为 200 ~ 300 mm，尖角磨成 15° ~ 20°，端部长约 20 mm，经淬火硬化处理。

用划针划线时，必须和钢直尺、90°角尺或划线样板等导向工具一起使用。划针尖端紧靠在导向工具上，划针上部向外侧倾 15° ~ 20°，向划针移动的方向倾斜 50° ~ 70°，如图 5-3 所示。

用划针划线要做到一次划成，不要重复地划同一根线条，否则线条变粗或不重合，反而模糊不清。

（a）划针

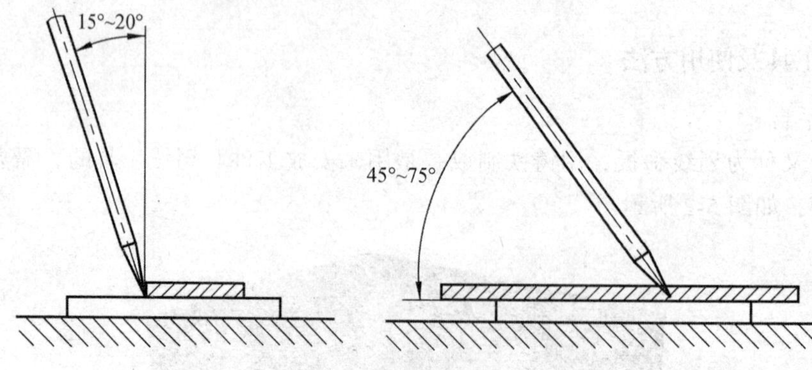

（b）划针的使用方法

图 5-3　划针及划针使用方法

3）划　规

划规在划线工作中可以划圆和圆弧、等分线段、等分角度以及量取尺寸等。常见的有合腮划规、弹簧划规、滑杆划规等。

划规两脚的长度相等，合拢时角尖能靠紧；脚尖保持尖锐，从而保证划出的线条清楚。用划规划圆时，作为旋转中心的一脚应加大压力，另一脚则以较轻的压力在工作表面上划出圆弧或圆，以免中心移动，如图 5-4 所示。

图 5-4　划规

4）划针盘

划针盘是带有划针的可调高度的划线工具，它由底座、立柱、划针和夹紧螺母等组成。划针的直头端用来划线，弯头端用来找正工件的位置。划针盘用于在划线平台上进行划线使用。可用它进行平面划线，也可进行立体划线，如图 5-5 所示。

用划针盘划线，要给予底盘座适当的压力，使它不至于跳动。划线时要注意：第一，划针应尽量处于水平位置，划针伸出的部分尽量短一些。第二，在用划针盘划较长的线时，应采用分段连接划法。第三，划针盘用完后应使划针处于直立状态，以保证安全和减小所占空间。

5）样　冲

样冲用于在工件所划线条上打小眼，作为加强划线的标志或划圆定中心的位置，其尖部顶角为 40°左右，并经过热处理。

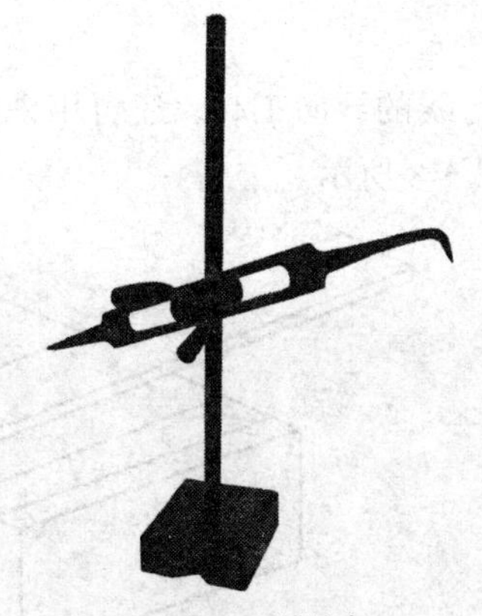

图 5-5　划针盘

冲点方法：先将样冲外倾，使得冲尖对准线条的中心，然后使样冲直立，用小锤轻敲样冲顶部，在所画线条上打出一排小冲眼。对于所画直线条，样冲眼的距离可大一点；对于圆弧线条，样冲眼的距离要小一些；线条交点必须打样冲眼，如图 5-6 所示。

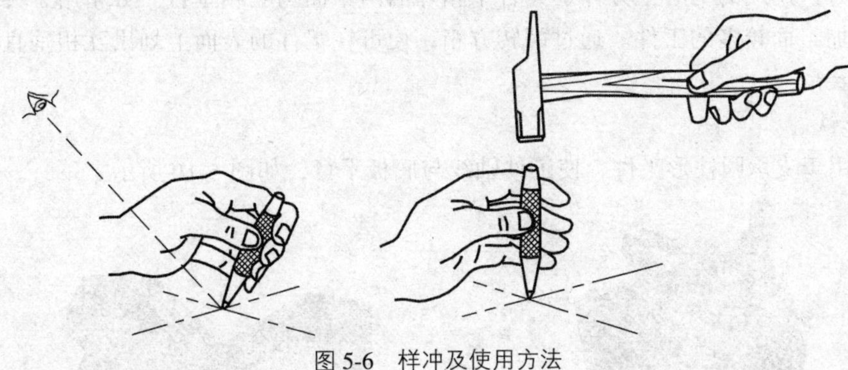

图 5-6　样冲及使用方法

6）高度游标卡尺

高度游标卡尺是精密量具之一，用来测量高度。因它附有划线量爪，故也可作为精密划线工具来代替划线盘。其读数值一般是 0.02 mm，划线精度可达 0.1 mm 左右。用高度游标卡尺划线时，划线量爪要垂直于划线表面一次划出，不得用量爪的两侧尖来划线，以免侧尖磨损，增大划线误差，如图 5-7 所示。

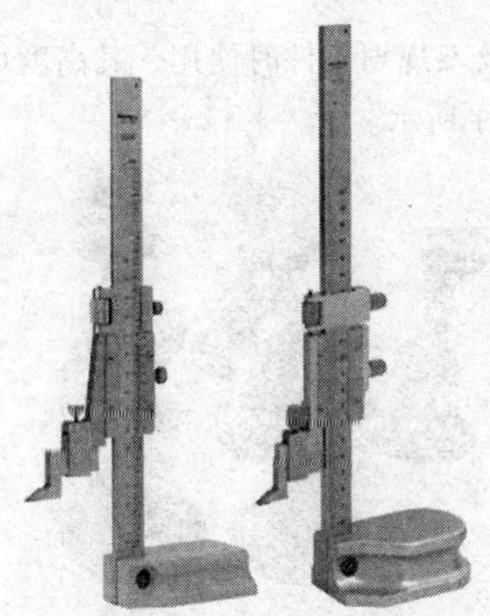

图 5-7　高度游标卡尺

7）90°角尺

90°角尺可作为划垂直线及平行线的导向工具，还可用来找正工件在划线平板上的垂直位置，并可检查两面的垂直度，如图 5-8 所示。

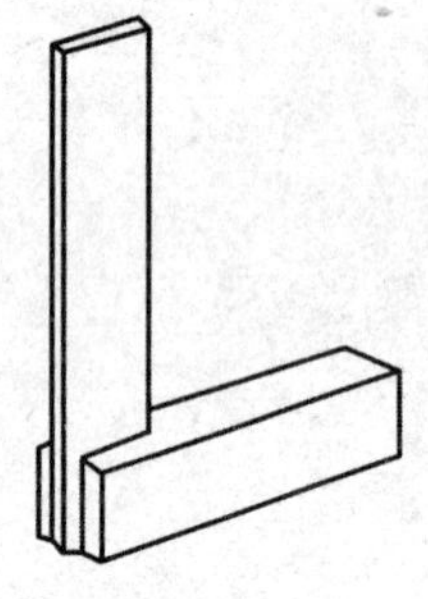
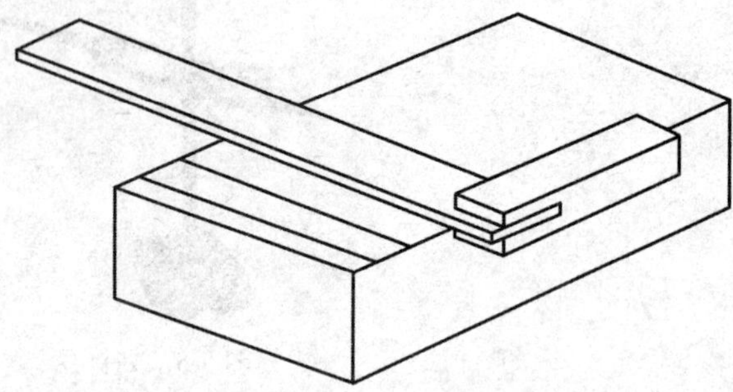

图 5-8　90°角尺

8）方　箱

方箱是铸铁制成的空心立方体，其各个相邻的两个面均互相垂直。方箱用于夹持、支承尺寸较小而加工面较多的工件。通过翻转方箱，便可在工件的表面上划出互相垂直的线条，如图 5-9 所示。

9）V 形铁

V 形铁用于支承圆柱形工件，使工件轴线与底板平行，如图 5-10 所示。

图 5-9　方箱

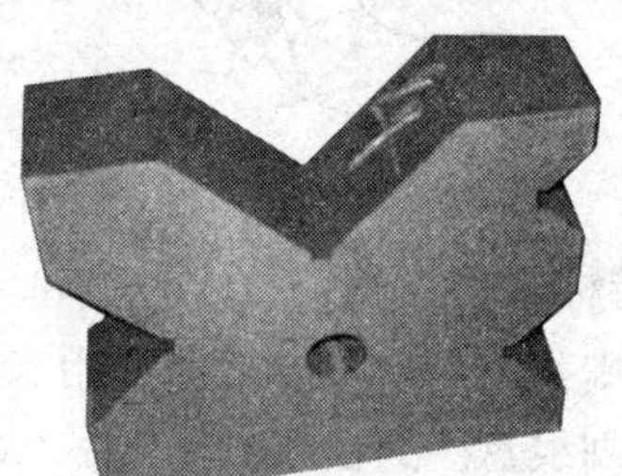

图 5-10　V 形铁

10）千斤顶

千斤顶是在平板上支承较大及不规划工件时使用，其高度可以调整。通常用 3 个千斤顶为 1 组，用来支承工件，如图 5-11 所示。

图 5-11　千斤顶

【技能操作与训练】

1. 划线前的准备工作

划线前首先要看懂图纸和工艺文件，明确划线工作内容。其次要查看毛坯或半成品的形状、尺寸是否与图样和工艺文件要求相符，是否存在明显的外观缺陷。然后将要用的划线工具擦拭干净，摆放整齐，并做好划线部位的清理和涂色等工作。

1）工件的清理

毛坯件上的氧化皮、毛边、残留的污垢泥砂以及已加工工件上的切屑、毛刺等都必须清除干净，否则将影响涂色和划线的质量。

2）工件的检查

工件清理后，要进行详细的检查，检查的目的是发现工件上是否有气泡、砂眼、裂纹、以及形状和尺寸等方面的缺陷。同时，确定毛坯的找正和借料，防止不检查毛坯，加工后出现废品，造成浪费。

3）划线部位的涂色

为了使划出的线条清晰，一般需要在划线部位涂上涂料。常用的涂料是：石灰水或涂料（一般为硫酸铜溶液，或者用酒精加蓝色染料加漆片混合成的液体）。一般情况下在未加工的毛坯件表面涂石灰水，在已加工工件表面涂涂料。涂料都应涂得薄且均匀，才能保证线条清晰。涂得太厚容易脱落。

4）在工件孔中装中心塞块

在有孔的工件上划圆或等分圆周时，必须先求出孔的中心。为此，一般要在孔中装中心塞块。对于不大的孔，通常可用铅条敲入；较大的孔则可用木料或可调节的塞块。

2. 划线基准的选择

划线基准就是在划线时，选择工件或毛坯上的某个点、线、面作为依据，用它们来确定工件的各部尺寸、几何形状和相对位置。

合理地选择划线基准是做好划线工作的关键，一般情况下毛坯上的划线基准和图纸上的设计基准是一致的。划线必须先从基准开始进行，然后以基准为依据，分步骤划出其他位置的加工界限。

划线基准可分为 3 种类型：

（1）以两个相互垂直的平面（或线）为基准，如图 5-12（a）所示。

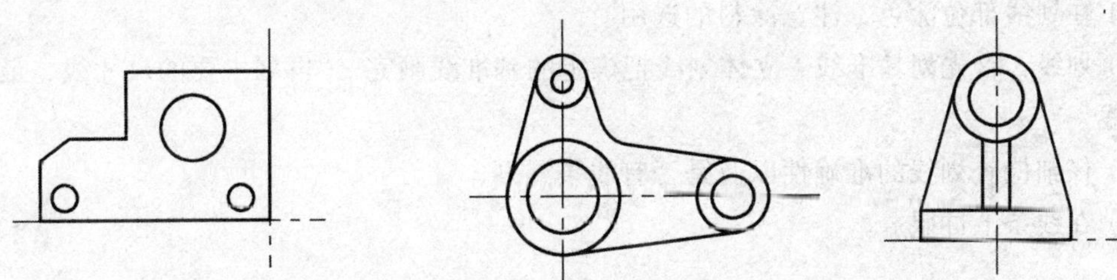

（a）以两个相互垂直的平面（或线）为基准　（b）以两条中心线为基准　（c）以一个平面和一条中心线为基准

图 5-12　划线基准类型

（2）以两条相互垂直的中心线为基准，如图 5-12（b）所示。

（3）以一个平面和一条中心线为基准，如图 5-12（c）所示。

3. 划线时的找正和借料

1）找　正

对于毛坯材料，划线前一般都要先做好找正工作。找正就是利用划线工具（如划线盘或90°角尺等）使工件上有关的表面处于合适的位置，从而使得加工零件的各加工面都有合理的位置、合适的加工余量。

由于毛坯各表面的误差情况不同，工件的结构形状各异，找正工作要按工件的实际情况进行。例如，当工件上有两个以上的不加工面时，应选择其中面积较大的、较重要的或外观质量要求较高的面为主要找正依据，兼顾其他较次要的不加工表面，使划线后各主要不加工表面与待加工表面之间的尺寸（如壳体的壁厚、凸台的高低等）都尽量达到均匀和符合要求，而把难以弥补的误差反映到较次要或不显目的部位上去。

2）借　料

借料是一种钳工操作方法，通过试划和调整，可以将工件各部分的加工余量在允许的范围内重新分配，互相借用，以保证各个加工表面都有足够的加工余量，在加工后排除工件自身的误差和缺陷。通常借料有以下几个步骤：首先需要测量工件各部分尺寸，找出偏移的位置和偏移量的大小；其次合理分配各部位加工余量，然后根据工件的偏移方向和偏移量，确定借料方向和借料大小，划出基准线；最后以基准线为依据，划出其余线条。借料后需检查各加工表面的加工余量，如果发现有余量不足的现象，应重新调整借料方向和借料大小，再次划线。

4. 划线的工艺步骤

（1）看清图纸，详细了解工件上需要划线的部位；明确工件及其划线有关部分在产品上的作用和要求；了解有关的后续加工工艺。

（2）清理工件上的污垢、飞边、毛刺等。

（3）根据工件形状选择划线基准。

（4）初步检查毛坯的误差情况，做好找正工作并分析是否需要借料操作。

（5）正确安装工件和选用工具。

（6）在划线部位涂色，注意涂料的选用。

（7）划线：首先划基准线（立体划线把确定的基准线画完），再划主要的尺寸线，最后划其他的线。

（8）仔细检查划线的准确性以及是否有线条漏划。

（9）在线条上冲眼。

【加工实例】

案例 1　平面划线

1. 尺寸及技术要求（见图 5-13）

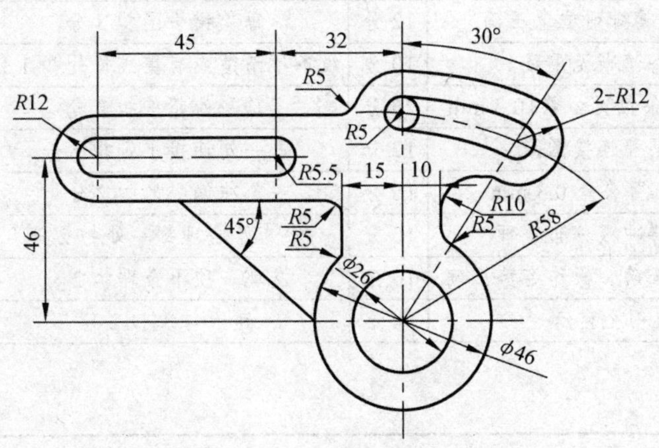

图 5-13　平面划线

2. 加工工艺过程

1）平面划线具体步骤

（1）看清图纸，详细了解工件上需要划线的部位。

（2）清理工件上的污垢、飞边、毛刺等。

（3）熟悉各图形划法，并按各图应采取的划线基准及最大轮廓尺寸安排各图基准线在实习件上的合理位置。

（4）初步检查毛坯的误差情况，做好找正工作并分析是否需要借料操作。

（5）正确安装工件和选用工具。

（6）在划线部位涂色，注意涂料的选用。

（7）按图示依次完成划线（图中不注尺寸，只划零件的加工界限）。

（8）对图形、尺寸复检校对，确认无误后，在图中的ϕ26 mm 孔、尺寸 45 mm 的长腰孔及 30°的弧形腰孔的线条上，敲上检验样冲眼。

2）注意事项

（1）为熟悉各图形的作图方法，实习操作前可做一次纸上练习。

（2）划线工具的使用方法及划线动作必须掌握正确。

（3）学习的重点是如何才能保证划线尺寸的准确性、划出线条细而清楚及冲点的准确性。

（4）工具要合理放置。要把左手用的工具放在作业件的左边，右手用的工具放在作业件的右面，并要整齐、稳妥。

（5）任何工件在划线后，都必须做一次仔细的复检校对工作，避免差错。

3. 检测及评分标准（见表5-1）

表5-1　测试评分表

工件号		座号		姓名		总得分	
项目	质量检测内容			配分	评分标准	实测结果	得分
划线	涂色薄而均匀			4分	总体评定		
	图形及其排列位置正确			12分	每差错一图扣3分		
	线条清晰无重线			10分	线条不清楚或有重线每处扣1分		
	尺寸及线条位置公差±0.3 mm			26分	每一处超差扣2分		
	各圆弧连接圆滑			12分	每一处连接不好扣2分		
	冲点位置公差0.3 mm			16分	凡冲偏一只扣2分		
	检验样冲眼分布合理			10分	分布不合理每一处扣2分		
	使用工具正确，操作姿势正确			10分	发现一项不合理扣2分		
文明生产与安全生产				扣分	违者每次扣2分		
现场记录：							

案例2　立体划线　六棱柱体

在圆钢上立体划线六棱柱体，如图5-14（a）所示为六棱柱体图纸，如图5-14（b）所示为六棱柱体立体划线。

1. 加工图纸

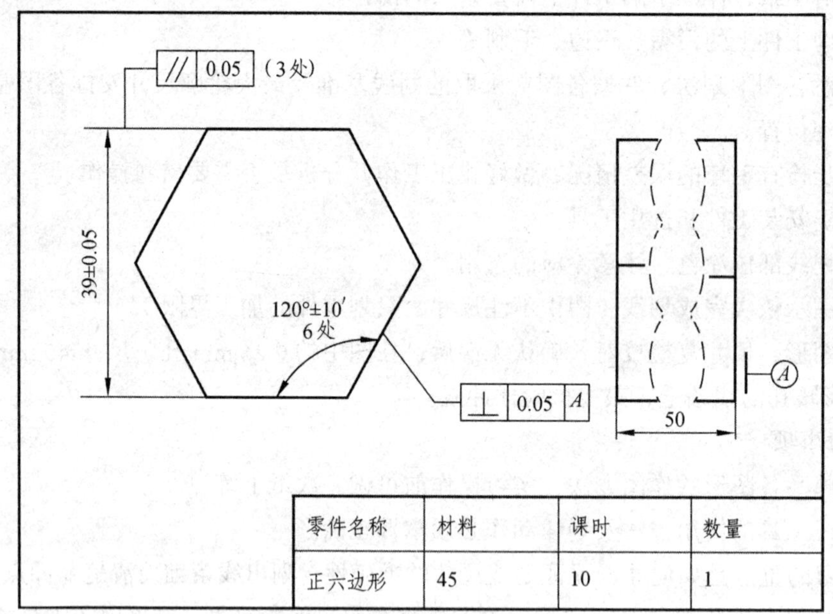

零件名称	材料	课时	数量
正六边形	45	10	1

图5-14　（a）六棱柱体图纸

2. 六棱柱体划线工艺

（1）立体划线前的准备。清理圆钢上的毛刺、污垢；检查圆钢毛坯是否需要找正或借料；

然后选择合适的涂料在需要划线的部位涂颜料。

（2）选择划线基准：两个相互垂直的中心线为划线基准。

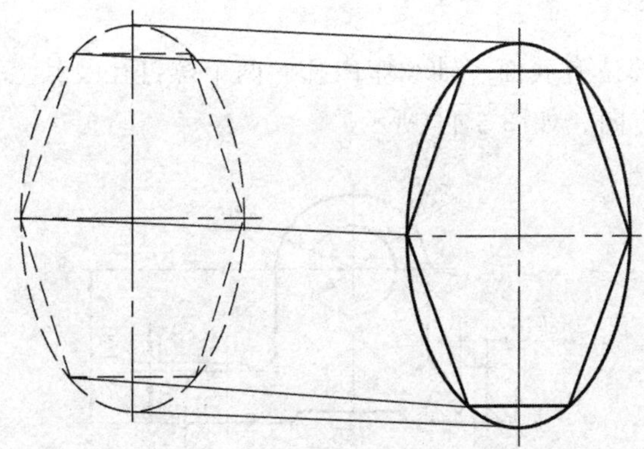

图 5-14　（b）六棱柱体立体划线

（3）把涂料好的圆钢放到方箱的 V 形槽上固定好，首先用高度尺找圆钢两端圆的圆心，然后过两个圆心划立体水平线，注意两端过圆心直线保证在同一个平面里。然后垂直 90º 用同样的方法划第两条相互垂直的基准线。

（4）在圆钢的两个端面分别划出六方形，端面两个六方形在立体划线中一定要相互对应，不要相互错位。

（5）两端面六边形划好后，用立体划线连接两端六边形的 6 个角度顶点的连线。

（6）检查六棱柱体划线的准确性。

（7）在两个端面六边形上打上样冲眼，然后在圆柱体上的连线上打上样冲眼。

3. 检测及评分标准（见表 5-2）

表 5-2　测试评分表

工件号		座号		姓名		总得分	
项目	质量检测内容			配分	评分标准	实测结果	得分
划线	涂色薄而均匀			5 分	总体评定		
	图形及其排列位置正确			10 分	每差错一图扣 3 分		
	线条清晰无重线			10 分	线条不清楚或有重线每处扣 1 分		
	尺寸及线条位置公差±0.3 mm			25 分	每一处超差扣 2 分		
	立体划线两端连接正确			15 分	每一处连接不好扣 2 分		
	冲点位置公差 0.3 mm			15 分	凡冲偏一只扣 2 分		
	检验样冲眼分布合理			10 分	分布不合理每一处扣 2 分		
	使用工具止确，操作姿势正确			10 分	发现一项不合理扣 2 分		
文明生产与安全生产				扣分	违者每次扣 2 分		
现场记录：							

案例 3　立体划线　轴承座

1. 尺寸及技术要求

轴承座需要加工的部位有底面、轴承座内孔、两个螺钉孔及其上平面、两个大端面。需要划线的尺寸共有 3 个方向，如图 5-15 所示。

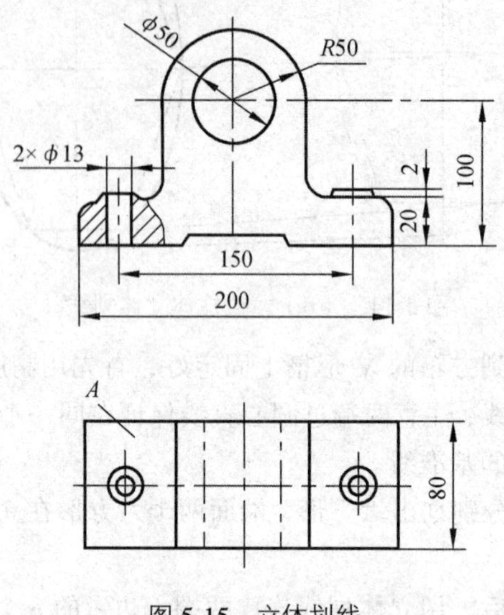

图 5-15　立体划线

2. 加工工艺过程

分析图形可知，工件要在划线平台上安放 3 次才能划完所有线条。划线的基准确定为轴承座内孔的两个中心平面Ⅰ—Ⅰ和Ⅱ—Ⅱ，以及两个螺钉孔的中心平面Ⅲ—Ⅲ，如图 5-16、图 5-17、图 5-18 所示。

加工步骤如下：

（1）划线前的准备：清理、检查、涂色。

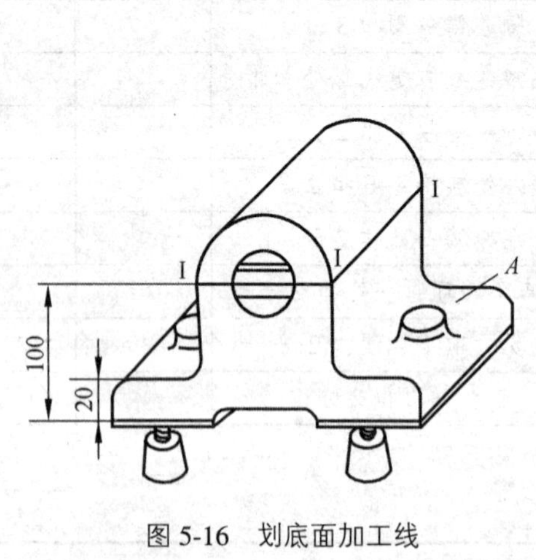

图 5-16　划底面加工线

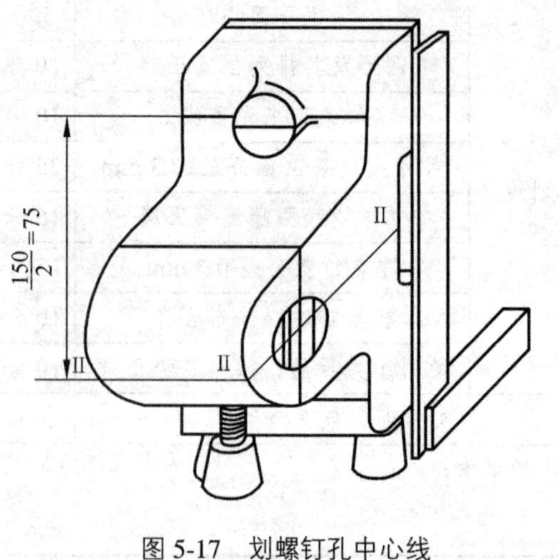

图 5-17　划螺钉孔中心线

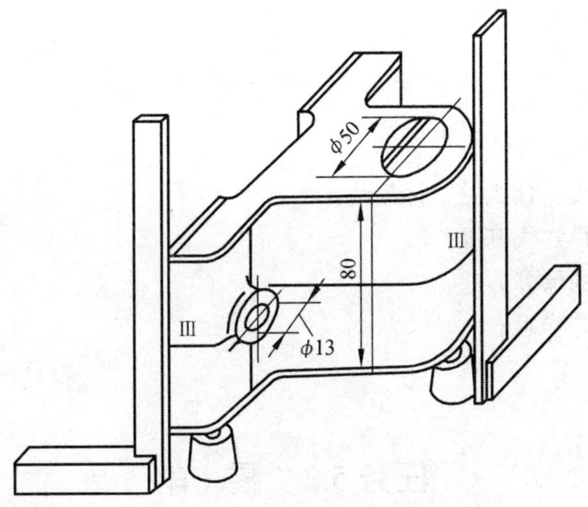

图 5-18　划大端面加工线

（2）确定划线基准。
（3）用划线盘划出各加工面的基准线。
（4）划出各个端面的加工线。
（5）划两螺钉孔中心线。
（6）用划规划出轴承座内孔和两个螺钉孔的圆周尺寸线。
（7）对图形、尺寸复检校对，确认无误后，敲上检验样冲眼。

3. 检测及评分标准（见表 5-3）

表 5-3　测试评分表

<table>
<tr><td>工件号</td><td></td><td>座号</td><td></td><td>姓名</td><td></td><td>总得分</td><td></td></tr>
<tr><td>项目</td><td colspan="3">质量检测内容</td><td>配分</td><td>评分标准</td><td>实测结果</td><td>得分</td></tr>
<tr><td rowspan="8">划线</td><td colspan="3">涂色薄而均匀</td><td>4 分</td><td>总体评定</td><td></td><td></td></tr>
<tr><td colspan="3">图形及其排列位置正确</td><td>12 分</td><td>每差错一图扣 3 分</td><td></td><td></td></tr>
<tr><td colspan="3">线条清晰无重线</td><td>10 分</td><td>线条不清楚或有重线每处扣 1 分</td><td></td><td></td></tr>
<tr><td colspan="3">尺寸及线条位置公差±0.3 mm</td><td>26 分</td><td>每一处超差扣 2 分</td><td></td><td></td></tr>
<tr><td colspan="3">各圆弧连接圆滑</td><td>12 分</td><td>每一处连接不好扣 2 分</td><td></td><td></td></tr>
<tr><td colspan="3">冲点位置公差 0.3 mm</td><td>16 分</td><td>凡冲偏一只扣 2 分</td><td></td><td></td></tr>
<tr><td colspan="3">检验样冲眼分布合理</td><td>10 分</td><td>分布不合理每一处扣 2 分</td><td></td><td></td></tr>
<tr><td colspan="3">使用工具正确，操作姿势正确</td><td>10 分</td><td>发现一项不合理扣 2 分</td><td></td><td></td></tr>
<tr><td colspan="4">文明生产与安全生产</td><td>扣分</td><td>违者每次扣 2 分</td><td></td><td></td></tr>
<tr><td colspan="8">现场记录：</td></tr>
</table>

【知识巩固】

1. 划线的作用是什么？
2. 借料划线的过程是什么？
3. 什么是平面划线？什么是立体划线？
4. 划线时怎样选择划线基准？
5. 简述划线平台的保养方法。
6. 简述划线的工艺步骤。

任务 5.2　錾　削

【目的与要求】

（1）了解錾削加工的概念及特点。
（2）熟练掌握錾子和手锤的握法。掌握錾削的姿势，动作协调自然。
（3）掌握不同加工面的錾削方法。
（4）掌握錾削时的安全知识和文明生产要求。

【实施的环境、设备、工具】

（1）设备：平台、台虎钳、防护网。
（2）工具：錾子、手锤、检测量具等。
（3）材料：被加工工件毛坯。

【相关知识】

1. 錾削的基本概念

錾削是用锤子击打錾子对金属工件进行切削加工的方法。这是一种古老的切削加工方法。在不便于用机械加工的场合，錾削常常是最方便而经济的方法。它的功能主要包括切削或分割材料，去除铸件、锻件的毛刺、凸台和錾油槽等，有时也用作对较小表面的粗加工。此外，通过錾削技能的训练，还可提高锤击的准确性，为掌握矫正、弯形、装拆机械等技能打下扎实的基础。

2. 錾　子

錾子是錾削加工的主要刀具，用碳素工具钢或合金钢制成。

1）錾子的结构

錾子由 3 部分组成：錾顶部分、錾身部分、錾刃部分。錾顶部分的錾顶面呈凸起的球面，顶面至錾身处由细渐粗，呈锥体过渡；錾身部分根据加工的需要，制作成圆柱形或八角形；錾刃部分由斜面和切削刃部组成，錾子的总长度一般为 180 ~ 200 mm，如图 5 – 19 所示。

图 5-19　錾子的组成

2）錾子的种类

錾子的种类很多，根据工作的需要，制成不同的形状。一般常用的有以下 3 种：扁錾、尖錾、油槽錾，如图 5-20 所示。

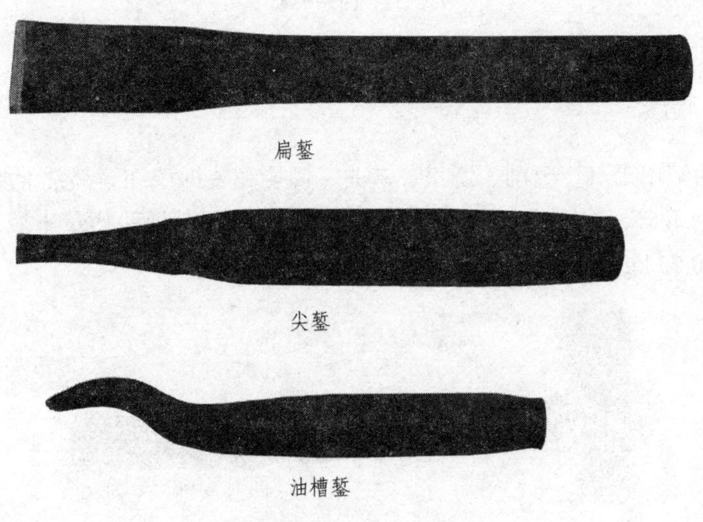

图 5-20　錾子的种类

（1）扁錾：有较宽的切削刃，刃宽度一般在 25 mm 左右，并略带圆弧，其作用是在平面上錾去微小的凸起部分时，切削刃两边的尖角不易损伤平面的其他部位。主要用于錾削平面、直径较细的棒料，錾开较薄的金属板料，錾掉毛坯件上的毛刺和飞边。

（2）尖錾：切削刃较窄，一般在 3 ~ 10 mm，主要用于錾槽、錾窄边，有时配合扁錾錾削宽大的平面。尖錾切削部分的两个侧面，从切削刃起向柄部逐渐狭小，作用是避免在錾沟槽时錾子的两侧面被卡住，增加錾削阻力和加剧錾子侧面的损坏。

（3）油槽錾：它的切削刃很短，呈圆弧状，切削部分做成弯曲形状。主要用于錾削轴瓦和机床滑行面上的油槽。

3）錾子的刃磨

錾子切削部分的形状和角度将直接影响錾削的质量和工作效率。所以要按正确的形状进行刃磨，刃磨时，在砂轮机上操作，必要时，在砂轮机上刃磨以后再在油石上精磨，可使切削刃既锋利又不易磨损。

錾子刃磨的角度要根据被加工材料的硬软来决定。錾削较软的金属，可取 30° ~ 50°；錾削较硬的金属，可取 60° ~ 70°；一般硬度的钢件或铸铁件，可取 50° ~ 60°。

刃磨錾子时要使錾子的切削刃略高于砂轮的中心，以免切削刃扎入砂轮，甚至引起錾子轧进砂轮护罩而挤碎砂轮的事故。刃磨錾子的平面时，要沿砂轮轴线方向来回平稳地移动，这样容易磨平，而且砂轮的磨耗也均匀，可延长砂轮使用寿命。刃磨时加在錾子上的压力不能过大，以免錾子过热而退火，如图 5-21 所示。

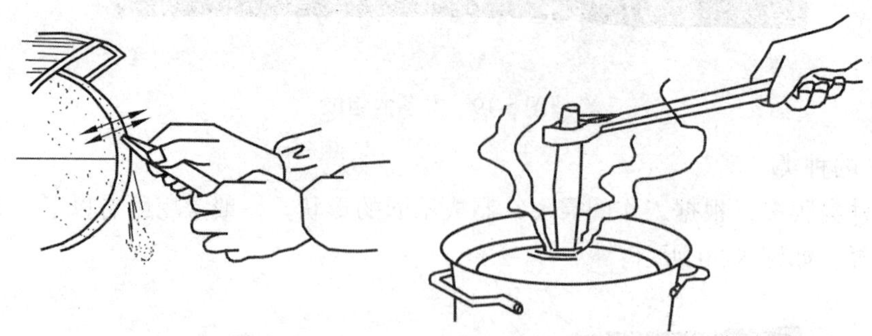

图 5-21　錾子的刃磨

3. 手　锤

手锤是钳工的常用工具，錾削、矫正、弯曲、铆接和装拆零件等都常常要用手锤来敲击。手锤由锤头和木柄组成，如图 5-22 所示。手锤的规格是用其锤头质量来表示的，常用的有 0.25 kg、0.5 kg、0.75 kg、1 kg 等规格。

图 5-22　手锤的构造

手锤的种类比较多，按照不同的用处，手锤的外部形状有不同的变化。一般常用的有两大类：硬头手锤和软头手锤。硬头手锤用优质碳素工具钢或中、高碳钢制成，锤头的两端经过淬火硬化、磨光处理。锤顶面有微微凸起的球面形状；锤头另一端可根据需要制成圆头的、扁头的、尖头的等形状，端头也要淬火硬化处理。软头手锤是用硬木、铅、铜、橡皮等材料制作成的，多用于装配和板材的矫正工作。

手锤的木柄用硬木制成，且制作成两端粗，中间细的形状，手握处的断面应该制成椭圆形，以方便手握紧。木柄安装在锤头中，必须可靠牢固，装木柄的锤头孔做成椭圆状，并且两端大，中间小，木柄敲紧在孔中后，端部再打入带倒刺的铁楔子，可防止锤头脱落。

【技能操作与训练】

1. 錾子和手锤的握法

1）錾子的握法

（1）正握法。手心向下，用中指、无名指握住錾子，小指自然合拢，食指和大拇指作自然伸直地松靠，錾子头部伸出 10 ~ 15 mm，如图 5-23 所示。这种握錾方法适用于平面錾削、沟槽錾削等加工。

（2）反握法。手心向上，手指自然握住錾身，手心悬空。这种握法适用于环境影响不适于正握法的加工或小的平面、侧面的錾削，如图 5-24 所示。

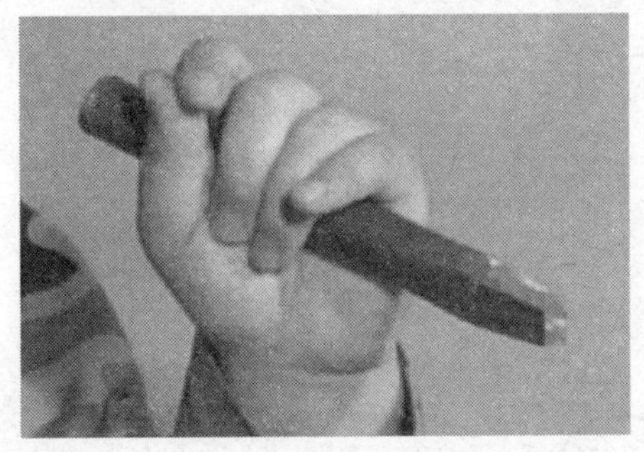

图 5-23　錾子的正握法

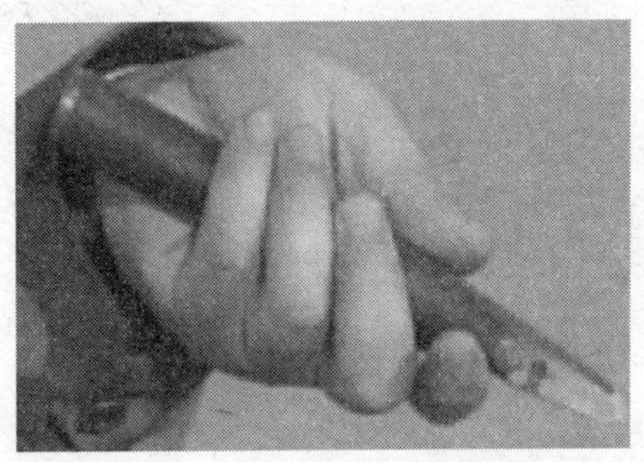

图 5-24　錾子的反握法

2）手锤的握法

（1）紧握法。用手握住锤柄，拇指压在食指上，四指紧握锤柄，柄尾露出 15 ~ 20 mm。在挥锤和击锤时，手的握法始终不变，这种握法为紧握法，如图 5-25 所示。

（2）松握法。用大拇指和食指始终紧握锤柄。挥锤时，小指、无名指、中指依次放松压着锤柄；击锤时，三指随锤回击逐渐收拢，如图 5-26 所示。这种握法的优点是捶击有力、减轻疲劳，所以广泛运用。

图 5-25　手锤的紧握法

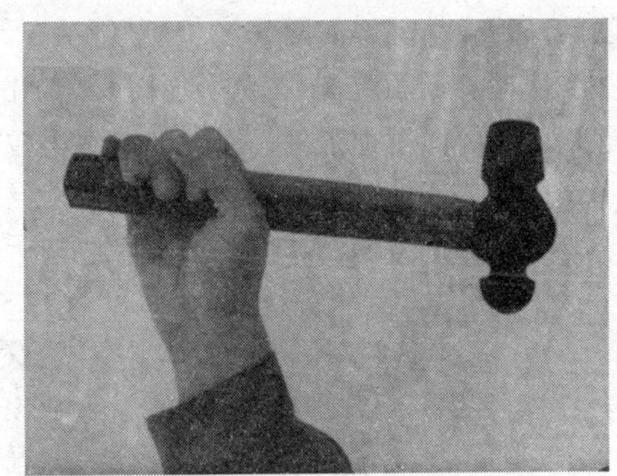

图 5-26　手锤的松握法

2. 錾削时站立位置

錾削时，左手握錾，站立在虎钳左侧，身体与虎钳中心线大致呈 40°角，将錾子放在钳口上。左脚跨前半步，使脚与虎钳中线成 30°角，两脚自然分开，右脚站稳直立，与虎钳中线成 70°的角。如图 5-27 所示。

在錾削过程中，身体站立要自然，当手锤挥起时，身体重心放在右腿上，击锤时身体重心随着手锤的挥击而移动到左腿上，身体自然摆动。

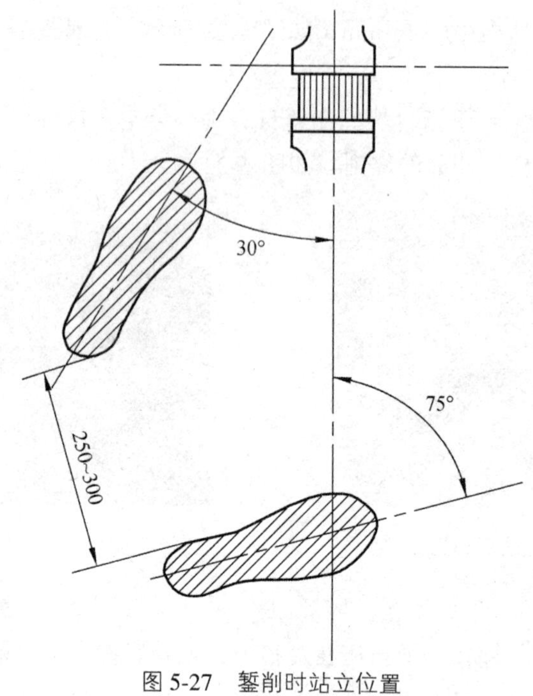

图 5-27　錾削时站立位置

3. 手锤的使用

1）挥锤方法

（1）腕挥。只是用手腕部的动作挥锤敲击，腕挥的捶击力较小，一般用于錾削余量较少或錾削的开始或结尾，如图 5-28（a）所示。

（2）肘挥。用手腕和肘部的动作挥锤敲击。挥锤时用松握法，手腕和肘向后挥动，上臂不大运动，然后向錾顶击去。肘挥的捶击力较大，应用较为广泛，如图 5-28（b）所示。

（3）臂挥。手腕、肘部、臂一起动作。挥锤时用松握法，手腕和肘向后上方伸，并将臂伸开。臂挥的捶击力大，适用于大力的錾削工作，如图 5-28（c）所示。

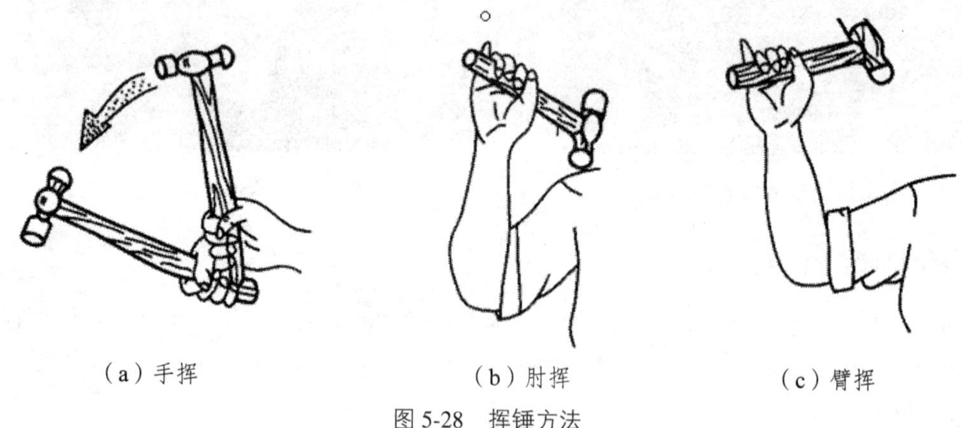

（a）手挥　　（b）肘挥　　（c）臂挥

图 5-28　挥锤方法

2）捶击要领

在錾削过程中，挥锤时（臂挥），肘收臂提，举锤要过肩，手腕向后弓，三指要微松，垂面须朝天，动作要自然；击锤时，眼睛看錾刃，臂肘要齐下，紧收三指，手腕加劲。

要求：稳——锤击速度在 40 ~ 50 次/分钟左右。准——命准率高，锤头和錾子的中心线成为一线。狠——力量要大。

4. 錾削方法

1）錾削平面

錾削平面用扁錾进行。每次錾削余量 0.5 mm ~ 2 mm。起錾时，应从工件的边缘尖角处着手。有时不允许从边缘尖角处起錾（例如錾槽），则起錾时可使切削刃抵紧起錾部位后，把錾子头部向下倾斜至与工件端面基本垂直，再轻敲錾子，保证起錾过程顺利完成。

起錾完成后可按以下方法进行錾削，如图 5-29 所示。

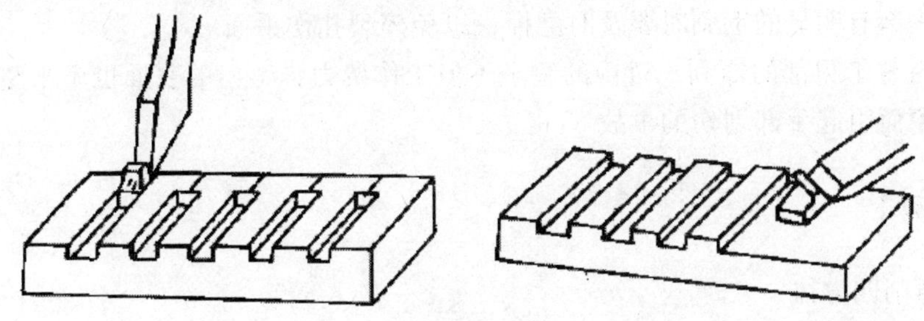

图 5-29　錾削方法

錾削较窄的平面时，錾子的切削刃最好与錾削前进方向倾斜一个角度，使切削刃与工件有较多的接触面，錾子容易掌握稳定，不致因左右摇晃而造成錾削的表面高低不平。

錾削较宽的平面时，由于切削面的宽度超过錾子切削刃的宽度，切削部分两侧受工件的卡阻而使操作十分费力，錾削表面也不会平整。所以一般应先用尖錾间隔开槽，再用扁錾錾去剩余部分。

当錾削快到尽头时，要防止工件边缘的崩裂，尤其是錾铸铁、青铜等脆性材料时更应注意。一般情况下，当錾到距离尽头 10 mm 时，一般需要调头錾余下的部分。如果不调头，就容易产生崩裂。在较有把握的条件下，也可采用轻敲錾子和逐次改变錾子前进方向的办法细心地把尽头部分錾掉，如图 5-30 所示。

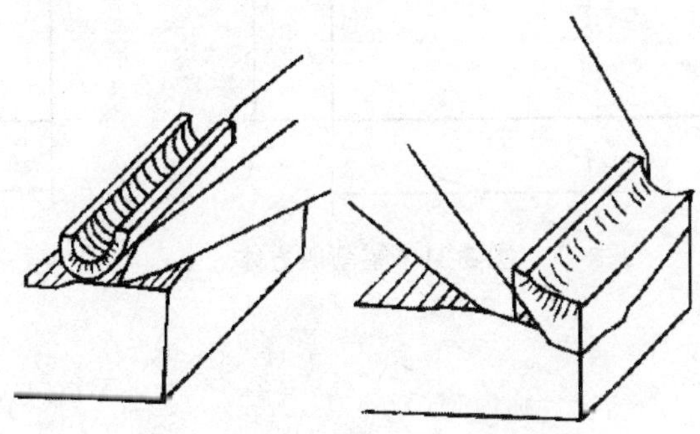

图 5-30　工件尽头处的錾削方法

2）錾油槽

錾油槽首先要根据图样上油槽的断面形状，把油槽錾的切削部分刃磨准确，并在工件上划好线。在平面上錾油槽时，錾削方法基本上与錾削平面一样；在曲面上錾削油槽时，则錾子的倾斜度要沿着曲面而变动。錾削方向要与线条一致，錾到尽头前要从相对方向接錾。

錾油槽应一次成形，要掌握好尺寸和表面粗糙度，因为油槽錾好后不再进行精加工，必要时仅作一些修整。

5. 錾削时的安全注意事项

（1）锤头松动、锤柄有裂纹、手锤无楔不能使用，以免锤头飞出伤人。

（2）握锤的手不准戴手套，锤柄不应带油，以免手锤飞脱伤人。

（3）錾削工作台应装有安全网，以防止錾削的飞屑伤人。

（4）錾削脆性金属时，操作者应戴上防护眼镜，以免碎屑崩伤眼睛。

（5）錾子头部有明显的毛刺时要及时磨掉，以免碎裂扎伤手面。

（6）要保持錾子刃部的锋利，过钝的錾子不但工作费力，錾出的表面也不平整，而且常易产生打滑现象而引起手部划伤的事故。

【加工实例】

案例 1　錾削四方体

1. 尺寸及技术要求（见图 5-31）

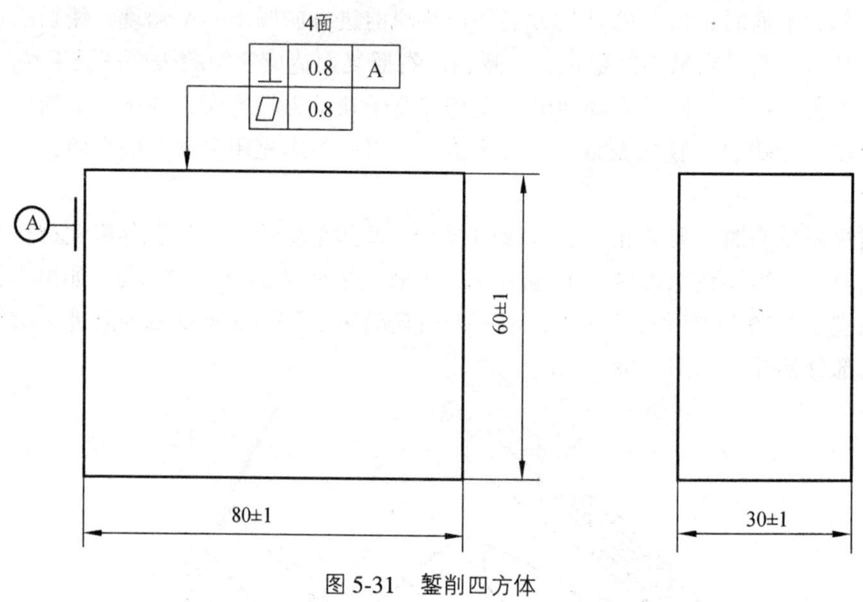

图 5-31　錾削四方体

2. 加工工艺过程

（1）完成四边形划线。

（2）加工基准面（第一面），达到平面度的要求。

（3）加工基准面的平行面（第二面），二面与一面保持平行，并且达到尺寸要求（60±1）mm。

（4）加工第三面，第三面与基准面要保持垂直的关系，达到垂直度的要求。

（5）加工第四面，第四面与基准面保持垂直度，同时第四面与第三面平行。

（6）检查、修整各加工表面，达到图样要求。

3. 检测及评分标准（见表 5-4）

表 5-4　评分测试表

姓名		学号		总分	
序号	项目	配分	评分标准	实测结果	得分
1	80±1	12	超差不得分		
2	60±1	12	超差不得分		
3	30±1	12	超差不得分		
4	⊥ 0.8 A	10	超差不得分		
5	▱ 0.8（6 面）	24	超差不得分		
6	錾削姿势正确	15	目测		
7	安全文明生产	15	违者不得分		

案例 2　錾削直槽

1. 尺寸及技术要求（见图 5-32）

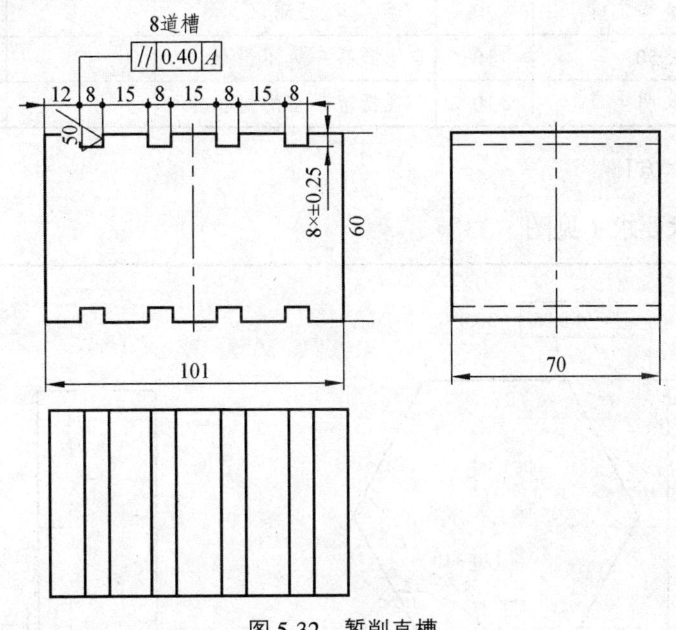

图 5-32　錾削直槽

2. 加工工艺过程

（1）步骤：

① 检查来料尺寸，划线表面上好涂料。

② 按图样尺寸划线。直槽线可利用平板和划线盘划出，也可用 90°角尺和划针划出。

③ 分别完成两把尖錾的修整刃磨，达到使用要求。

④ 錾第一条槽。正面起錾，先沿线条以 0.5 mm 的錾削量錾第一遍，再按直槽深度分次錾削，最后一遍作平整修整。

⑤ 依次錾削各槽。检查全部质量。

（2）注意事项：

① 錾削时錾子要放正、放稳，刃口不能倾斜，锤击力要均匀适当。每錾一条槽最好用一把錾子，这样可以控制槽宽上下一致。

② 开始第一边的錾削时，必须根据一条划线线条为基准进行，保证把槽錾直。第一边的錾削精度对整个槽的錾削质量起着关键作用。

③ 起錾时錾子刃口要摆平，且刃口的一侧角需要与槽位线对齐，同时，起錾后的斜面口尺寸应与槽形尺寸一致。

3. 检测及评分标准（见表 5-5）

表 5-5　评分测试表

序号	考核项目	配分	评分标准	实测结果	得分
1	4±0.25	15	超差不得分		
2	// 0.40 A	15	超差不得分		
3	錾削姿势动作正确	30	目测		
4	锤击姿势正确	20	目测		
5	R_a50	10	升高一级不得分		
6	安全文明生产	10	视情节轻重酌情扣分		

案例 3　錾削六方体

1. 尺寸及技术要求（见图 5-33）

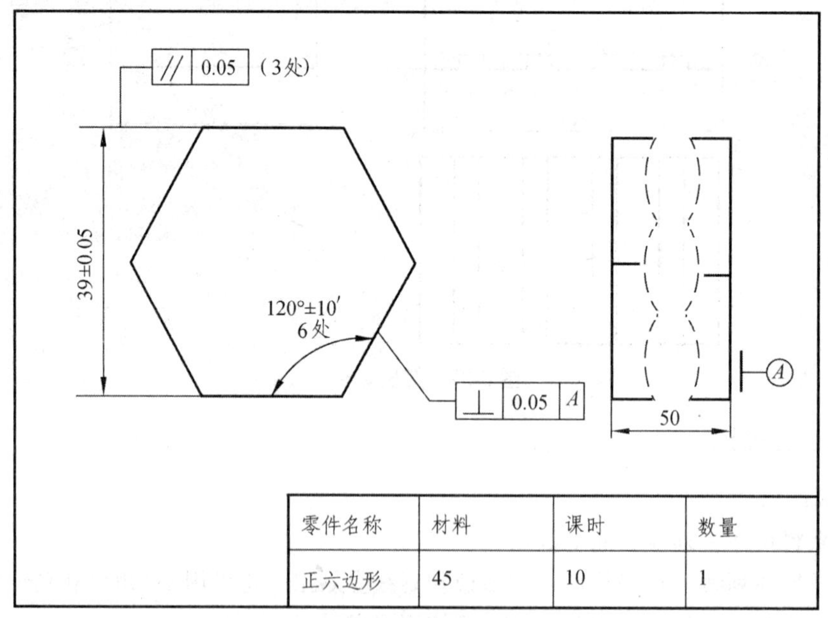

零件名称	材料	课时	数量
正六边形	45	10	1

图 5-33　錾削六方体

2. 加工工艺过程（见表 5-6）

表 5-6　錾削加工工艺过程

步骤	加工内容	图示
1	在万能分度头上完成正六边形划线	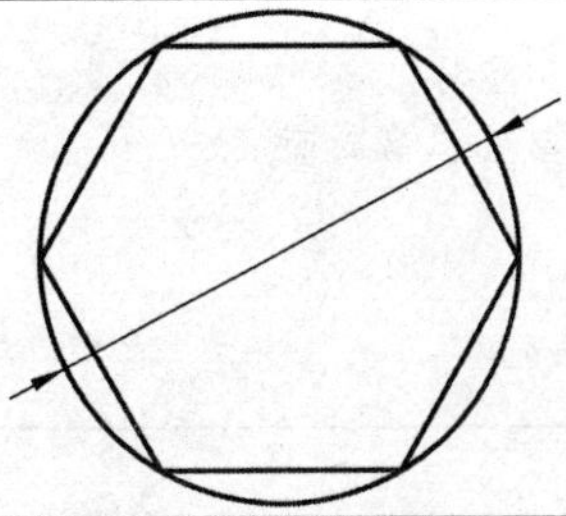
2	圆钢倾斜 45°夹在虎钳上，按照所划正六边形加工线在两端部錾出六边形形状。	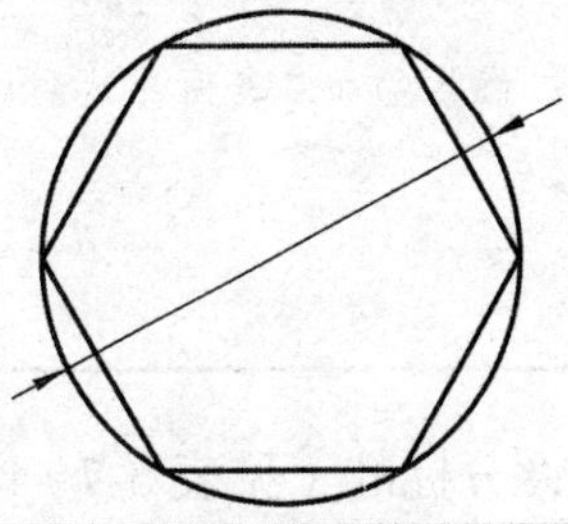
3	加工基准面（第一面）	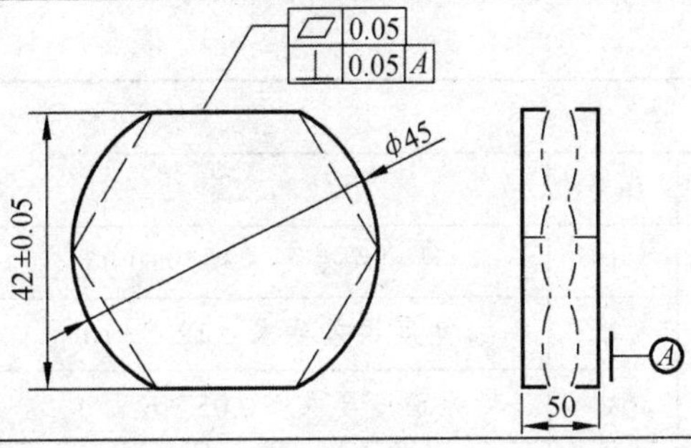 0.05　⊥ 0.05 A　φ45　42±0.05　A　50
4	加工平行面（第二面）	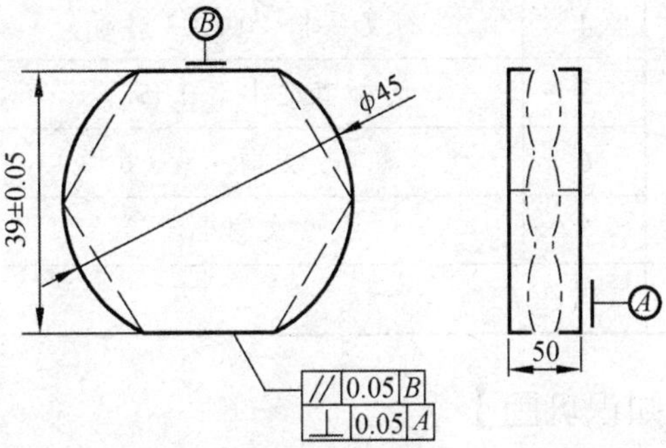 B　φ45　39±0.05　// 0.05 B　⊥ 0.05 A　A　50
5	加工对称的第三、第四面	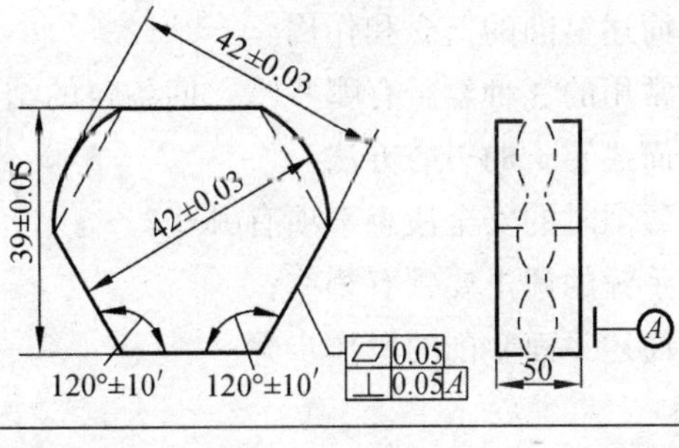 42±0.03　42±0.03　39±0.05　120°±10′　120°±10′　0.05　⊥ 0.05 A　A　50

续表

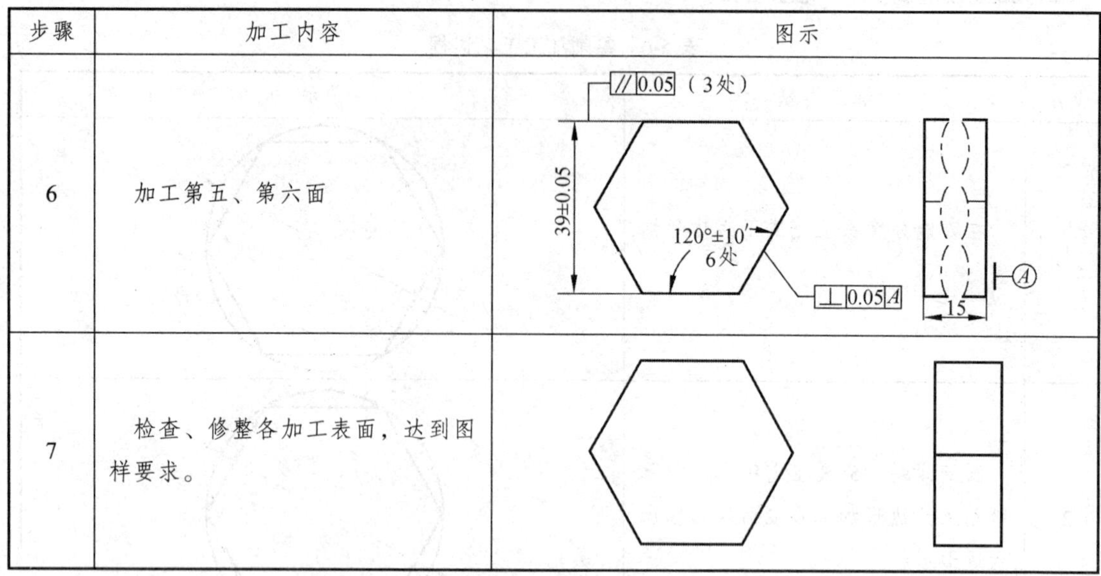

步骤	加工内容	图示
6	加工第五、第六面	
7	检查、修整各加工表面，达到图样要求。	

3. 检测及评分标准（见表 5-7）

表 5-7　评分测试表

检测评分表					
件号	序号	检测内容	分值	评分标准	实测得分
	1	尺寸误差要求<39±0.05	24	每处超差扣 4 分	
	2	角度误差要求<120° ±10′	24	每处超差扣 4 分	
	3	平面度要求<0.05（6 面）	12	一处超差扣 2 分	
	4	平行度要求<0.1（3 对面）	12	一处超差扣 2 分	
	5	垂直度小于 0.05	12	一处超差扣 4 分	
	6	錾纹整齐、方向一致（6 面）	6	一处超差扣 1 分	
	7	安全文明生产	10	酌情扣分	
备注	工时：		分钟	合计	

【知识巩固】

1. 简述錾削的概念和作用。
2. 常用的 3 种錾子有哪些？它们各自的结构特点和使用场合是什么？
3. 简述錾子的刃磨方法。
4. 錾削时的安全注意事项有哪些？
5. 手锤的锤击要领有哪些？
6. 简述平面錾削的操作步骤。

任务 5.3　锉　削

【目的与要求】

（1）了解锉削的基础知识
（2）掌握锉削的基本操作方法
（3）掌握平面锉削方法和精度检测方法
（4）熟悉圆弧面锉削方法

【实施的环境、设备、工具】

（1）设备：平台、台虎钳。
（2）工具：各种规格、形状的锉刀；直尺、游标卡尺、刀口平尺、检测量具等。
（3）材料：被加工工件毛坯。

【相关知识】

1. 锉削的基本概念

用锉刀对工件进行切削加工的方法称为锉削。锉削的工作范围较广，可以对各种形状工件的内外表面进行加工，并可达到一定的加工精度。在现代化生产条件下，仍有些不便于使用机械加工的场合需要用锉削来完成。例如，装配过程中对个别零件的最后修整；维修工作中或在单件、小批生产条件下，对某些形状较复杂的相配零件的加工，以及手工去毛刺、倒圆和倒钝锐边等。

2. 锉　刀

锉刀是由碳素工具钢制成的、并经热处理硬化的一种切削刃具，其工作面硬度为 HRC62 ~ 67。

1）锉刀的构造

锉刀由锉身、锉柄两部分组成，如图 5-34 所示。锉身的结构有锉刀面、锉刀边、锉刀舌。锉刀面是主要的工作面，上下两面都制有锉齿，以便于进行锉削。锉刀边是指锉刀的两个侧面，其中一边有齿，一边无齿；无齿的一边在锉内直角的边时，不会挫伤相邻的直角边，称为安全边。有齿的一边与工作面一起可以加工直角边。锉刀舌是用来装锉刀柄的。锉柄有木制的，也有塑料制品的。在锉柄安装孔处套有铁箍，防止锉柄开裂。

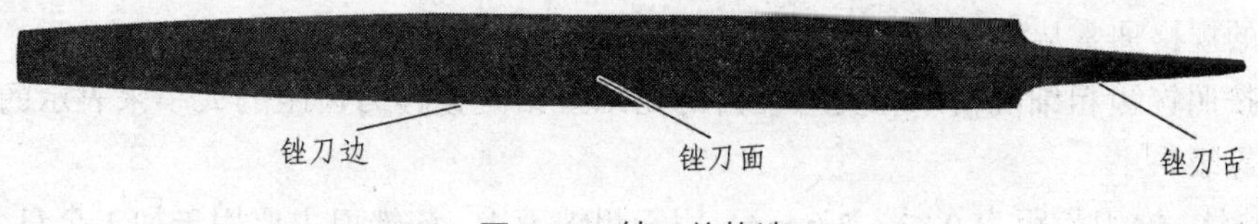

图 5-34　锉刀的构造

2）锉刀的锉齿

锉刀上面的锉齿通常是由剁齿机剁削或铣齿机铣削而成的。锉齿排列的形式称为锉纹，锉刀的锉纹有单齿纹和双齿纹两种。单齿纹指锉刀上只有一个方向排列的齿纹，双齿纹指有两个方向排列的齿纹。

剁齿机加工的锉刀锉纹为双齿纹。先剁上去的为底齿纹，锉纹较浅，后剁上去的为面齿纹，锉纹较深。这样形成的锉齿，锉削时金属屑是碎的，锉削省力，锉面比较光滑，切削角都大于 90°，齿的强度大，适宜锉削铸铁、钢等硬材料，如图 5-35 所示。

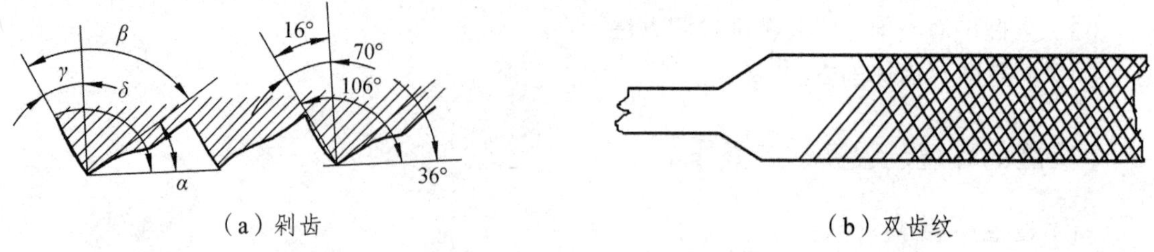

（a）剁齿　　（b）双齿纹

图 5-35　剁齿机加工的锉刀

铣齿机铣制的齿纹为单齿纹，铣齿的锉刀切削角均小于 90°，齿的强度小，适宜锉铝、铜等软金属，如图 5-36 所示。

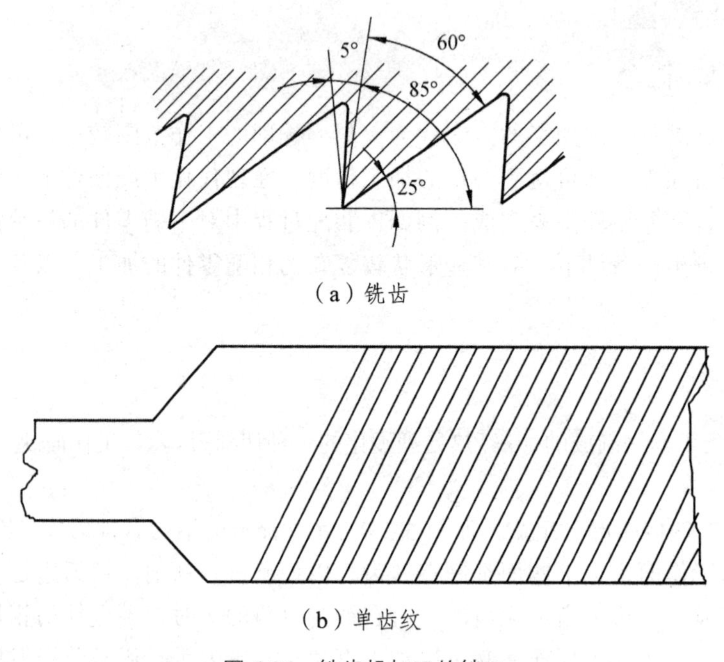

（a）铣齿

（b）单齿纹

图 5-36　铣齿机加工的锉刀

3）锉刀的规格

锉刀的规格通常从两个方面来分类。

（1）按照锉齿粗细规格来分类。锉齿的粗细规格是按锉刀齿距的大小来表示的，其粗细分为 5 个等级。

1 号锉纹：锉刀齿距为 0.83 ~ 2.0 mm，用于粗锉刀上。该锉刀主要用于加工余量大的工件，表面比较粗糙的平面。

2 号锉纹：锉刀齿距为 0.4 ~ 0.8 mm，用于中锉刀上，中锉主要用在加工余量不大，对平面要求较高的工件上。

3 号锉纹：锉刀齿距为 0.25 ~ 0.35 mm，用于细锉刀上，在加工精度要求高的工件上使用。

4 号锉纹：齿距为 0.2 ~ 0.25 mm，用于细锉刀上。加工精细工件。

5 号锉纹：齿距为 0.16 ~ 0.2 mm。用于油光锉刀上，主要对工件表面进行抛光处理。

（2）照锉刀的尺寸规格来分类。锉刀的尺寸规格是按锉刀的锉身长度来表示的。如平板锉常用的有 100 mm、150 mm、200 mm、250 mm、300 mm、350 mm 等。圆锉刀的规格是以直径的大小来表示的，如 6 mm、10 mm、12 mm 等。方锉的规格是以方形尺寸来表示的。

4）锉刀的种类

锉刀是按锉刀的断面形状来分类的，详见表 5-8 所示。

表 5-8　锉刀的种类和用途

名称	锉刀截面图	用途
平板锉		加工平面和凸起的曲面
方锉		加工方形通孔和凹槽
三角锉		加工三角形通孔和三角形槽
半圆锉		加工平面和通孔
圆锉		加工圆孔和圆槽
菱形锉		加工有尖角的槽和通孔
刀口锉		加工有楔形和燕尾形的槽或通孔
椭圆锉		加工半径较大的凹圆面
扁三角锉		加工有尖角的槽和通孔
组锉（什锦锉）		修整各种形状的加工面

3. 锉刀的使用

1）锉刀的选择

锉削前要正确地选择锉刀，如果选择不当，会使工件损坏，也会使锉刀过早地失去切削能力。正确的选择锉刀要根据加工对象的具体情况而定，一般从以下几个方面选择：

（1）锉刀尺寸规格的选择。尺寸规格的大小取决于工件加工面尺寸的大小和加工余量的大小。加工面较大、加工余量大，宜选用规格较大的锉刀；反之，则选用较小规格的锉刀。

（2）锉刀断面形状的选择。锉刀断面形状的选择要和工件的形状相配合，如图 5-37 所示。

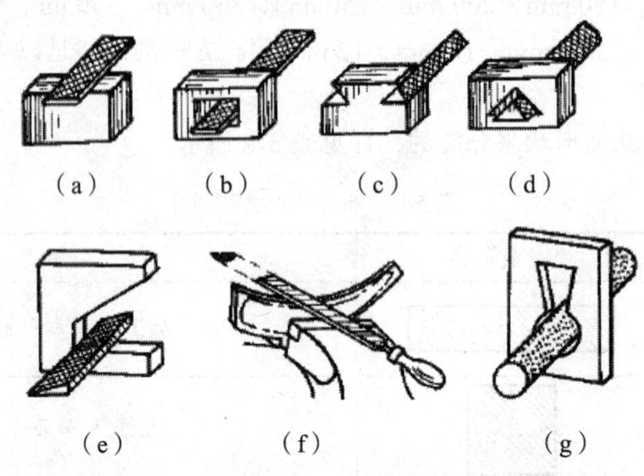

图 5-37　根据加工断面选择锉刀

（3）锉刀锉齿粗细的选择。

锉刀锉齿粗细要根据工件加工余量的大小、加工精度和表面粗糙度要求的高低来选择。加工余量大、加工精度低的工件应选择粗锉刀进行加工；加工余量中等、加工精度要求比较高则选用中锉刀；加工余量小、加工精度高、表面粗糙度要求高则选用细锉刀。

2）锉刀的保养

合理使用和保养锉刀可以延长锉刀的使用期限，否则将导致锉刀过早地损坏。为此，必须注意下列使用和保养规则：

（1）不可用锉刀来锉毛坯的硬皮及工件上经过淬硬的表面。

（2）有硬皮或型砂的锻件和铸件，必须在砂轮机上将其磨掉后，才可用半锋利的锉刀锉削。

（3）锉刀应先用一面，用钝后再用另一面。因为用过的锉齿比较容易锈蚀，两面同时都用则总的使用时间会缩短。

（4）锉刀每次使用完毕后，应用钢丝刷刷去锉纹中的残留铁屑，以免加快锉刀锈蚀。

（5）锉刀放置时不能与其他金属硬物相碰，锉刀与锉刀不能互相重叠堆放，以免损坏锉齿。

（6）不准使用无柄或破柄的锉刀进行锉削，防止伤手。

（7）防止锉刀沾水、沾油。

（8）不能把锉刀当作装拆、敲击或撬动的工具。

（9）使用整形锉时用力不可过猛，以免折断。

【技能操作与训练】

1. 锉削操作基本方法

1）锉刀的握法

锉刀的种类很多，不同规格锉刀的握法不同，如图 5-38 所示。大锉刀的握法，右手手心抵着锉刀柄的端头，大拇指放在锉刀柄的上面，其余四指向下握住锉刀柄；左手掌部压在锉刀的上面，拇指自然伸直，其余四指弯向手心，用食指、中指捏住锉刀的前端。中型锉刀的握法，右手握法和大锉刀握法一样，左手只需要大拇指和食指捏住锉刀的前端。小型锉刀的握法，右手握法同上，左手用食指、中指、无名指压在锉刀的中部即可。

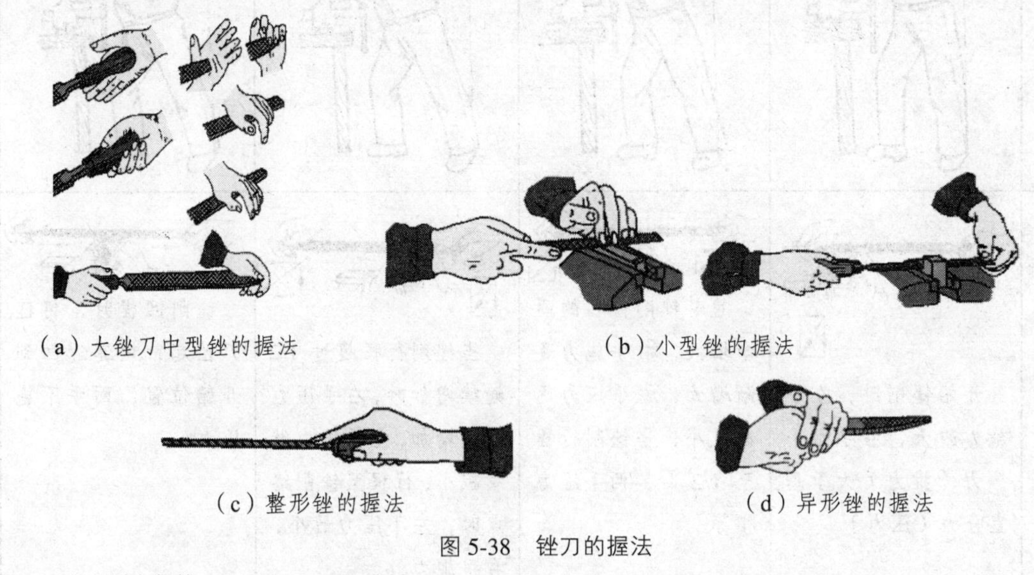

（a）大锉刀中型锉的握法　　（b）小型锉的握法

（c）整形锉的握法　　（d）异形锉的握法

图 5-38　锉刀的握法

2）锉削姿势

锉削时站立姿势如图 5-39 所示，身体稍微离开虎钳并略向前倾，左腿弯曲，支持身体的重量，右腿伸直，两脚站稳不动。两手握住锉刀，放在工件上面，左臂弯曲，小臂与工件的加工面基本保持平行，右臂向后摆，右小臂要与工件的锉削面基本保持平行，要自然。

图 5-39　锉削姿势

锉削时，锉刀的平直运动是锉削的关键。平直运功是靠在锉削中随时调整身体的倾斜程度和两手的压力来达到的，锉削速度一般在 40 次/分钟左右，推出时间稍慢，回程时间稍快，动作要自然协调，如表 5-9 所示。

表 5-9　锉削平直运动示意图

	前 1/3 行程	中 1/3 行程	后 1/3 行程	回程
锉削时身体摆动角度	10°	15°	18°	15°
两手用力方向	开始锉削时，左手施力较大，右手水平分力（推力）大于垂直分力（压力）	随着锉削行程的逐渐增大，右手施力逐渐增大，左手压力逐渐减小，当锉削行程至 1/2 时，两手压力相等	当锉削行程超过 1/2 继续增加时，右手压力继续增加，左手压力继续减小，行程至锉削终点时，左手压力最小，右手施力最大	锉削回程时，将锉刀抬起，快速返回到开始位置，两手不施压力

2. 平面锉削方法

平面锉削的方法根据工件加工位置的不同、工件夹持方法不同而有不同的选择，常见的有顺向锉法、交叉锉法、推锉法等。

1）顺向锉

锉刀的运动方向是单方向的，在锉宽平面时，为了能够均匀地锉削工件表面，每次退回锉刀时，向旁边移动 5 ~ 10 mm。顺向锉的锉纹整齐美观，是基本的一种锉削方法，如图 5-40 所示。

2）交叉锉

锉刀的运动方向是交叉的，因此，在工件的锉削面上能显示出高低不平的锉痕，从而判断锉削面的不平度，便于不断地修正锉削部位，这样容易锉出准确的平面。交叉锉一般用于粗锉和大平面的中锉，如图 5-41 所示。

3）推锉法

用来修整锉纹，增加表面光洁度。推锉的握持方法如图 5—42 所示，两手横握锉刀身，拇指靠近工件，用力一致，平稳地沿工件表面推拉锉刀。为使工件表面不致拉伤，要及时地清除锉齿中的切屑。

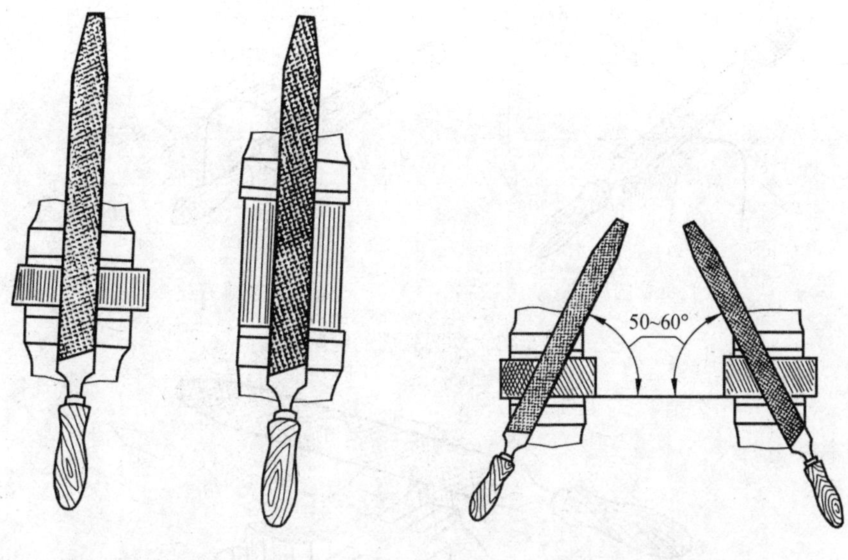

图 5-40　顺向锉方法　　图 5-41　交叉锉方法

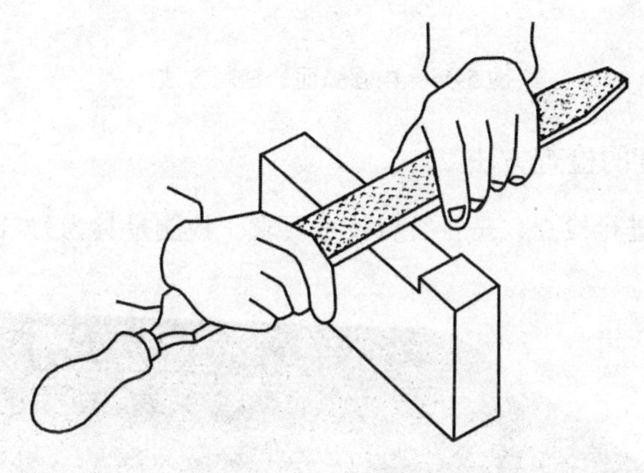

图 5-42　推锉法

3. 圆弧面的锉削方法

曲面锉削最基本的是外圆弧和内圆弧的锉削方法。

1）外圆弧面的锉削方法

锉削外圆弧所用的锉刀都为平板锉。在锉削过程中锉刀要完成两个运动：锉刀前进运动和锉刀绕工件圆弧中心的旋转运动。锉削开始，左手下压，右手上提，随着锉刀前行，左手上提，右手下压，完成一个锉削过程，如图 5-43 所示。这种锉削方法使圆弧面光洁圆滑。

2）内圆弧面的锉削方法

锉削内圆弧面的锉刀可选用半圆锉或圆锉。在锉削过程中锉刀要完成 3 个运动：锉刀的前进运动、锉刀随圆弧面向左或向右移动和锉刀绕自身中心线转动，如图 5-44 所示。

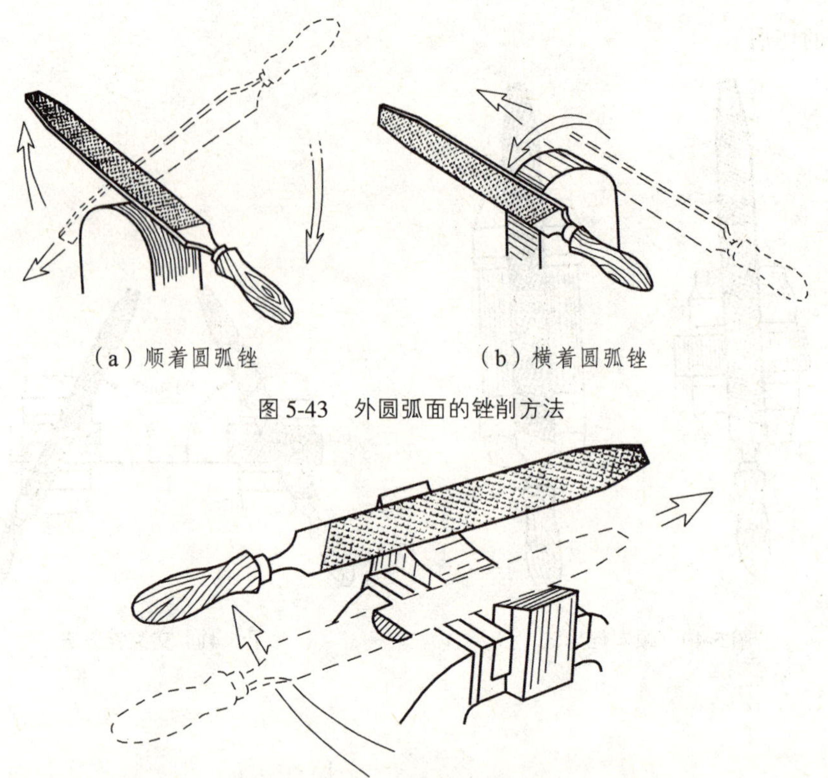

（a）顺着圆弧锉　　（b）横着圆弧锉

图 5-43　外圆弧面的锉削方法

图 5-44　内圆弧面的锉削方法

4. 锉削平面平面度的检查方法

锉削过的平面，要进行检查，是否符合技术要求。检测量具为刀口直尺，如图 5-45（a）所示。

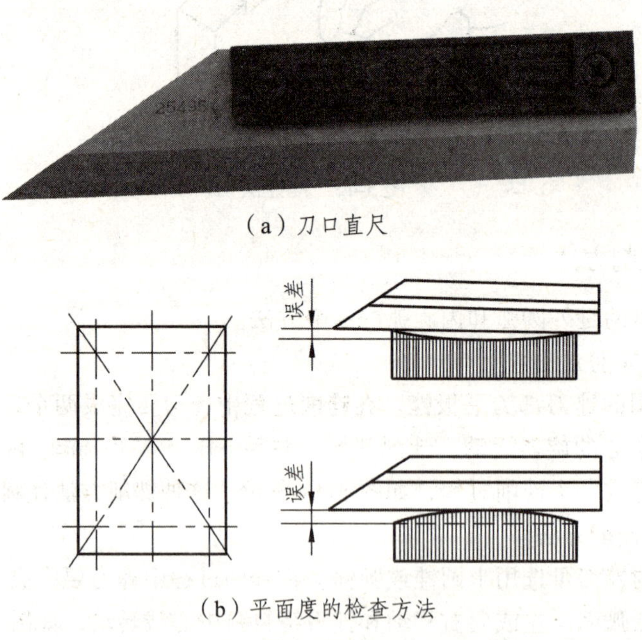

（a）刀口直尺

（b）平面度的检查方法

图 5-45　平面度的检查方法

检查时，刀口直尺应垂直放在工件的表面上，如果刀口直尺与工件平面间透光微弱而均匀，说明该平面是平直的；假若透光强弱不一，说明该锉削面高低不平，如图 5-45（b）所示。检查时应在工件的横向、纵向和对角线方向等多处进行测量。移动刀口直尺时应把它提起，并轻轻地放在新的位置上，不准在工件表面上来回拉动，以免影响测量精度。

【加工实例】

案例 1　锉削六方体

1. 尺寸及技术要求（见图 5-46）

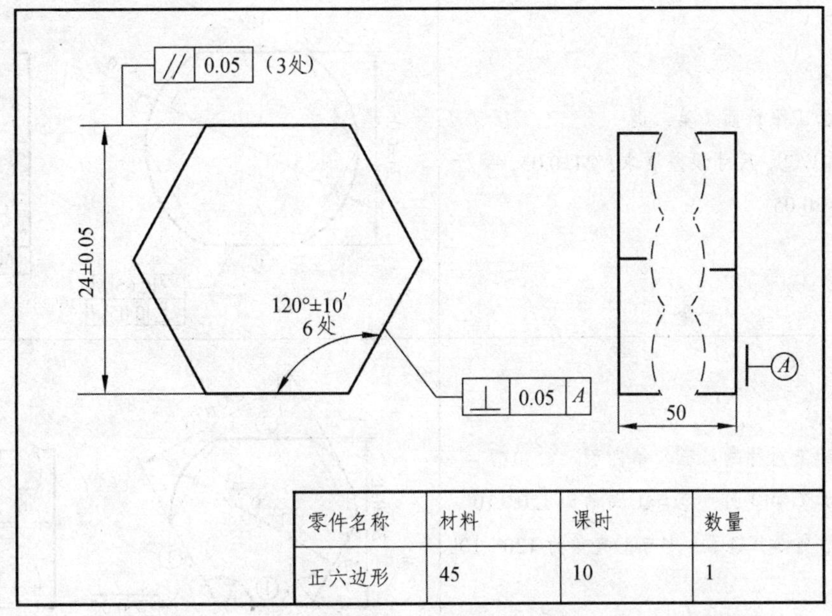

图 5-46　锉削六方体

2. 加工工艺过程（见表 5-10）

表 5-10　锉削六方体加工工艺过程

步骤	加工内容	图示
1	在万能分度头上完成正六边形划线	

续表

步骤	加工内容	图示
2	加工基准面（第一面） 平面度要求≤0.05	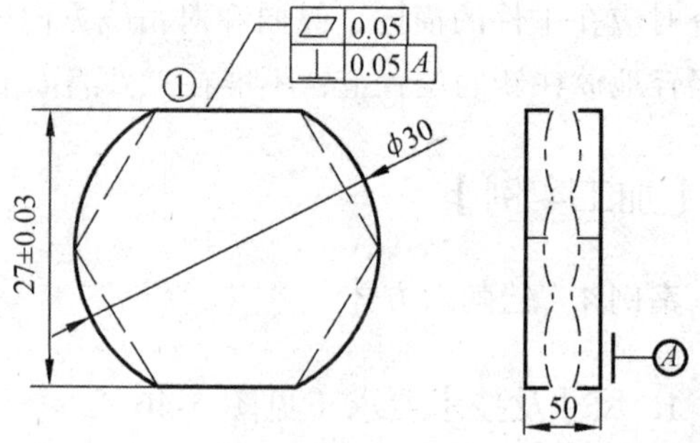
3	加工平行面（第二面） ①//②，尺寸误差要求：24±0.05，平行度≤0.05	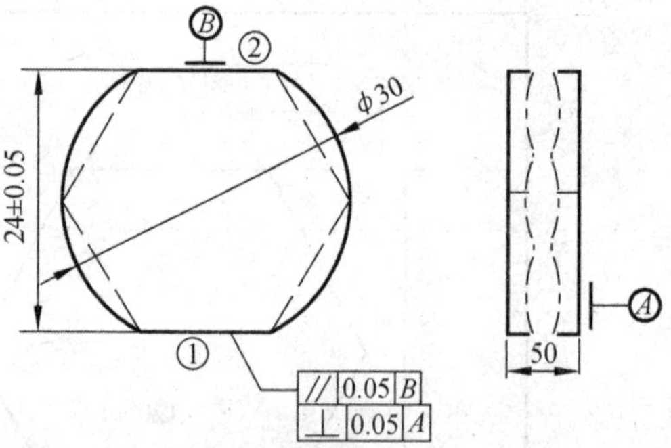
4	加工对称的第三、第四面 加工第③面，③与①夹角为 120°±10′。然后再加工④面，④与①夹角为 120°±10′	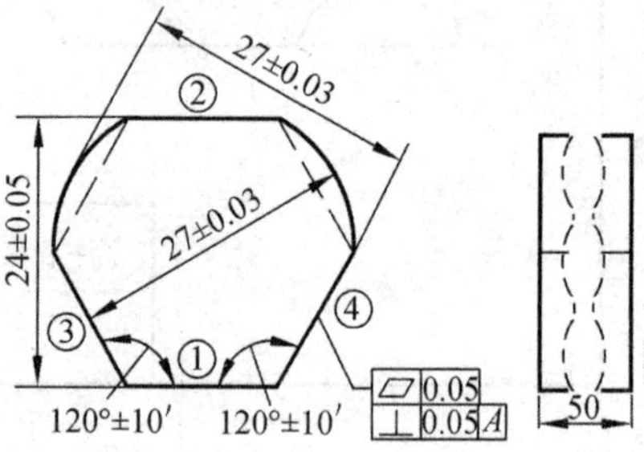
5	加工第五、第六面 加工⑤面，⑤//④并且尺寸为 24±0.05；⑤与②、③成 120°±10′。然后加工⑥面，加工方法与⑤面方法相同	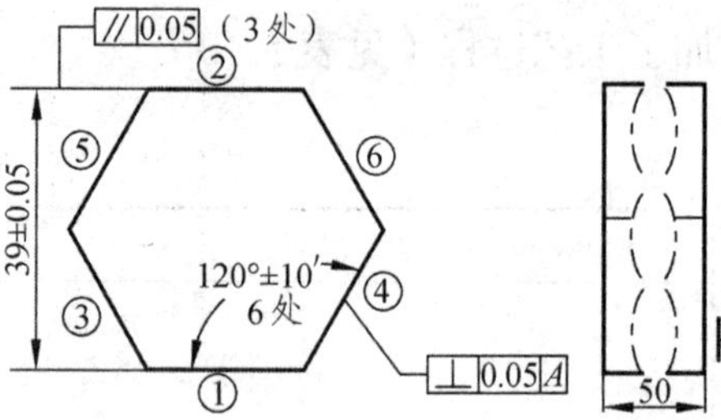
6	检查、修整各加工表面，达到图样要求	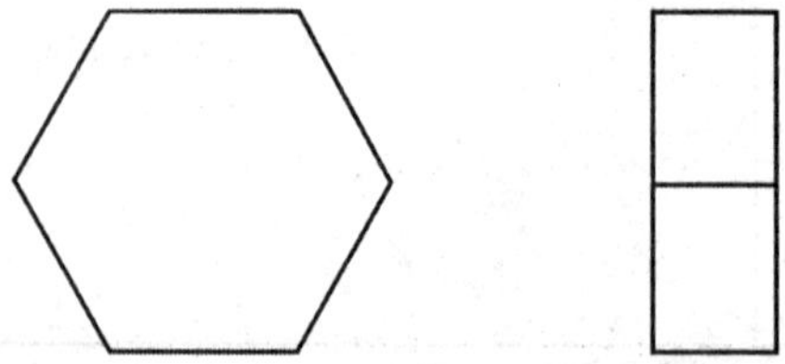

3. 检测及评分标准（见表 5-11）

表 5-11　评分测试表

检测评分表					
件号	序号	检测内容	分值	评分标准	实测得分
	1	尺寸误差要求＜24±0.05	24	每处超差扣 4 分	
	2	角度误差要求＜120° ±10′	24	每处超差扣 4 分	
	3	平面度要求＜0.05（6 面）	12	一处超差扣 2 分	
	4	表面粗糙度≤3.2 μm（6 面）	12	一处超差扣 2 分	
	5	垂直度小于 0.05	12	一处超差扣 4 分	
	6	锉纹整齐、方向一致（6 面）	6	一处超差扣 1 分	
	7	安全文明生产	10	酌情扣分	
备注	工时：	分钟		合计	

案例 2　锉削角度样板

1. 尺寸及技术要求（见图 5-47）

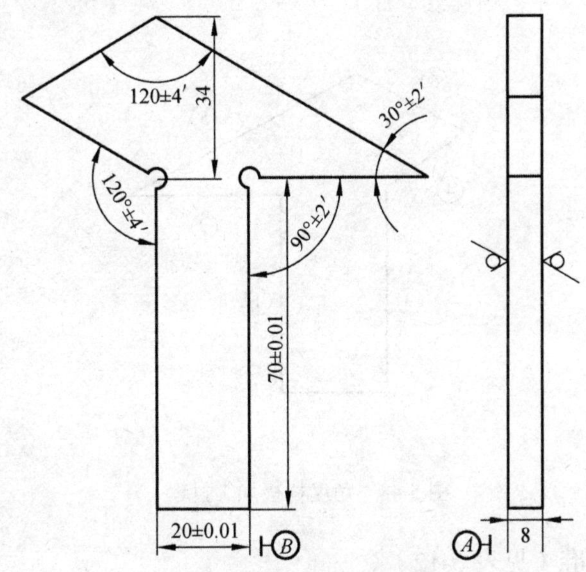

图 5-47　角度样板图纸

技术要求：

（1）所有锉削面的平面度为 0.02。

（2）所有锉削面的垂直度为 0.02。

（3）所在锉削面的平行度为 0.02。

（4）所有锉削面的粗糙度为 R_a1.6。

（5）周边去毛刺，打字。

2. 加工工艺过程（见图 5-48）

1）加工前的准备工作

（1）详细读图纸，了解尺寸要求、外形要求。

（2）检查扁钢毛坯料的尺寸、材料，是否有充足的加工余量，是否有缺陷。

（3）准备好加工用的各种工具、量具。

2）角度样板加工工艺

（1）下料，按照图纸要求画出角度样板加工线。

（2）钻两个工艺孔。

（3）首先加工角度样板①面，达到技术要求。然后加工②面，②面与①面相互垂直，直角 90°±2′，保证平面度和垂直度（每个面和大平面的垂直度）。

（4）加工①面对面的③面，保证尺寸（20±0.01），以及①面和③面的平行度。

（5）加工④面，保证④面和③面 120°±2′。加工⑤面，保证⑤面和②面 30°±2′，并且④面和⑤面平行。

（6）加工⑥面，⑥面与④面 60°±2′，⑥面与⑤面 120°±2′，并且顶点与②面的尺寸为 34。

（7）最后加工⑦面，⑦面与②面尺寸（70±0.1）。

（8）精锉修整各部尺寸，顺锉纹。

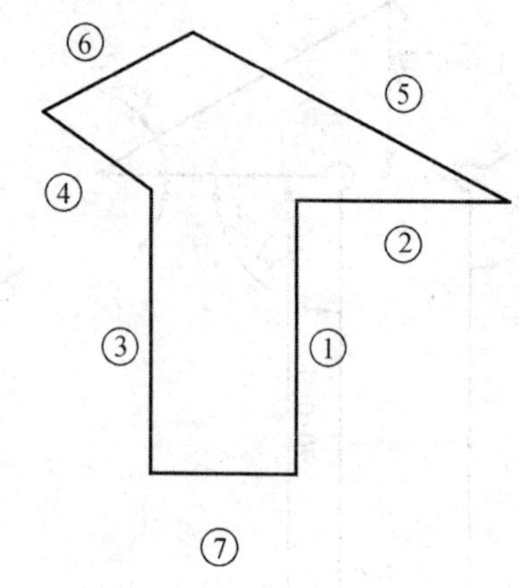

图 5-48　角度样板加工过程

3. 检测及评分标准（见表 5-12）

表 5-12　评分测试表

检测评分表					
件号	序号	检测内容	配分	评分标准	自检得分
I	1	20±0.04	10	一处超差扣 3 分	
	2	70±0.1	3	超差不得分	
	3	104±0.2	3	超差不得分	

续表

检测评分表					
件号	序号	检测内容	配分	评分标准	自检得分
	4	120°±2′	20	一处超差扣 3 分	
	5	90°±2′	10	一处超差扣 1 分	
	6	60°±2′	10	一处超差扣 1 分	
	7	30°±2′	10	超差不得分	
	8	锉削面平面度≤0.04	4	超差不得分	
	9	与 *A* 面的垂直度≤0.02	5	超差不得分	
	10	与 *B* 面的平行度≤0.02	5	一处超差扣 1 分	
	11	锉削面表面粗糙度 R_a1.6	18	一处超差扣 1 分	
	12	去刺、打字	2	酌情扣分	
	13	安全文明生产		酌情扣分	
备注		工时：180 分钟		总分	

【知识巩固】

1. 简述锉削的概念和使用场合。
2. 锉刀由哪几部分组成？在日常使用中应如何保养锉刀。
3. 平面锉削有哪 3 种方法？各种方法的特点是什么？
4. 简述锉削平面的平面度检查方法。

任务 5.4　锯　削

【目的与要求】

（1）了解手锯的组成。
（2）掌握锯条的规格及选用。
（3）掌握手锯的握法、锯削站立姿势和动作要领。
（4）了解锯缝歪斜、锯条折断的原因。
（5）掌握锯削的安全注意事项。

【实施的环境、设备、工具】

（1）设备：工作平台、台虎钳。
（2）手锯、90°角尺、高度尺、钢板尺等。
（3）材料：25 mm 圆铁管、六棱柱体、铁板。

【相关知识】

1. 手锯的基本知识

用手锯对材料（或工件）进行锯断或锯槽等加工方法称为锯削。如图 5-49（a）所示为把材料（或工件）锯断，如图 5-49（b）所示为锯掉工件上的多余部分，如图 5-49（c）所示为在工件上锯槽。

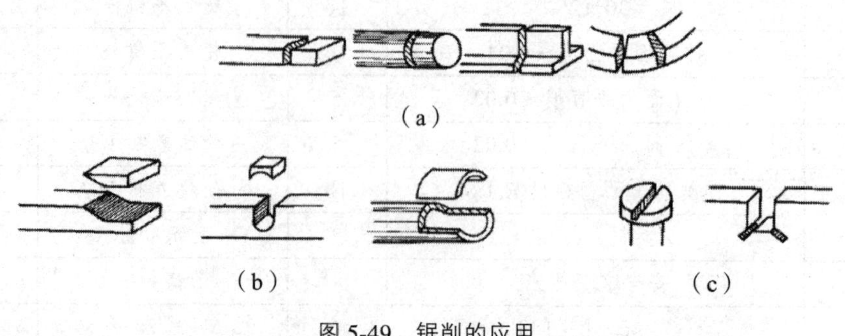

图 5-49　锯削的应用

手锯由锯弓和锯条两部分组成。

1）锯　弓

锯弓是用来安装和张紧锯条的，分为固定式和可调节式两种，如图 5-50 所示。

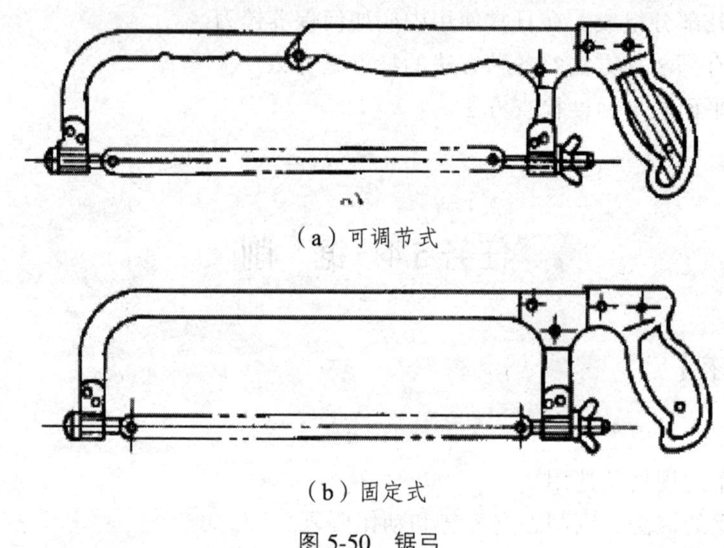

（a）可调节式

（b）固定式

图 5-50　锯弓

固定式锯弓只能安装一种长度的锯条。可调节式锯弓则通过调整可安装几种长度的锯条。锯弓的两端有方孔异管，其中穿有活动螺钉。前端活动螺钉为固定式的，后端螺钉有翼形螺母，可做调节。螺钉的侧位各有横销子，用来固定锯条。旋紧翼形螺母就可把锯条拉紧。

2）锯　条

锯条一般用渗碳钢冷轧而成，也有用碳素工具钢或合金钢制成，但都必须经淬火处理。锯条的规格按锯条两端安装孔间的距离表示，最常用的是 300 mm 的锯条。中型可调式钢锯还可以使用 250 mm，200 mm 锯条。

（1）锯齿。锯齿的角度如图 5-51 所示，锯条的切削部分是由许多锯齿组成的，像一排同样形状的錾子。

由于锯削时要求有较高的工作效率，必须使切削部分具有足够的容屑空间，故锯齿的后角较大。为了保证锯齿具有一定的强度，楔角也不宜太小。综合以上要求，锯条的锯齿角度是：后角 $\alpha_0 = 40°$，楔角 $\beta_0 = 50°$，前角 $\gamma_0 = 0°$。

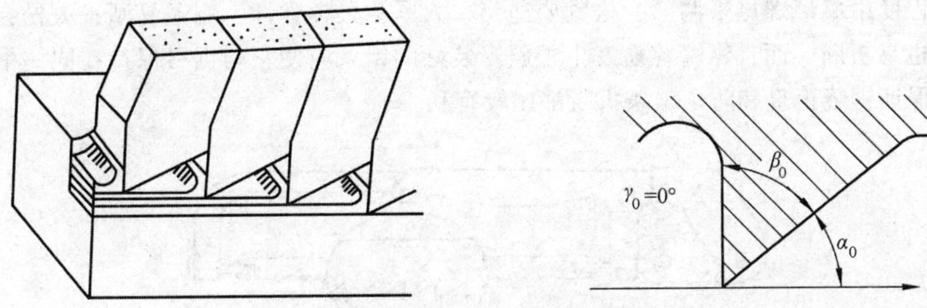

图 5-51　锯齿的形状和角度

（2）锯路。在制造锯条时，全部锯齿是按一定的规则左右错开，排列成一定的形状，称为锯路。锯路有交叉形和波浪形等，如图 5-52 所示。锯条有了锯路后，可使工件上被锯出的锯缝宽度 H 大于锯条背的厚度 S。这样，锯削时锯条不会被卡住，锯条与锯缝的摩擦阻力也较小，因此工作比较顺利，锯条也不致过热而加快磨损。

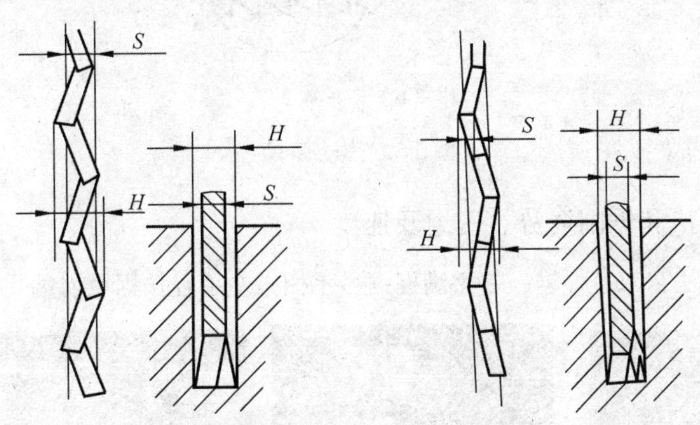

H—锯路宽度；S—锯条厚度

图 5-52　锯路

（3）锯齿粗细。锯条齿距的大小，以 25 mm 内的齿数来区分：有 14 ~ 16 齿的为粗齿；有 22 ~ 25 齿的为中齿；有 25 ~ 32 齿的为细齿锯条。锯齿的排列为一齿朝左，一齿朝右为交错式齿形；2 ~ 3 齿朝左，2 ~ 3 齿朝右的排列为波浪式齿形，其作用主要是为减少锯条在锯削时往复动作的摩擦阻力。

粗齿锯条的容屑槽较大，适用于锯软材料和较大的表面，因为此时每推锯一次所锯下的切屑较多，容屑槽大可防止产生堵塞。

细齿锯条适用于锯硬材料，因硬材料不易锯入，每锯一次的切屑较少，不会堵塞容屑槽，而锯齿增多后，可使每齿的锯削量减少，材料容易被切除。在锯削管子或薄板时必须用细齿锯条，否则锯齿很易被钩住甚至折断。严格地讲，薄壁材料的锯削截面上至少应有两个齿以上同时参加切削，才可能避免锯齿被钩住的现象。

（4）锯条的安装。手锯是在向前推进时进行切削的，所以锯条安装时要保证锯齿的方向正确，如图 5-53（a）所示。如果装反了，如图 5-53（b）所示，则锯齿前角变为负值，切削很困难，不能进行正常的锯削。

松紧程度由翼形螺母来调节。松紧要适当，太紧会失掉弹性，锯条易断；太松会发生扭曲，锯条也易折断，而且锯缝容易发生歪斜。装好的锯条应使它与锯弓保持在同一中心平面内，这对保证锯缝正直和防止锯条折断都比较有利。

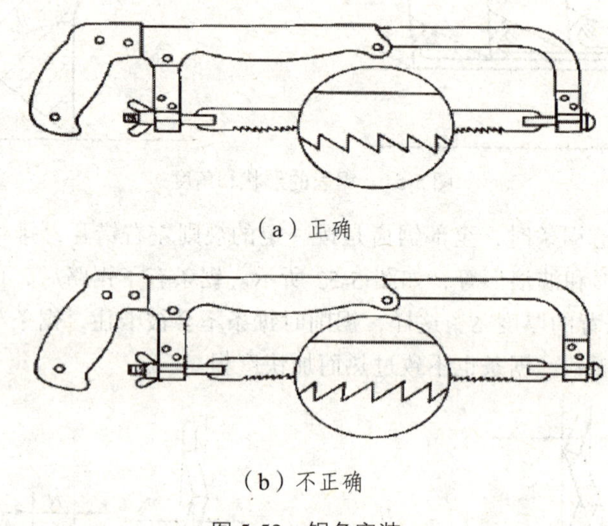

（a）正确

（b）不正确

图 5-53　锯条安装

2. 手锯的握法和锯削姿势、压力及速度

（1）手锯的握法：双手握锯，右手满握锯弓手柄，左手轻扶锯弓前端，如图 5-54 所示。

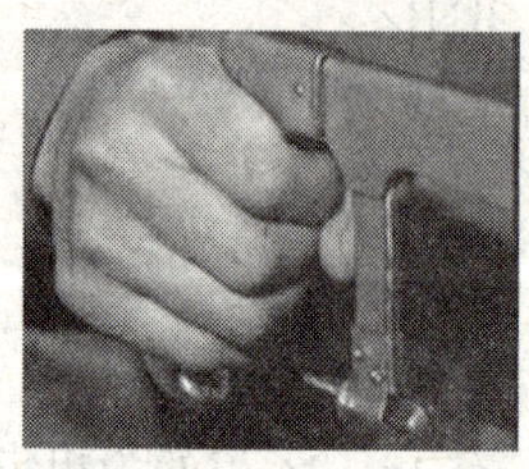

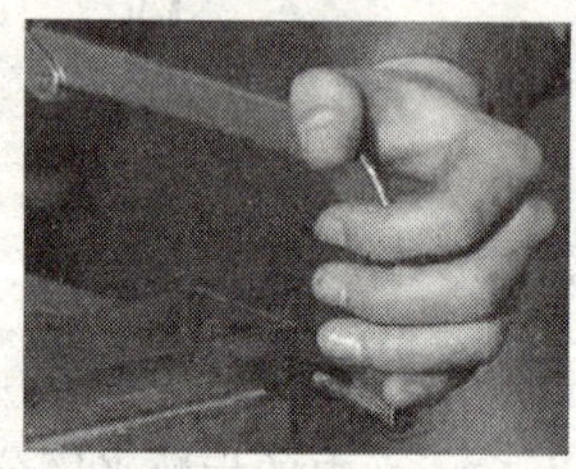

图 5-54　手锯的握法

（2）锯削姿势：站立时使身体重心在左脚，左腿前弓，后腿挺直、身体略向前，摆动要自然，如图 5-55 所示。

（3）锯削时的压力：右手控制推力、压力，左手主要配合右手正锯弓。锯硬材料时速度要慢些，压力要大，压力太小锯齿就不容易切入，可能打滑使锯齿变钝；锯软材料时速度要快些压力要小，压力大了会使锯齿切入过深而产生咬住现象，容易崩齿。

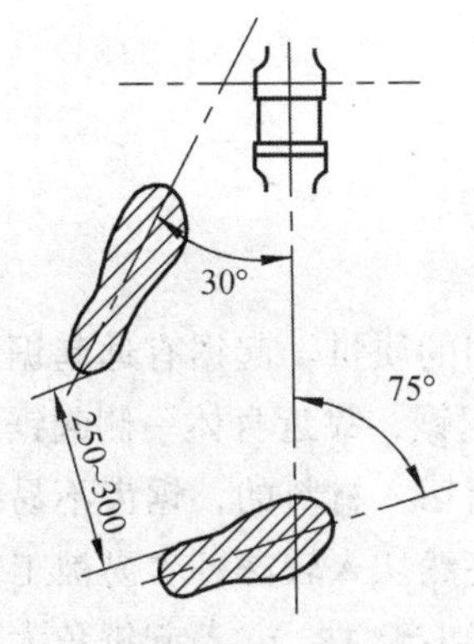

图 5-55　锯削姿势

（4）运动和速度。

① 锯弓的运动方式有两种：一是直线运动（它与平面锉削锉刀的运动一样，适合初学者），常用于有锯削尺寸要求、并要求锯缝底面平直的工件，要求同学们认真掌握。另一种是小幅度的上下摆动式运动（即推进时左手上翘，右手下压，回程时右手上抬，左手自然跟回。）

② 锯削的速度：30 ~ 40 次/分钟（推进时稍慢，压力适当，保持匀速；回程时不施加压力，速度稍快。最好使锯条的全长都加入切削，应使手锯的往复行程的长度不小于锯条全长的 2/3），工件快锯断时用力要小，并用左手扶持工件。

3. 工件的夹持

（1）工件夹持在台虎钳的左侧，不要伸出钳口太长，如图 5-56 所示。

（a）正确

（b）不正确

图 5-56　工件的夹持

（2）工件锯缝离开钳口侧面 20 mm 左右（不应过长，防止振动）。

（3）锯缝要与钳口侧面保持平行（锯缝线要与铅垂线方向一致，便于控制锯缝不偏离划线线条）。

（4）避免夹伤已加工表面及避免将工件夹变形。

（5）锯削较小工件时，必须夹牢。

（6）锯削薄工件时，可以用两块木板将薄工件夹住再夹持在虎钳上锯削。

【技能操作与训练】

1. 锯削基本方法

1）起　锯

起锯是锯削工作的开始，起锯质量的好坏直接影响锯削的质量。起锯有远起锯和近起锯两种，如图 5-57 所示。从远离身体一侧起锯的方法称为远起锯，靠近身体一侧起锯的方法为近起锯。一般情况下采用远起锯较好，因为此时锯齿是逐渐切入材料的，锯齿不易被卡住，起锯比较方便。如果用近起锯，则掌握不好时，锯齿由于突然切入较深，容易被工件棱边卡住甚至被崩断。无论用哪一种起锯法，起锯角 α 都要小（宜小于 15°）。若起锯角太大，则起锯不易平稳；但起锯角也不宜太小，否则，由于锯条与工件同时接触的齿数较多，反而不易切入材料，使起锯次数增多，锯缝就容易发生偏离，造成表面被锯出多道锯痕而影响锯削质量。为了起锯平稳和准确，可用左手拇指挡住锯条，使锯条保持在正确的位置上起锯。起锯时施加的压力要小，往复行程要短，速度要慢些。

（a）远起锯

（b）近起锯

图 5-57　起锯方法

2）各种材料的锯削方法

（1）棒料的锯削。棒料的锯削断面如果要求比较平整，应从起锯开始连续锯到结束。若锯出的断面要求不高，可改变几次锯削的方向，使棒料转过一个角度再锯，这样，由于锯削面变小而容易锯入，可提高工作效率。锯毛坯材料时断面质量要求一般不高，为了节省时间，可分几个方向锯削，每个方向不锯到中心，然后把它折断，如图 5-58 所示。

（2）管子的锯削。削管子时，首先要把管子正确地装夹好。对于薄壁管子和加工过的管件，应夹在有 V 形或弧形槽的木块之间，如图 5-59 所示，以防夹扁和夹坏表面。锯削时必须选用细齿锯条，一般不要在一个方向从开始连续锯到结束，因为锯齿容易被管壁钩住而崩断，尤其是薄壁管子更应注意这点。正确的方法是锯到管子内壁处，然后把管子转过一个角度，仍旧锯到管子的内壁处，如此逐渐改变方向，直至锯断为止，如图 5-60 所示。薄壁管子改变方向时，应使已锯的部分向锯条推进方向转动，否则锯齿仍有可能被管壁钩住。

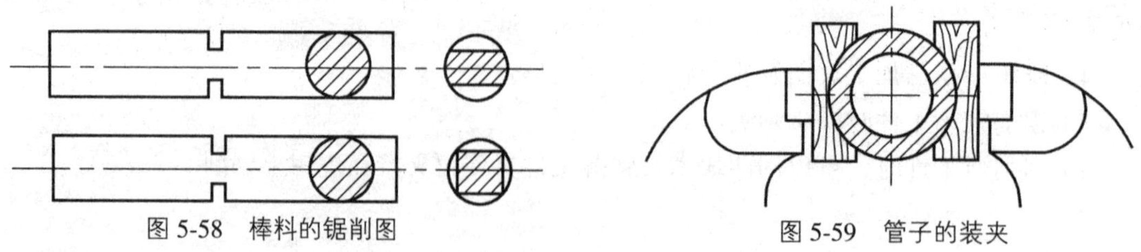

图 5-58　棒料的锯削图

图 5-59　管子的装夹

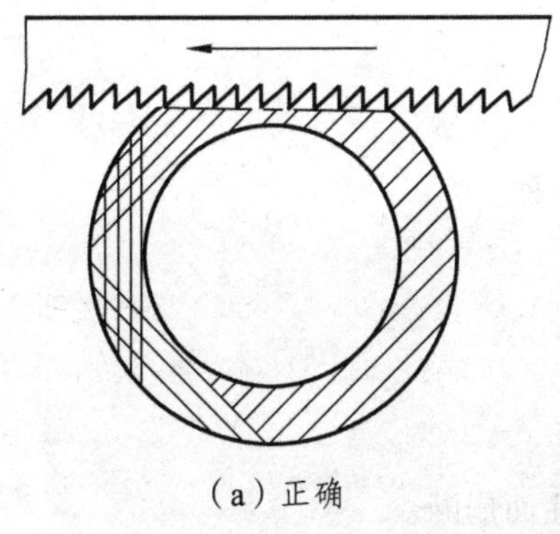

（a）正确

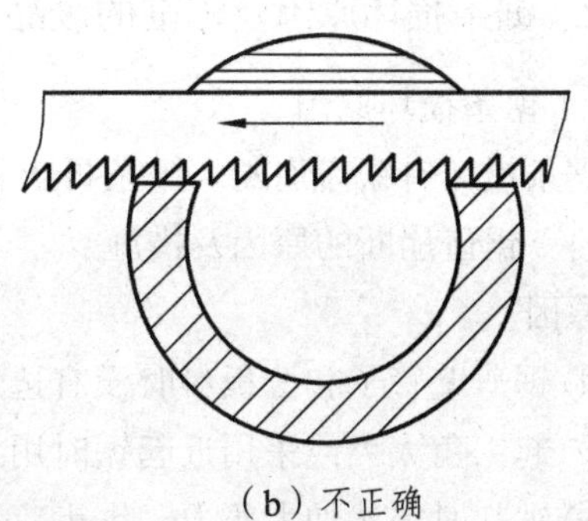

（b）不正确

图 5-60　管子的锯削

（3）薄板料的锯削。锯薄板料除选用细齿锯条外，要尽可能从宽的面上锯下去，锯条相对工件的倾斜角应不超过 45°，这样锯齿不易被钩住。如果一定要从板料的狭面锯下去时，应该把它夹在两木块之间，连木块一起锯下，也可避免锯齿钩住，同时也增加了板料的刚度，锯削时不会弹动，如图 5-61（a）所示；或者，把薄板料夹在台虎钳上，用手锯作横向斜推锯，使锯齿与薄板接触齿数增加，避免锯齿崩裂，如图 5-61（b）所示。

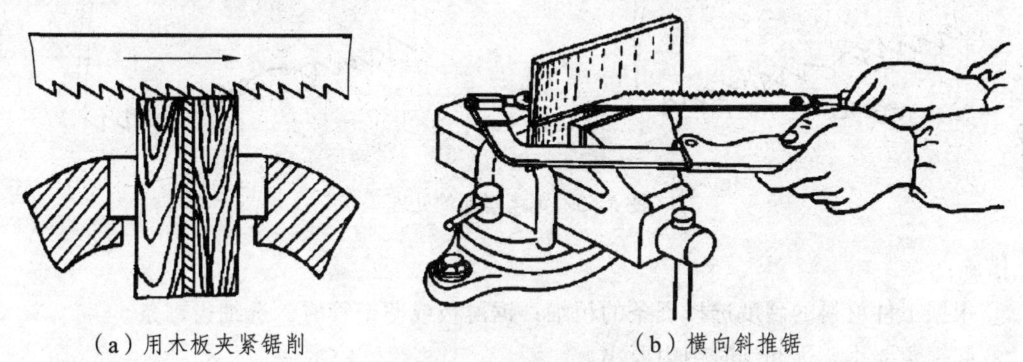

（a）用木板夹紧锯削　　（b）横向斜推锯

图 5-61　薄板料锯削方法

（4）锯深缝。当工件的锯缝深度超过锯弓高度时属于深缝，如图 5-62（a）所示。这时，工件应夹在台虎钳的左面，以便操作。为了控制锯缝不偏离划线，锯缝线条要与钳口侧面保持平行，距离约 20 mm 左右。工件夹紧要牢靠，既要防止工件变形或被夹坏，又要防止工件在锯削时弹动，从而损坏锯条或影响锯缝质量。当锯弓碰到工件前，应将锯条转过 90°重新安装，使锯弓转到工件的左侧，如图 5-62（b）所示，也可把锯条安装成使锯齿朝锯弓内进行锯削，如图 5-62（c）所示。

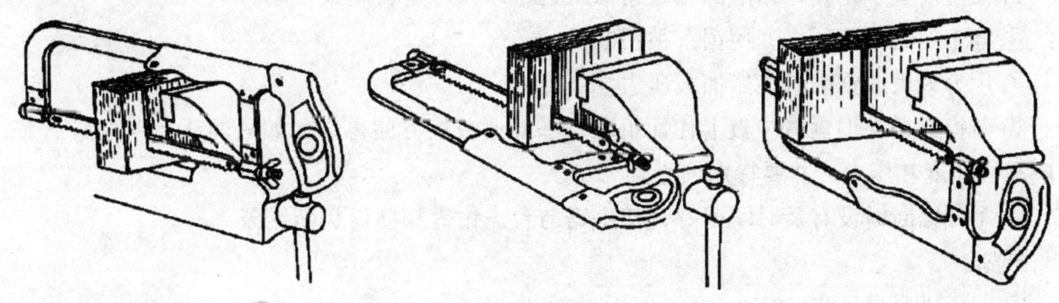

图 5-62　锯深缝

2. 锯条损坏原因及锯削的废品形式

1）锯条损坏原因

锯条损坏有锯齿崩断、锯条折断和锯齿过早磨损 3 种。

（1）锯齿崩断的原因及措施。

原因：

① 锯薄壁管子和薄板料时没有选用细齿锯条。

② 起锯角太大或采用近起锯时用力过大。

③ 锯削时突然加大压力，锯齿容易被工件棱边钩住而崩断。

当锯条中有几个锯齿被局部崩断时，要及时把断裂处在砂轮上磨光，并把后面相邻的两三个齿磨斜，如图 5-63 所示，再用来锯削时，后面这几个齿就不会因受突然的冲击力而被折断。若不经过这样的处理，继续使用时则锯齿就会连续崩断，直至锯条无法使用为止。

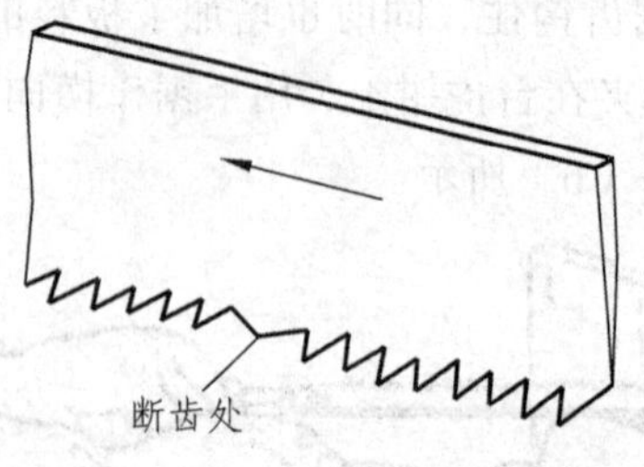

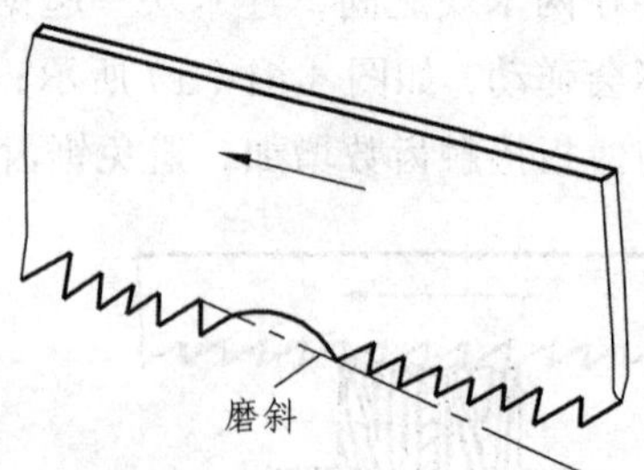

图 5-63　锯齿崩断的处理

措施：

① 根据工件材料的硬度选择锯条的粗细；锯薄板或薄壁管时，选细齿锯条。

② 起锯角要小，远起锯时用力要小。

③ 碰到砂眼、杂质时，用力要减小；锯削时避免突然加压。

④ 发现锯齿崩裂时，立即在砂轮上小心将其磨掉，且对后面的 2～3 个齿高作过渡处理，避免齿的尺寸突然变化锯条折断。

（2）锯条折断的原因及措施。

原因：

① 锯条装得过紧或过松。

② 工件装夹不正确，锯削部位距钳口太远，以致产生抖动或松动。

③ 缝歪斜后强行纠正，使锯条被扭断。

④ 用力太大或锯削时突然加大压力。

⑤ 新换锯条在旧锯缝中被卡住而折断。一般要改换方向再锯，如只能从旧锯缝锯下去，则应减慢速度和压力，并要特别细心。

⑥ 工件锯断时没有及时掌握好，使手锯与台虎钳等相撞而折断锯条。

措施：

① 锯条松紧要适当。

② 工件装夹要牢固，伸出端尽量短。

③ 锯缝歪斜后，将工件调向再锯，不可调向时，要逐步借正。

④ 用力要适当。

⑤ 新换锯条后，要将工件调向后锯削，若不能调向，要较轻较慢地过渡，待锯缝变宽后再正常锯削。

（3）锯齿过早磨损的原因及措施。

原因：

① 锯削速度太快，使锯条发热过度而退火。

② 锯削较硬材料时没有冷却或润滑措施。

③ 锯削过硬的材料。

措施：

① 锯削速度要适当

② 锯削钢件时应加机油，锯铸件加柴油，锯其他金属材料可加切削液。

2）锯削时产生废品的形式、主要原因及预防措施

锯削时产生废品的形式主要有：尺寸锯得过小、锯缝歪斜过多、起锯时把工件表面锯坏等。

（1）锯缝歪斜。

主要原因：

① 锯条装得过松。

② 目测不及时。

预防措施

① 适当绷紧锯条。

② 安装工件时使锯缝的划线与钳口外侧平行，锯削过程中经常目测。

③ 扶正锯弓，按线锯削。

（2）尺寸过小。

主要原因：

① 划线不正确。

② 锯削线偏离划线。

预防措施：

① 按图样正确划线。

② 起锯和锯削过程中始终使锯缝与划线重合

（3）锯削时工件表面被拉毛。

主要原因：起锯方法不对。

预防措施：

① 起锯时左手大拇指要挡好锯条，起锯角度要适当。

② 待有一定的起锯深度后再正常锯削以避免锯条弹出。

【加工实例】

案例 1　锯缝练习

1. 锯削材料工件图（见图 5-64）

根据图样要求，完成零件的 5 条锯缝的锯削，要求平直，达到一定精度要求。

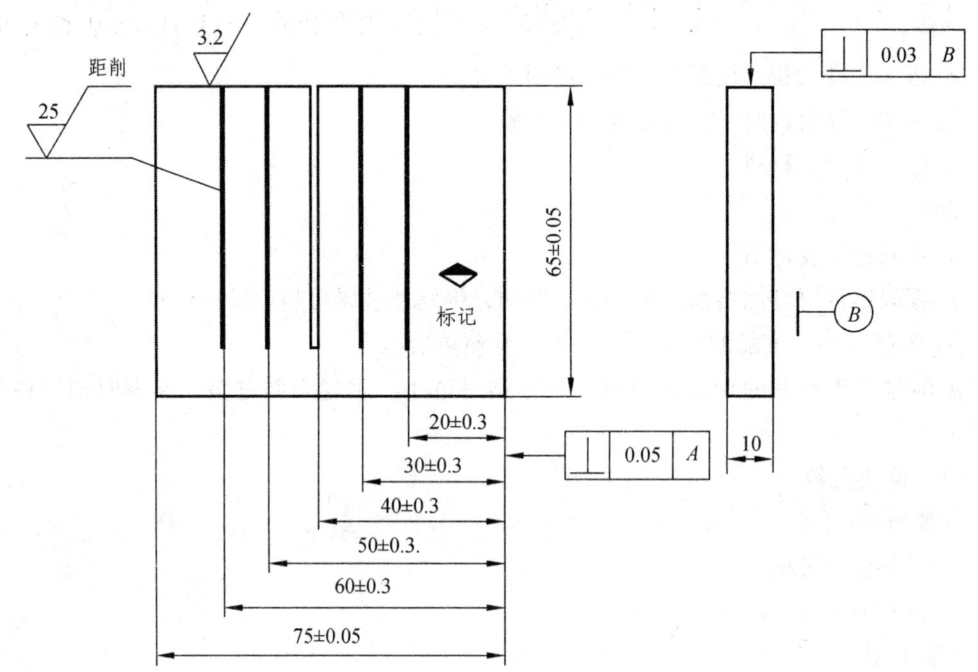

图 5-64　工件图

2. 锯缝工艺过程

（1）检查来料的外形尺寸。

公差等级：IT14。

形位公差：垂直度 0.05 mm，各面垂直大平面 0.03 mm。

时间额定：120 min。

（2）加工长方体：

加工基准面 A，即①面，保证平面度 0.03 mm，与大平面的垂直度 0.03 mm。

加工②面，保证与①面垂直度是 0.05 mm，平面度 0.03 mm，与大平面的垂直度 0.03 mm。

加工③面，保证尺寸 65±0.05 mm，平面度 0.03 mm，

加工④面，保证尺寸 75±0.05 mm，平面度 0.03 mm

（3）依图纸画线，打样冲。划出锯削尺寸线：（20±0.3）mm，（30±0.3）mm，（40±0.3）

mm，（50±0.3）mm，（60±0.3）mm。

（4）装夹、夹持工件。要求工件待锯削的表面离钳口右端 15 ~ 20 mm，不可太近，以免损伤钳口。也不能太远，以避免锯削时发出刺耳的噪声。同时要求将工件夹牢，以防止在加工过程中工件松动或脱落。

（5）选择合适的锯条（中齿），正确安装锯条。

（6）依线锯削，注意锯条要与板料的大面相垂直。

（7）依次锯削，完成所有锯缝，并达到图纸的技术要求。

（8）去毛刺，按图样要求复查，打标记。

（9）交件。

3. 技术要求

（1）工件应两面划线。

（2）注意工件和锯条安装是否正确，并注意其起锯方法和起锯角度的正确与否。

（3）适时注意锯缝的平直，及时借正。

（4）锯削完毕，应将锯弓上张紧螺母适当放松，但不要拆下锯条，防止锯弓的零件失散，并将其妥善放好。

4. 检测及评分标准（见表 5-13）

表 5-13　评分测试表

工件号	座号	姓名		总得分	
项目	质量检测内容	配分	评分标准	实测结果	得分
锯削	（20±0.3）mm	5 分	超差不得分		
	（30±0.3）mm	5 分	超差不得分		
	（40±0.3）mm	5 分	超差不得分		
	（50±0.3）mm	5 分	超差不得分		
	（60±0.3）mm	5 分	超差不得分		
	（75±0.05）mm	15 分	超差不得分		
	（65±0.05）mm	15 分	超差不得分		
	⊥ 0.03 B（4 处）	12 分	超差不得分		
	⊥ 0.05 A	5 分	超差不得分		
	R_a3.2（4 处）	8 分	升高一级不得分		
	R_a25（5 处）	15 分	升高一级不得分		
安全文明生产		5 分	违者不得分		
现场记录：					

案例 2　锯六方螺母毛坯件

1. 锯削材料工件图（见图 5-65）

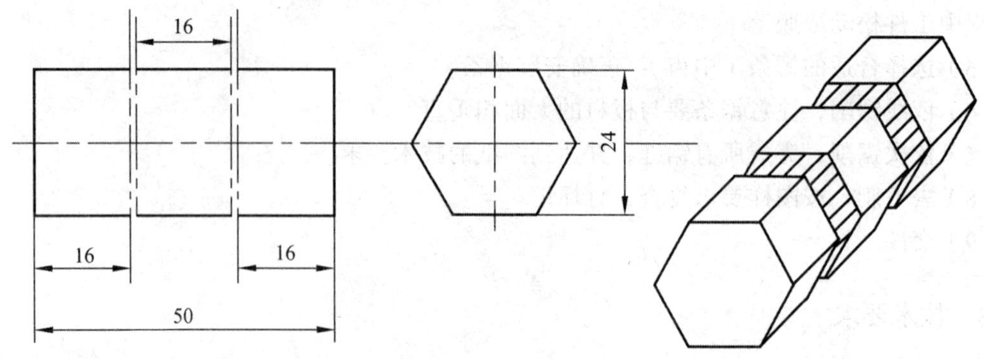

图 5-65　工件图

2. 锯缝工艺过程

（1）检查来料的外形尺寸。

公差等级：IT14。

形位公差：垂直度 0.05 mm，各面垂直大平面 0.03 mm。

时间额定：120 min。

（2）依图纸立体划线，在工件上几个互成不同角度的表面上划线，划线要求线条清晰均匀，保证尺寸准确，使长、宽、高 3 个方向的线条互相垂直。划线精度 0.25 ~ 0.5 mm。划出锯削尺寸线：（16±0.3）mm，（32±0.3）mm。

（3）装夹、夹持工件。要求工件待锯削的表面离钳口右端 15 ~ 20 mm，不可太近，以免损伤钳口。也不能太远，以避免锯削时发出刺耳的噪声。同时要求将工件夹牢，以防止在加工过程中工件松动或脱落。

（4）选择合适的锯条（中齿），正确安装锯条。

（5）依线锯削，注意锯条要与板料的大面相垂直。

（6）依次锯削，完成所有锯缝，并达到图纸的技术要求。

（7）去毛刺，按图样要求复查，打标记。

（8）交件。

3. 技术要求

（1）工件应立体划线。

（2）注意工件和锯条安装是否正确，并注意起锯方法（远起锯）和起锯角度的正确与否，一次夹持，完成锯削。

（3）适时注意锯缝的平直，及时借正。

（4）锯削完毕，应将锯弓上张紧螺母适当放松，但不要拆下锯条，防止锯弓的零件失散，并将其妥善放好。

4. 检测及评分标准（见表 5-14）

表 5-14　评分测试表

工件号		座号		姓名		总得分	
项目	质量检测内容			配分	评分标准	实测结果	得分
锯削	（16±0.3）mm			25 分	超差不得分		
	（32±0.3）mm			25 分	超差不得分		
	两锯面平行度不超过 0.4（2 处）			20 分	超差不得分		
	⊥ 0.05 A			20 分	超差不得分		
安全文明生产				10 分	违者不得分		
现场记录：							

案例 3　钩托梁磨耗板垫板制作

1. 钩托梁磨耗板垫板的基本知识

车钩高度的调整，一般方法是在下心盘、钩身、车钩及钩尾框托板、钩托梁处加垫或更换轮对。检修现场车钩高度的调整，通常采用调整心盘垫板、车钩托梁加垫板以及变换钩尾框托板厚度的方法。

2. 钩托梁磨耗板垫板的选择方法

根据车钩缓冲装置的结构，可得出变动车钩托梁垫板厚度与车钩高、车钩水平变动量关系示意图，如图 5-66 所示。

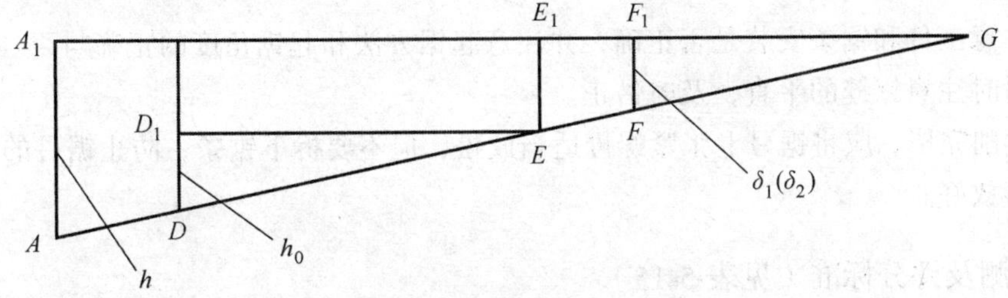

图 5-66　车钩加垫厚度计算简图

由相似三角形的关系可得：

$$\delta_1 = \frac{FG}{AG} \times h \qquad \delta_2 = \frac{FG}{DE} \times h_0$$

式中，δ_1 为提高车钩高度加装车钩托梁垫板厚度；δ_2 为提高车钩水平度加装车钩托梁垫板厚度；FG 为车钩托梁垫板中心 F 点至钩尾销孔 G 点之间距离（约 376.5 mm）。

3. 钩托梁磨耗板（垫板）的制作工艺

（1）工件准备：根据计算公式计算出垫板厚度，例如厚度为 10 mm，则准备 155 mm×75 mm×10 mm 尺寸的毛坯。

（2）选定划线基准：两条垂直的边线。

（3）依图纸画线，打样冲。划出锯削尺寸线：（150±0.3）mm，（70±0.3）mm，（10±0.3）mm，如图 5-67 所示。

（4）装夹、夹持工件。要求工件待锯削的表面离钳口右端 15～20 mm，不可太近，以免损伤钳口。也不能太远，以避免锯削时发出刺耳的噪声。同时要求将工件夹牢，以防止在加工过程中工件松动或脱落。

（5）选择合适的锯条（中齿），正确安装锯条。

（6）依线锯削，注意锯条要与板料的大面相垂直。

（7）依次锯削，完成所有锯缝，并达到图纸的技术要求。

（8）去毛刺，按图样要求复查，打标记。

（9）交件。

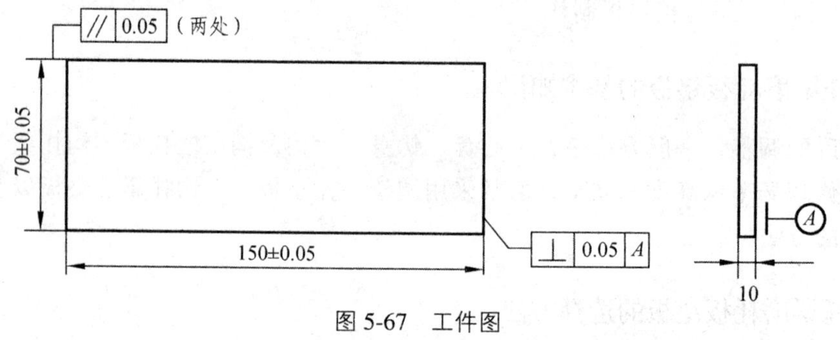

图 5-67 工件图

4. 技术要求

（1）工件应两面划线。

（2）注意工件和锯条安装是否正确，并注意起锯方法和起锯角度的正确与否。

（3）适时注意锯缝的平直，及时借正。

（4）锯削完毕，应将锯弓上张紧螺母适当放松，但不要拆下锯条，防止锯弓的零件失散，并将其妥善放好。

5. 检测及评分标准（见表 5-15）

表 5-15 评分测试表

工件号		座号		姓名		总得分	
项目	质量检测内容			配分	评分标准	实测结果	得分
锯削	（150±0.3）mm			8 分	超差不得分		
	（70±0.3）mm			16 分	超差不得分		
	垂直度 3 处			9 分	不符合要求不得分		
	平面度 3 处			9 分	不符合要求不得分		

续表

工件号		座号		姓名		总得分	
项目	质量检测内容			配分	评分标准	实测结果	得分
锯削	平行度 3 处			9 分	不符合要求不得分		
	工量具摆放整齐			5 分	不符合要求不得分		
	握锯正确、自然			10 分	不符合要求不得分		
	锯削姿势正确			10 分	不符合要求不得分		
	断面纹路整齐			6 分	不符合要求不得分		
	锯条使用正确			6 分	不符合要求不得分		
	表面粗糙度 R_a25 μm			6 分	不符合要求不得分		
安全文明生产				6 分	违者每次扣 2 分		

【知识巩固】

1. 起锯的方法有哪几种？注意事项是什么？起锯角度应以多大为宜？
2. 锯削的安全注意事项有哪些？
3. 造成锯条折断的不当操作有哪些？
4. 当锯缝的深度超过锯弓的高度时，该如何锯削？
5. 锯缝产生歪斜的原因有哪些？

任务 5.5　钻　孔

【目的与要求】

（1）掌握钻孔、扩孔的主要工具。

（2）掌握标准麻花钻的切削角度。

（3）掌握钻孔、扩孔的加工工艺。

【实施的环境、设备、工具】

（1）设备：台钻、平台、台虎钳。

（2）工具：钻头、游标卡尺、划线工具、划线平台、切削液、手锤、样冲、圆锥形沉孔锪钻、倒角钻、扩孔钻、锉刀一组、高度游标卡尺、万能角度尺、90°角尺等。

（3）材料：长方体板料、长方铁、螺母毛坯件（HT150）。

【相关知识】

1. 钻孔及钻头

1）钻　孔

用钻头在实体材料上一次钻成孔的工序称为钻孔。

钻孔可以达到的标准公差等级一般为 IT10-IT11 级，表面粗糙度一般为 R_a50 ~ 12.5μm。故只能加工要求不高的孔或作为孔的粗加工。

钻孔时，钻头装在钻床（或其他机械）上，依靠钻头与工件之间的相对运动来完成切削加工。因此切削时的运动是由以下两种运动合成的：

（1）主运动。主运动是由机床或人力提供的主要运动，它使刀具和工件之间产生相对运动，从而使前刀面接近工件并切除切削层。

（2）进给运动。进给运动是由机床或人力提供的使刀具与工件间产生沿着轴线的轴向移动运动。

在钻床上钻孔时，钻头的旋转运动为主运动；钻头的直线移动为进给运动。

2）麻花钻

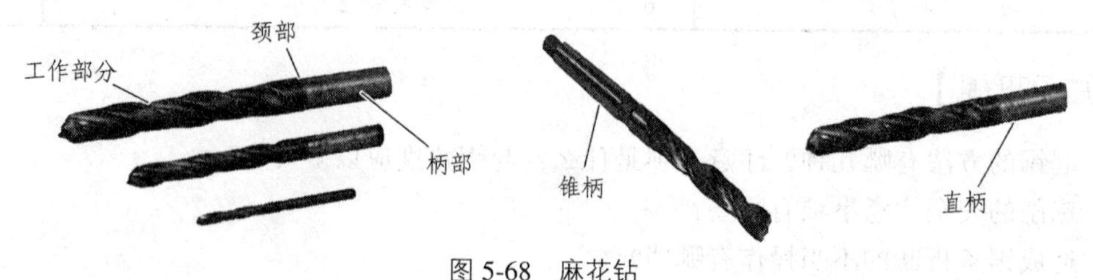

图 5-68　麻花钻

麻花钻是最常用的一种钻头，一般由碳素工具钢或高速工具钢制成。它由柄部、颈部和工作部分组成，如图 5-68 所示。

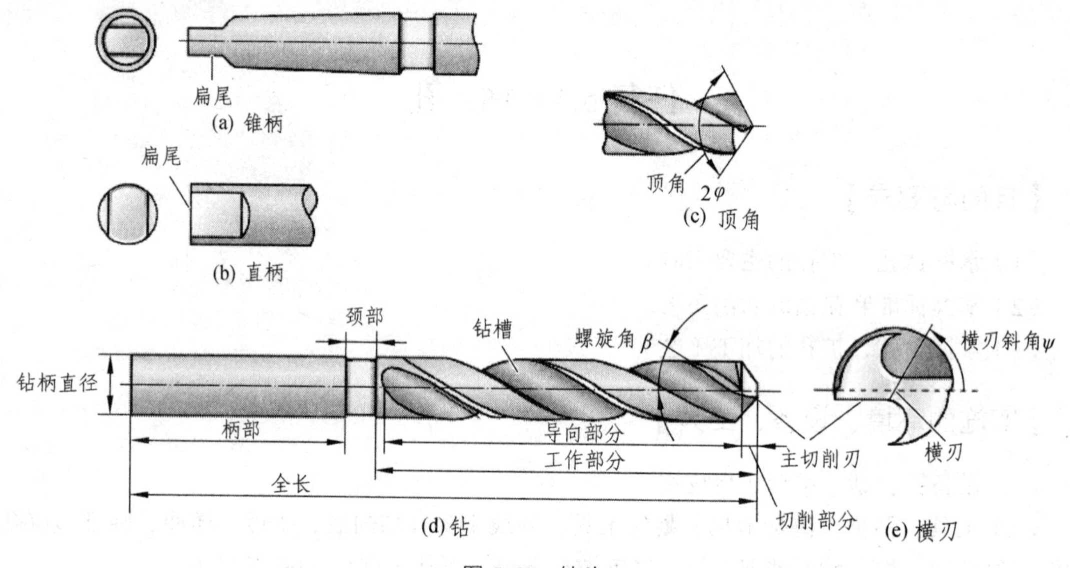

图 5-69　钻头

（1）柄部：钻头的夹持部分，用以传递扭矩和轴向力。柄部分直柄和锥柄两种，由于扭矩较大时，直柄易打滑，通常大于 12 mm 的钻头做成莫氏锥柄（根据直径大小分 1°~ 6°），直径小于 12 mm 的钻头做成直柄，更小直径的钻头柄部直径大于钻身直径，以便装卡，如图 5-69（a）、（b）所示。

（2）颈部：刀体与刀柄的连接部分，在麻花钻制造过程中起退刀槽的作用。通常将麻花钻的规格、材料和商标标记在此处，如图 5-69（d）所示。

（3）工作部分：包括导向部分和切削部分，分别起导向和切削作用。

① 导向部分：用来引导钻头正确的钻孔方向，又是钻头切削部分的备用部分。它有两条形状相同的螺旋槽，其作用是形成主切削刃的前角，并有容屑、排屑和输送冷却液的作用。为了减少钻头与孔壁的摩擦，导向部分的外缘处制成两条棱带，在直径上每 100 mm 长度上为 0.03 ~ 0.1 mm 直径差，近切削部分端为大端，称为倒锥。如图 5-69（d）所示。

② 切削部分：由两条主切削刃和一条横刃组成，切削部分的各几何要素名称如图 5-70 所示。

前刀面：切削部分的螺旋槽表面。

后刀面：切削部分顶端两个曲面。

主切削刃：前刀面与后刀面的交线。

横刃：两个后刀面的交线。

（4）麻花钻的工作角度。

① 螺旋角 β：螺旋槽上最外缘的螺旋线展开成直线后与钻头轴心线的夹角，一般为 30°，如图 5-71 所示。

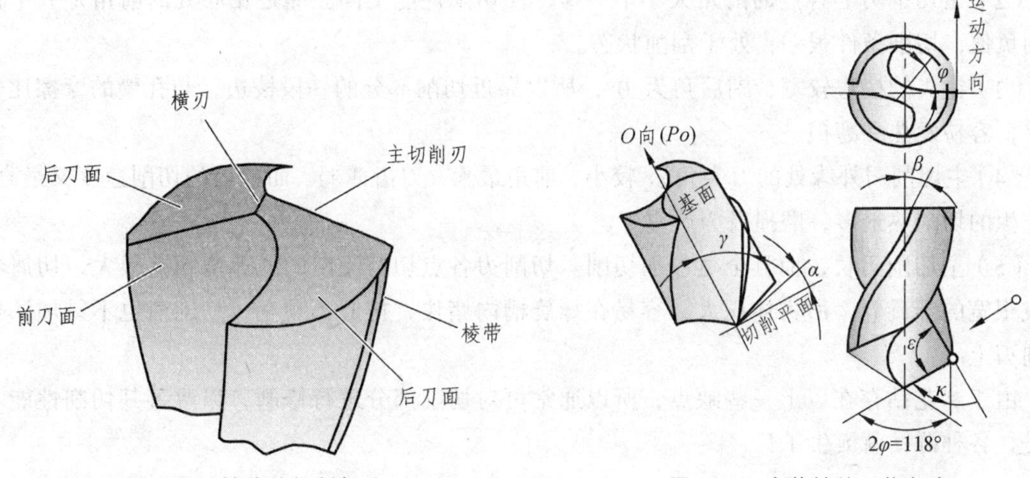

图 5-70　钻头的切削部分　　　图 5-71　麻花钻的工作角度

② 顶角 2φ：两条主切削刃在其平行平面上的投影之间的夹角。标准麻花钻的顶角若 $2\varphi=118\pm2°$，如图 5-71 所示。这时两条主切削刃呈直线形；若 $2\varphi>118°$时，主切削刃呈内凹形；若 $2\varphi<118°$时，主切削刃呈外凸形。顶角的大小直接影响主切削刃上轴向力的大小。顶角越小，轴向力越小，外缘处刀尖角 ε 越大，越有利于散热和提高钻头的使用寿命。但在相同条件下，钻头所受扭矩增大，切屑变形加剧，排屑困难，不利于润滑。顶角的大小一般根据钻孔的加工条件而定。

③ 前角 γ：正交平面内前刀面与基面之间的夹角，前角的大小与螺旋角有关。主切削刃上各点前角不同，外缘处前角最大，一般为 30°左右；自外向内逐渐减小，在钻心至 $d/3$ 范围内为负值；接近横刃处的前角 γ 为−30°；横刃上的前角 γ 为−54° ~ −60°。前角的大小决定着切除材料的难易程度和切屑在前刀面上摩擦阻力的大小。前角越大，切削越省力，如图 5-71 所示。

④ 后角 α：切削刃上任一点的后角是后刀面与通过该点的切削平面之间的夹角，如图 5-71

所示。主切削刃上各点的后角也不同，它与前角相反，外缘处较小，越接近中心后角越大，一般麻花钻外缘处后角的大小决定于钻头直径的大小，一般分为：

$D < 15$ mm　　　　$\alpha=10° \sim 14°$

$D=15 \sim 30$ mm　　　　$\alpha=9° \sim 12°$

$D > 30$ mm　　　　$\alpha=8° \sim 11°$

钻心处后角 α 为 20° ~ 26°，横刃处后角 α 为 30° ~ 36°。主后角的主要作用是减少后刀面与加工表面之间的摩擦，但如果后角太大，会使刀刃强度减弱，可能会产生自动扎刀现象。

⑤ 横刃斜角 ψ：横刃与主切削刃在钻头端面内的投影之间的夹角。它的大小与后角的大小有关，当后角磨大时，横刃斜角变小、横刃较长，钻孔时，轴向阻力增大，并不利定心，一般标准麻花钻 ψ 为 50° ~ 55°。

3）麻花钻的缺点

（1）大直径钻头横刃较长，横刃前角为负值。因此在切削过程中，横刃处于挤刮状态，使进给力增大。据试验，钻削时 50%的进给力和 15%的转矩是由横刃产生的。横刃长了，定心作用不良，使钻头容易发生抖动。

（2）主切削刃上各点的前角大小不一样，使切削性能不同。靠近钻心处的前角是一个很大的负值，切削条件很差，处于刮削状态。

（3）钻头的棱边较宽，副后角为 0°，所以靠近切削部分的一段棱边，与孔壁的摩擦比较严重，容易发热和磨损。

（4）主切削刃外缘处的刀尖角 εr 较小，前角最大，刀齿薄弱。而此处的切削速度又最高，故产生的切削热最多，磨损极为严重。

（5）主切削刃长，而且全宽参加切削。切削刃各点切屑流出的线速度相差很大，切屑卷曲成很宽的螺旋卷，所占体积大，容易在螺旋槽内堵住，排屑不顺利，切削液也不易加注到切削刃上。

由于麻花钻存在以上一些缺点，所以通常可对切削部分进行修磨，以改善其切削性能。于是，各种群钻就诞生了！

2. 群　钻

群钻是广大钳工在实践的基础上，它在麻花钻头的基础上，通过对钻头切削部分的刃磨，进行革新的一种效率高、寿命长、加工质量好的钻头。群钻的产生对我国的现代化建设事业作出了积极贡献。

标准群钻主要用来钻削钢材（碳钢和各种合金结构钢）。它的应用最广，同时又是其他群钻变革的基础。

标准群钻的结构形状如图 5-72 所示。标准群钻与标准麻花钻不同的地方，主要有以下 3 点：

（1）群钻上磨有月牙槽，形成凹圆弧刃。并把主切削刃分成 3 段：外刃 AB 段；圆弧刃 BC 段；内刃 CD 段。

（2）横刃磨短，使横刃缩短为原长的 1/5 ~ 1/7。同时新形成的内刃上前角 $\gamma_{O\tau}$ 也增大。

（3）磨有单边分屑槽。

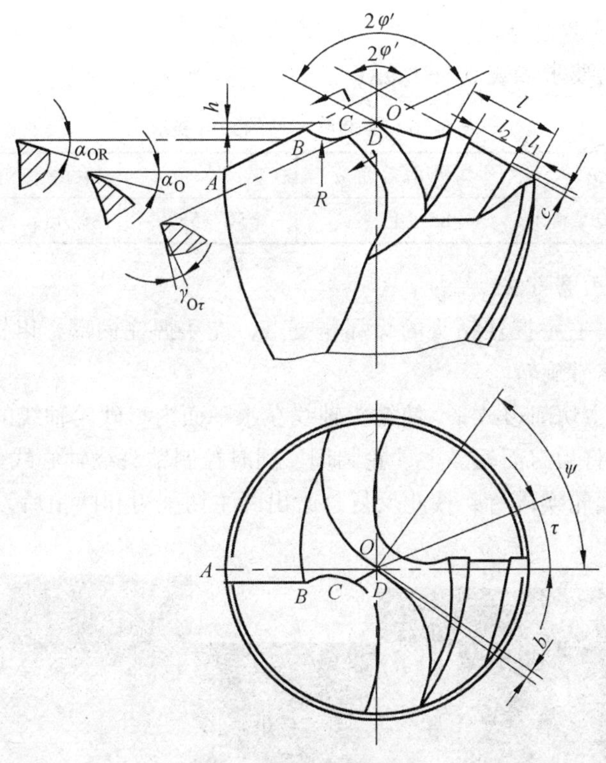

图 5-72　标准群钻

由于标准群钻在结构上具有上述特点，故与标准麻花钻相比，其切削性能大大提高。具体有以下几个方面：

（1）磨有月牙槽，形成凹圆弧刃。

① 磨出圆弧刃后，形成 3 段主切削刃，能分屑和断屑，减小切屑所占空间，使排屑流畅。

② 圆弧刃上各点前角比原来增大，减小了切削阻力，可提高切削速度。

③ 钻尖高度降低，这样可使横刃磨得较为锋利，且不致影响钻尖强度。

④ 在钻孔过程中，圆弧刃在孔底切削出一道圆环肋。它与钻头棱边共同起着稳定钻头方向的作用，进一步限制了钻头的摆动，加强了定心作用，有利于提高进给量和孔的表面质量。

（2）修磨横刃后，使内刃前角增大。

① 钻孔时进给力减小，使机床负荷减小，钻头和工件产生的热变形小，提高了孔的质量和钻头寿命。

② 内刃前角增大，切削省力，可加大切削速度。

（3）磨出单边分屑槽。

磨出单边分屑槽能使宽的切屑变窄，减小容屑空间，排屑流畅。而且容易加注切削液，降低了切削热，减小了工件变形，有利于提高钻头寿命和孔的表面质量。

3. 标准麻花钻的刃磨

刃磨麻花钻主要是为了获得符合切削条件的几何角度，使刃口锋利。刃磨麻花钻主要通过手工，凭借经验在砂轮机上进行。

1）标准麻花钻的刃磨要求

标准麻花钻的刃磨要求如表 5-16 所示。

表 5-16 标准麻花钻的刃磨要求

项目	顶角 2φ	外缘处的后角 α	横刃斜角 ψ	两主切削刃	两主后刀面
刃磨要求	118°±2°	8°–14°	50°–55°	等长、对称	刃磨光滑

2）标准麻花钻的刃磨方法

（1）钻头的握持：右手握住钻头的头部作支点，左手握住柄部，以钻头前端支点为圆心柄部作上下摆动，并略带旋转。

（2）刃磨：将钻头主切削刃放平，使钻头轴线在水平面内与砂轮轴线的夹角等于顶角（2φ 为 118°±2°）的一半。将后刀面轻靠上砂轮圆周，同时控制钻头绕轴心线做缓慢转动，两动作同时进行，且两后刀面轮换进行，按此反复，磨出两主切削刃和两主后刀面，如图 5-73，图 5-74 所示。

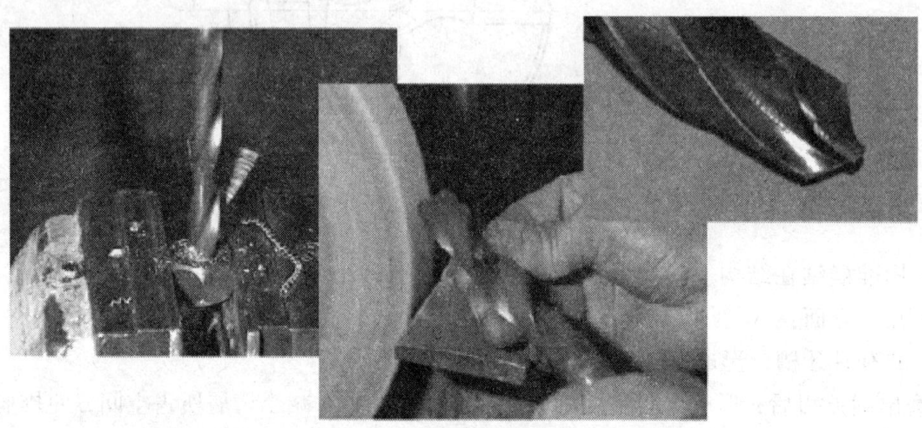

图 5-73 标准麻花钻刃磨

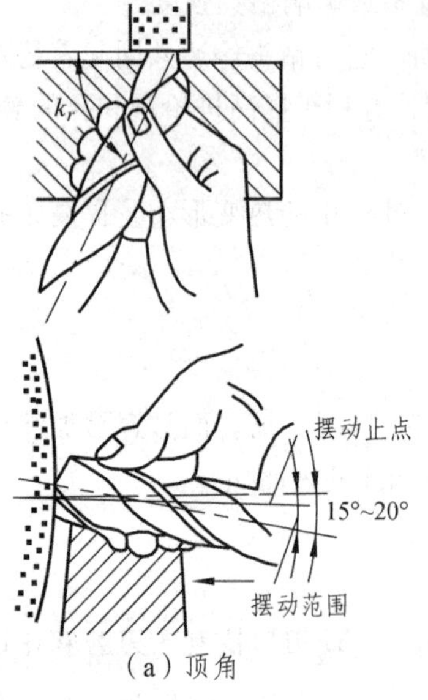

（a）顶角

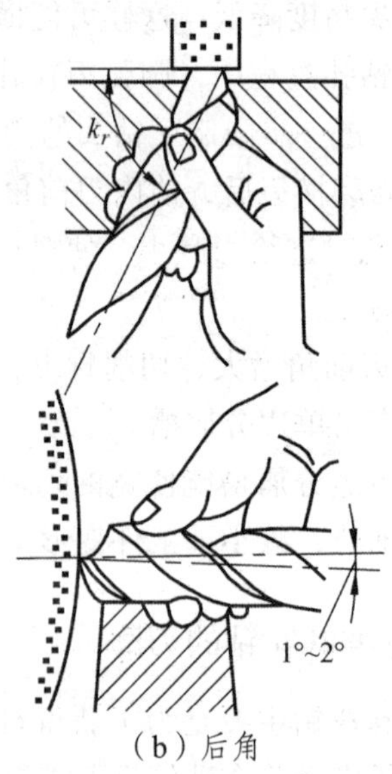

（b）后角

图 5-74 刃磨

（3）刃磨检验：用样板检验钻头的几何角度及两主切削刃的对称性。通过观察横刃斜角是否约为 55°来判断钻头后角。横刃斜角大，则后角小；横刃斜角小，则后角大。

（4）修磨横刃：直径在 6 mm 以上的钻头，必须修短横刃。选择边缘清角的砂轮修磨，增大靠近横刃处的前角，将钻头向上倾斜约 55°，主切削刃与砂轮侧面平行。右手持钻头头部，左手握钻头柄部，并随钻头修磨作逆时针方向旋转 15°左右，以形成内刃，修磨后横刃为原长的 1/5 ~ 1/3。

4. 钻孔切削用量的选择

切削用量的选择是指选择切削速度和走刀量以及切削深度，称为切削用量三要素。

切削速度是指钻孔时钻头直径上的某一点的线速度（主运动速度）。它可由下式计算：

$$v = \frac{\pi D n}{1\,000}$$

式中，v 为切削速度（m/min）；D 为钻头直径（mm）；n 为钻床主轴转速（r/min）。

切削速度的大小与工件材料、钻头直径、钻头材料、冷却液的使用以及走刀量的大小等因素有关。很明显，切削速度越大生产效率就越高，但是钻头越容易磨损，甚至退火。

切削深度是指切削工件时已加工表面与待加工表面之间的垂直距离。

走刀量的大小与钻头直径及工件材料有关，过大的走刀量会使钻头扭断。钻孔的切削用量多凭经验选择，一般来说，用小钻头钻孔时，转速应快些，走刀量要小些；用大钻头钻孔时，转速要慢些，走刀量要适当大些。钻硬材料时，转速要慢些，走刀量要小些，钻软材料时转速快些，走刀量要大些。若用小钻头钻硬材料时，可以适当地减慢速度。

切削用量可以通过查表法来确定，查表时先根据钻孔直径在表中查出切削速度 v 和走刀量 S，然后根据切削速度公式求出钻头每分钟转数，如果机床上没有这种转速和走刀量，可选用相近的数值。麻花钻的钻削速度进给量见表 5-17、表 5-18。

表 5-17　标准麻花钻的钻削速度表

钻削材料	钻削速度/（m/min）	钻削材料	钻削速度/（m/min）
铸铁	12-30	合金钢	10-18
中碳钢	12-22	铜合金	30-60

表 5-18　标准麻花钻的进给量

钻头直径 D/mm	<3	3 ~ 6	6 ~ 12	12 ~ 25	>25
进给量 f/（mm/r）	0.025 ~ 0.05	0.05 ~ 0.1	0.1 ~ 0.18	0.18 0.38	0.38 ~ 0.62

【技能操作与训练】

钻孔如图 5-75 所示。

图 5-75　钻孔

1. 钻头的选取及钻孔前工件划线

钻孔时应该根据所要加工材料的性质，钻头的大小，选择切削量。还要考虑图纸对孔的尺寸精度的要求和孔粗糙度的要求，选择合适的加工程序。

钻孔前，按图纸所示要求，划出孔的轮廓线以及十字中心线，并在十字中心上打上样冲，打样冲的位置一定要准确，打样冲时先将样冲倾斜一个角度，以便观察使样冲尖对准十字中心点，然后轻打一下，观察是否正确，不正确可作修正，正确的话，再将冲眼略打大一点，如图 5-76 所示。

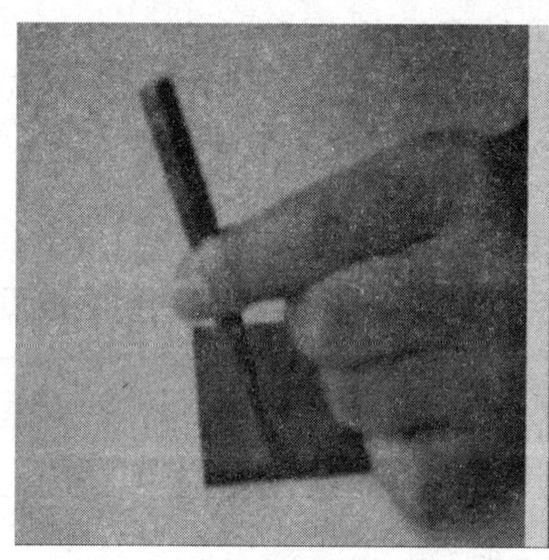

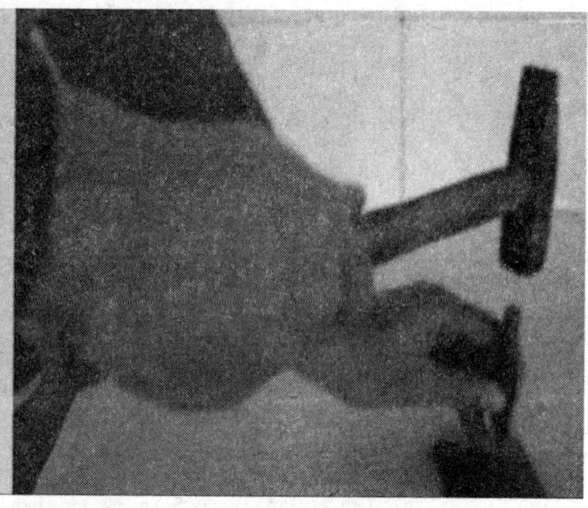

图 5-76　打样冲

钻孔时，先使钻头对准钻孔中心轻钻出一个浅坑，观察钻孔位置是否正确，如有误差，及时校正，使浅坑与中心同轴。

2. 工件的夹持

工件在钻孔时，为保证钻孔的质量和安全，应根据工件的不同形状和切削力的大小，采用不同的装夹方法。

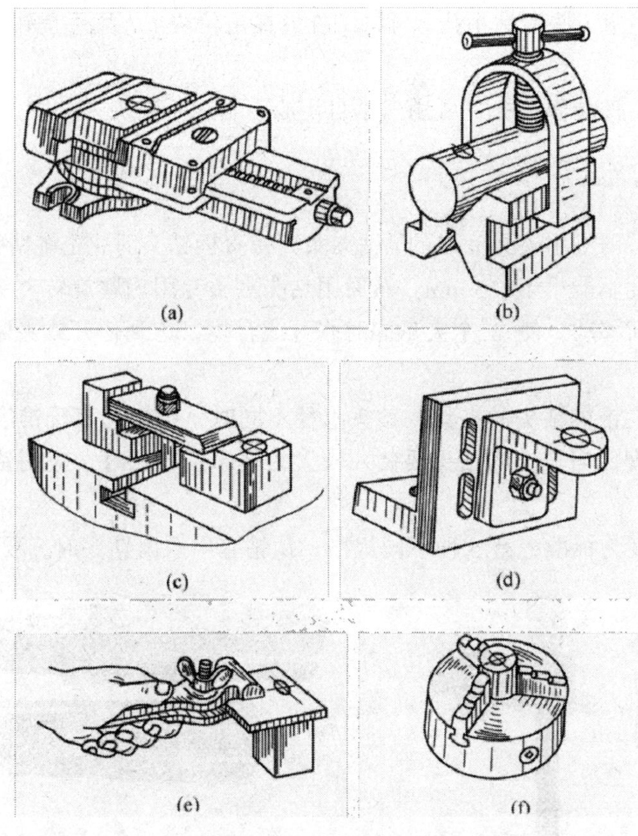

图 5-77　工件的夹持

（1）外形平整的工件可用平口钳装夹，如图 5-77（a）所示。

注意事项：

① 装夹时，应使工件表面与钻头轴线垂直。

② 钻孔直径小于 12 mm 时，平口钳可以不固定；钻大于 12 mm 的孔时，必须将平口钳固定。

③ 用平口钳夹持工件钻通孔时，工件底部应垫上垫铁，空出钻孔部位，以免钻坏平口钳。

（2）对于圆柱形工件，可用 V 形铁进行装夹，如图 5-77（b）所示。但钻头轴心线必须与 V 形铁的对称平面垂直，避免出现钻孔不对称的现象。

（3）较大工件且钻孔直径在 12 mm 以上时，可用压板夹持的方法进行钻孔，如图 5-77（c）所示。

在使用压板装夹工件时应注意：

① 压板厚度与锁紧螺栓直径的比例应适当，不要造成压板弯曲变形而影响夹紧力。

② 锁紧螺栓应尽量靠近工件，垫铁高度应略超过工件夹紧表面，以保证对工件有较大的夹紧力，并可避免工件在夹紧过程中产生移动。

③ 当夹紧表面为已加工表面时，应添加衬垫，防止压出印痕。

（4）对于加工基准在侧面的工件，可用角铁进行装夹，如图 5-77（d）所示。 由于此时的轴向钻削力作用在角铁安装平面以外，因此角铁必须固定在钻床工作台上。

（5）在薄板或小型工件上钻小孔，可将工件放在定位块上，用手虎钳夹持，如图 5-77（e）所示。

（6）在圆柱形工件端面钻孔，可用三爪自定心卡盘进行装夹，如图 5-77（f）所示。

3. 钻头的夹持

钻头的夹持是借助专用夹具完成的。钻夹头夹持直柄钻头时，先将钻头柄塞入钻夹头的 3 卡爪内，其夹持长度不能小于 15 mm。然后用钻头夹头专用钥匙旋转夹头外套，使环形螺母带动三只卡爪沿斜面移动，使 3 个夹爪同时张开或合拢，达到松开或夹紧钻头的目的，如图 5-78 所示。

钻套是用来装夹锥柄钻头的夹具。钻头直径不同时，锥柄的莫氏锥度也不同，而钻床主轴内孔只有一个锥度，当较小的钻头要装入较大的钻床主轴孔时，应用钻套做过渡连接，如图 5-79 所示。

钻套以莫氏锥度为标准，有 5 种不同规格，从钻套中取出钻头时，要借助楔铁。

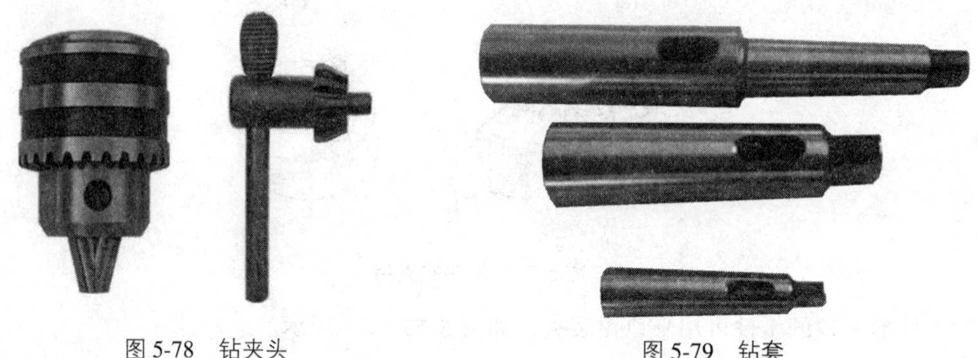

图 5-78　钻夹头　　　　图 5-79　钻套

4. 钻孔方法

（1）一般工件的钻孔方法。

① 试钻（或用中心钻定孔）。钻孔前，先把孔中心的样冲眼冲大一些。这样钻孔时钻头不易偏心。试钻一浅坑并观察钻出的锥坑与所划的钻孔圆周线是否同心，如图 5-80 所示。

② 借正。当试钻不同心时，应及时借正，一般靠移动工件位置借正。如果偏离较多，可用样冲或油槽錾在需要多钻去材料的部位錾几条槽，以减少此处的切削阻力而让钻头偏过来，如图 5-81 所示。

③ 限速限位。当钻通孔即将钻穿时，必须减少进给量，最好改用手动进给。

④ 深孔钻削注意排屑。当钻进深度达到直径的 3 倍时，钻头要退出排屑。且每钻进一定深度，钻头要退刀排屑一次。

⑤ 直径超过 30 mm 的孔可以分两次钻削，先用（0.5 ~ 0.7）D 的钻头打底孔，同时借正后扩孔达尺寸要求。

（2）在圆柱形工件上钻孔的方法。在轴类或套类等圆柱形工件上，钻出与工件轴线垂直并通过轴线的孔，是钳工经常要遇到的一项工作。

图 5-80　一般工件的钻孔图

图 5-81　借正

当钻孔轴线与工件轴线的位置度和同轴度要求较高时，可做一个定心工具。钻孔前，先找正钻床主轴中心与安装工件的 V 形块的中心位置，使它们保持较高的位置度要求。

其方法是：先用百分表来测量定心工具圆锥部分与钻床主轴的同轴度误差，误差应在 0.01 ~ 0.02 mm 之内。然后使圆锥部分与 V 形块贴合，并用压板把 V 形块位置固定。在端面上划出所需的中心线，用 90°角尺找正端面的中心线使其保持垂直。换上钻头并让钻尖对准钻孔中心后，把工件压紧。接着试钻一个浅坑，看中心位置是否正确。如有误差，可借正工件再试钻。如果找正和钻孔工作认真细心，钻孔中心线与工件轴心线的位置度误差可控制在 0.1 mm 以内，如图 5-82 所示。

图 5-82　圆柱形工件上钻孔

当位置度要求不太高时，可不用定心工具，而利用钻头的钻尖来找正 V 形块的中心位置。然后再用 90°角尺找正工件端面的中心线，并使钻尖对准钻孔中心，进行试钻和钻孔。

（3）在斜面上钻孔的方法。先用铣床铣出一个小平面或者用錾子在斜面上錾出一个小平面，在小平面上划出圆的加工线。用中心钻钻出一个较大的锥坑或用小钻头钻出一个浅坑，再钻孔，如图 5-83 所示。

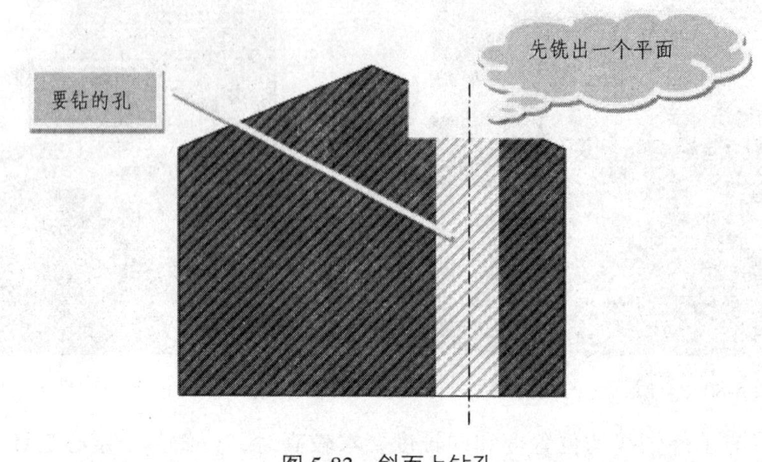

图 5-83　斜面上钻孔

5. 钻孔时的冷却润滑

在钻削过程中，由于切屑的变形和钻头与工件的摩擦所产生的切削热，严重地降低了钻头的切削能力，甚至引起钻头退火，对工件的钻孔质量也有一定的影响。为了提高生产效率，延长钻头的使用寿命和保证钻孔质量，除采取其他的有关方法以外，在钻孔时注入充足的切削液也是一项重要措施。在钻孔时注入切削液能起到以下的作用：

（1）冷却作用。注入切削液有利于切削热的传导，限制积屑瘤的生长和防止已加工表面硬化，以及工件因受热变形而产生尺寸误差。

（2）润滑作用。由于切削液能流入钻头与工件的切削部位，形成吸附性的润滑油膜，起到减少摩擦的作用，从而降低了钻削阻力和钻削温度，提高了钻头的切削能力和孔壁的表面质量。

（3）切削液还能渗透到金属微细裂缝中，起内润滑作用，减小了材料的变形抗力，使钻削力降低。

由于钻孔一般属于孔的粗加工，所以采用切削液的目的是以冷却为主，即主要是提高钻头的切削能力和寿命。

钻削钢、铜、铝合金等工件材料时，一般都可用体积分数 3 % ~ 8 %的乳化液，以起到充分的冷却作用。

在高强度材料上钻孔时，因钻头前刀面承受较大的压力，要求切削液有足够的强度，以减少摩擦和进给力。因此，可在切削液内增加硫、二硫化钼等成分，如硫化切削油。

在塑性、韧性较大的材料上钻孔，或为了减少产生积屑瘤，要求加强润滑，在切削液中可加入适当的动物油和矿物油。

钻精度和孔表面质量要求较高的孔时，应选用主要起润滑作用的切削液，如菜油、猪油等。表 5-19 所示为钻各种材料的切削液。

表 5-19　钻各种材料的切削液

工件材料	切削液（体积分数）
各类结构钢	3%～5%乳化液、7%硫化乳化液
不锈钢、耐热钢	3%肥皂加 2%亚麻油水溶液、硫化切削油
纯铜、黄铜、青铜	不用，或用 5%～8%乳化液
铸铁	不用，或用 5%～8%乳化液，煤油
铝合金	不用，或用 5%～8%乳化液，煤油，煤油与菜油的混合油
有机玻璃	5%～8%乳化液，煤油

6. 钻孔时的废品分析和钻头损坏的原因

（1）钻孔时的废品分析。钻孔时产生废品的原因是由于钻头刃磨不准确、钻头和工件装夹不妥当、切削用量选择不适当和操作不正确等，详见表 5-20 所示。

表 5-20　废品分析

废品形式	产生原因
孔径大于规定尺寸	1.钻头两切削刃长度不等或顶角不对称； 2.钻头摆动（钻头弯曲、钻床主轴有摆动、钻头在钻夹头中未装好和钻头套表面不清洁等引起）
孔壁粗糙	1.钻头不锋利； 2.进给量太大； 3.后角太大； 4.冷却润滑不充分
钻孔偏移	1.划线或样冲眼中心不准； 2.工件装夹不稳固； 3.钻头横刃太长； 4.钻孔开始阶段中心未借正
孔径歪斜	1.钻头轴线与工件表面不垂直（工件表面不平整和工件底面有切屑等污物所造成）； 2.进给量太大，使钻头弯曲； 3.横刃太长，定心不良

（2）钻孔时钻头损坏的原因。钻孔时钻头损坏的原因是由于钻头用钝、切削用量太大、排屑不畅、工件装夹不妥和操作不正确等，详见表 5-21 所示。

表 5-21　钻头损坏原因

损坏形式	产生原因	解决方法
钻头工作部分折断	1.用钝钻头钻孔； 2.进给量太大； 3.切屑在钻头螺旋槽中堵塞； 4.孔刚钻穿时，进给量突然增大； 5.工件装夹松动； 6.钻薄板或铜料时钻头未修磨 7.钻孔已歪斜而继续工作	1.更换钻头； 2.减少进给量； 3.清洁螺旋槽； 4.孔刚钻穿时，进给量不要突然增大； 5.夹紧工件； 6.钻薄板或铜料时修磨钻头； 7.调正钻头
切削刃迅速磨损	1.切削速度太高，而切削液又不充分； 2.钻头刃磨未适应工作的材料	1.降低切削速度，控制切削液量； 2.刃磨适合工作的材料
钻头咬死	1.主轴进刀太快； 2.工件发生移动，造成挤压钻头； 3.皮带松紧程度不当	1.减慢主轴进刀速度； 2.夹紧工件； 3.调整皮带松紧
钻头烧伤	1.转速不当； 2.钻屑排除不畅； 3.钻头磨损变钝； 4.进给太慢； 5.没有冷却钻头	1.调整转速； 2.退出钻头，清除钻屑； 3.重磨钻头； 4.调整进给速度； 5.在切削时加注切削液
钻夹头脱落	1.钻夹头锥孔或主轴锥部有灰尘、油渍等脏物； 2.主轴和钻夹头两端面损伤	1.用干净棉纱擦净主轴及钻夹头两锥面； 2.更换主轴或钻夹头

【加工实例】

案例 1　钻孔板

1. 实训目标及要求

（1）掌握划线钻孔及钻孔的基本操作方法。
（2）了解台钻的规格、性能及使用方法。
（3）熟悉钻孔时工件的装夹方法。
（4）熟悉钻孔时转速的选择方法。
（5）做到安全和文明操作。

2. 实习工件图（见图 5-84）

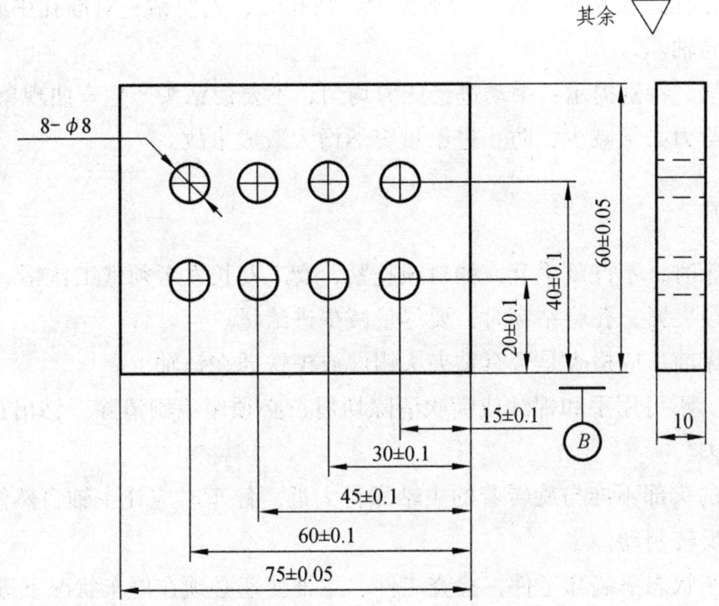

技术要求

各孔表面粗糙度不大于R_a12.5

图 5-84　工件图

3. 分析工件图，了解相关工艺

（1）钻孔加工精度不高，一般为 IT10 ~ IT9，表面粗糙度 $R_a \geqslant 12.5\mu m$。

（2）台钻加工小型工件上直径不大于 12 mm 的小孔。

（3）钻头的装拆。

① 直柄钻头装拆用钻夹头夹持，夹持长度不小于 15 mm，用钻夹头钥匙旋转外套作夹紧或放松。

② 锥柄钻头装拆用柄部的莫氏锥体直接与钻床主轴连接。

（4）工件的装夹。要根据工件的不同形状以及钻削力的大小等情况，采用不同装夹方法，以保证钻孔的质量和安全。平整的工件可用平口钳装夹。装夹时，应使工件表面与钻头垂直。

（5）钻床转速的选择。高速钢钻头：① 钻铸铁件，v=14 ~ 22 m/min；② 钻钢件，v=16 ~ 24 m/min；③ 钻青铜或黄铜，v=30 ~ 60 m/min。

（6）钻孔时的切削液。钻钢件用 3% ~ 5%的乳化液；钻铸铁件可不加或用 5% ~ 8% 的乳化液连续加注。

4. 钻孔的工艺过程

（1）钻孔前，按图纸所示要求，划出孔的轮廓线以及十字中心线。依图样划线，确定孔的位置。

（2）装夹工件和钻头并选好转速。

（3）起钻校正孔位置是否正确。特别提示：钻孔时，先使钻头对准孔中心钻出一浅坑，使浅坑与划线圆同轴。

（4）正常钻削。特别提示：手动进给压力均匀，不要使钻头产生弯曲现象。要加切削液。孔将钻穿时，进给力必须减少，防止进给量突然增大造成事故。

5. 注意事项

（1）操作钻床时，不许戴手套，袖口须扎紧，女工及长发者须戴工作帽。

（2）工件必须夹紧，孔将钻穿时，要尽量减少进给量。

（3）开动钻床前，应检查是否有钻夹头钥匙或楔铁插在钻轴上。

（4）钻孔时，不可用手和棉纱或嘴吹清除切屑，必须用毛刷清除。钻出长条切屑时，要用钩子钩断后除去。

（5）操作者的头部不准与旋转着的主轴靠得太近。停车时应让主轴自然停止，不可用手去刹住，也不准反转制动。

（6）严禁开车状态下装卸工件，检查工件、主轴变速必须在停车状况下进行。

（7）加注润滑油时，必须切断电源。

6. 检测及评分标准（见表 5-22）

表 5-22　评分测试表

序号	考核要求	配分	评分标准	实测结果	得分
1	15±0.1（2 处）	8	超差 0.05 mm 以上不得分		
2	30±0.1（2 处）	8	超差 0.05 mm 以上不得分		
3	45±0.1（2 处）	8	超差 0.05 mm 以上不得分		
4	60±0.1（2 处）	8	超差 0.05 mm 以上不得分		
5	75±0.05	7	超差 0.02 mm 以上不得分		
6	60±0.05	7	超差 0.02 mm 以上不得分		
7	40±0.1（4 处）	12	超差 0.05 mm 以上不得分		
8	20±0.1（4 处）	12	超差 0.05 mm 以上不得分		
9	R_a12.5（8 处）	8	升高一级不得分		
10	R_a3.2（4 处）	4	升高一级不得分		
11	8～ϕ8（8 处）	8	目测		
12	安全文明生产	10	看情节轻重着重扣分		

案例 2　六方螺母底孔加工

1. 实训目标及要求

（1）掌握划线钻孔及钻孔的基本操作方法。

（2）了解台钻的规格、性能及使用方法。

（3）熟悉钻孔时工件的装夹方法。

（4）熟悉钻孔时转速的选择方法。

（5）做到安全和文明操作。

2. 实习工件图（见 5-85）

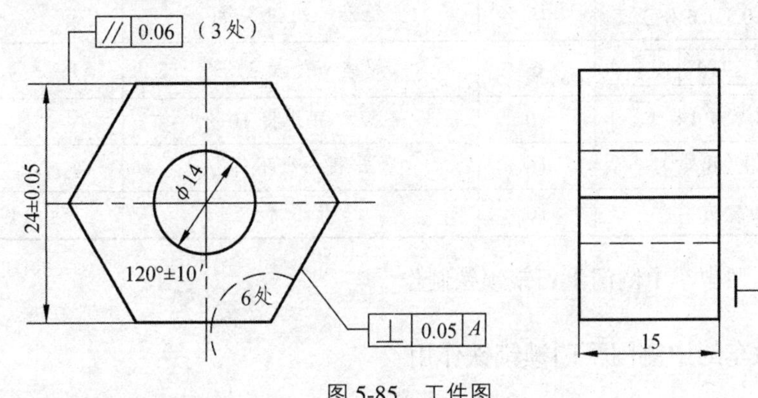

图 5-85　工件图

3. 六方螺母孔加工工艺过程

（1）检查来料的外形尺寸。锉削加工厚度为 15 mm。

（2）依图样划线，确定孔的位置。用划卡定中心，划出孔的轮廓线以及十字中心线，钻孔。孔径线和六边形边线要打样冲眼。划出孔的轮廓线以及十字中心线。

（2）装夹工件和钻头（ ϕ14 钻头）并选好转速。

（3）起钻校正孔位置是否正确。特别提示：钻孔时，先使钻头对准孔中心钻出一浅坑，使浅坑与划线圆同轴。

（4）正常钻削。用 ϕ14 钻头钻孔，要求孔中心与端面垂直且与外圆中心重合。特别提示：手动进给压力均匀，不要使钻头产生弯曲现象。要加切削液。孔将钻穿时，进给力必须减少，防止进给量突然增大造成事故。

4. 注意事项

（1）操作钻床时，不许戴手套，袖口须扎紧，女工及长发者须戴工作帽。

（2）工件必须夹紧，孔将钻穿时，要尽量减少进给量。

（3）开动钻床前，应检查是否有钻夹头钥匙或斜铁插在钻轴上。

（4）钻孔时，不可用手和棉纱或嘴吹清除切屑，必须用毛刷清除。钻出长条切屑时，要用钩子钩断后除去。

（5）操作者的头部不准与旋转着的主轴靠得太近。停止时应让主轴自然停止，不可用手去刹住，也不准反转制动。

5. 成绩评定表（见表 5-23）

表 5-23　评分测试表

序号	考核要求	配分	评分标准	实测结果	得分
1	24±0.06（3 处）	24	每超差一处扣 8 分		
2	13±0.06	6	超差不得分		
3	孔中心偏差 0.04	10	超差不得分		
4	⏥±0.1（6 处）	18	超差一处扣 3 分		
5	⊥ 0.04 C	6	超差一处扣 3 分		
6	孔径 ϕ14	10	不规整每处扣 10 分		
7	R_a6.4（8 处）	16	每升高一级不得分		
8	安全文明生产	10	违者不得分		

案例 3　C_{62A} 型敞车中侧门下门锁锁铁制作

1. C_{62A} 型敞车的中侧门下门锁锁铁作用

中侧门为双合式车门，右侧门由门板、折页、扶手及上、下门锁组成。左侧门除没有门锁及扶手外，其余与右侧门相同。

下门锁由下门锁手柄和下门锁销等组成，同样用圆销连接。侧门关好后放下手柄，下门锁销沿着下门锁销座下滑，插入底架侧梁上的下门锁销插中，此时锁铁也靠自重落下，挡住下门锁销自动上升，达到锁闭作用，如图 5-86 所示。

开启侧门时，只要先转动锁铁及开闭杆挡铁，开启侧门后下门锁锁铁豁口处挂住上门锁杠杆，防止上门锁杠杆进入锁销座。

图 5-86　C_{62A} 型敞车中侧门

2. 实习工件图（见图 5-87）

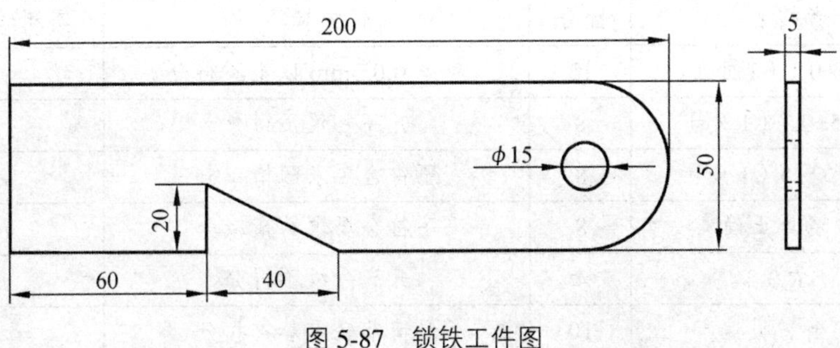

图 5-87　锁铁工件图

3. 锁铁制作工艺过程

（1）依图样划线，确定孔的位置。

（2）加工出锁铁外形尺寸。

（3）锉削外圆弧，保证线轮廓度要求。

（4）装夹工件和钻头并选好转速。

（5）起钻校正孔位置是否正确。特别提示：钻孔时，先使钻头对准孔中心钻出一浅坑，使浅坑与划线圆同轴。

（6）正常钻削。特别提示：手动进给压力均匀，不要使钻头产生弯曲现象。要加切削液。孔将钻穿时，进给力必须减少，防止进给量突然增大造成事故。

4. 技术要求

（1）工件应两面划线。

（2）加工外形尺寸，注意边线的平直，及时借正。

（3）加工外圆弧，锉削外圆弧要注意圆度，保证线轮廓度要求。

（4）钻孔时，工件必须夹紧，孔将钻穿时，要尽量减少进给量。

（5）钻孔时，不可用手和棉纱或嘴吹清除切屑，必须用毛刷清除。钻出长条切屑时，要用钩子钩断后除去。

5. 检测及评分标准（见表 5-24）

表 5-24　评分测试表

序号	考核要求	配分	评分标准	实测结果	得分
1	20±0.1（2 处）	8	超差 0.05 mm 以上不得分		
2	100±0.1（1 处）	8	超差 0.05 mm 以上不得分		
3	140±0.1（1 处）	8	超差 0.05 mm 以上不得分		
4	200±0.05	7	超差 0.02 mm 以上不得分		
5	50±0.05	7	超差 0.02 mm 以上不得分		
6	20±0.1（1 处）	12	超差 0.05 mm 以上不得分		

续表

序号	考核要求	配分	评分标准	实测结果	得分
7	25±0.1（1处）	12	超差 0.05 mm 以上不得分		
8	R25±0.1（1处）	8	升高一级不得分		
9	1～ϕ15（1处）	8	不符合要求酌情减分		
10	姿势正确	8	不符合要求酌情减分		
11	R_a3.2	4	升高一级不得分		
12	安全文明生产	10	看情节轻重着重扣分		

【知识巩固】

1. 钻孔的安全注意事项有哪些？
2. 钻孔时装夹方法有哪些？
3. 钻头损坏的原因有哪些？
4. 试述在斜面上钻孔的方法。

任务 5.6 攻螺纹、套螺纹

【目的与要求】

（1）了解螺纹的基本知识。
（2）掌握攻螺纹底孔直径和套螺纹圆杆直径的确定方法。
（3）掌握攻螺纹和套螺纹的方法。

【实施的环境、设备、工具】

（1）设备：台虎钳、钳台、钻床。
（2）工具：丝锥、板牙、检测量具、工件等。

【相关知识】

用丝锥在工件孔中切削出内螺纹的加工方法为攻螺纹（或称攻丝）；用板牙在圆棒上切除外螺纹的生产方法称为套螺纹（或称套扣）。螺纹在机器、设备、日常生活中的应用非常广泛，其主要应用是螺纹的连接和螺纹的传动方面。

1. 螺纹的基本知识

1）螺纹的形成

将一个直角三角形 ABC 围绕在一个直径为 d 的圆柱体表面，并且使得三角形 AB 底边与圆柱体端面圆周重合，则斜边 AC 在圆柱表面上形成一条螺旋线，如果沿着螺旋线加工成具有相同剖面的连续凸起和沟槽，即在圆柱表面形成了一定形状的螺纹，如图 5-88 所示。在圆柱外表面上形成的螺纹称为外螺纹，在圆柱内表面形成的螺纹称为内螺纹。

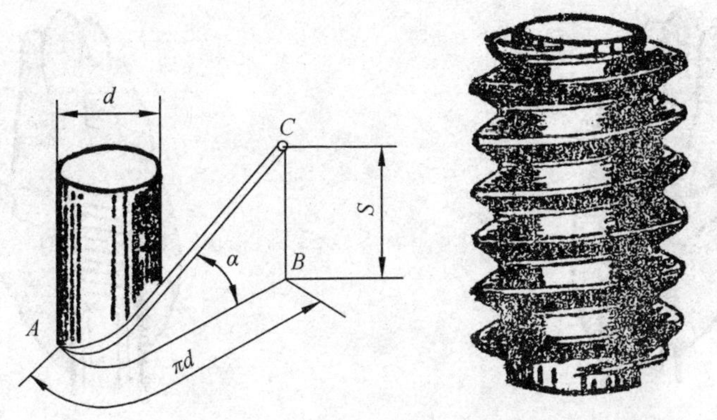

图 5-88　螺纹的形成

2）螺纹要素

螺纹要素包括牙型、公称直径、螺距、头数、旋向等。

（1）牙型。螺纹轴线剖面上螺纹的轮廓形状称为牙型。根据不同的用处，螺纹的牙型具有不同的形状。螺纹牙型有三角形、方形、锯齿形、梯形等，如图 5-89 所示。

（2）公称直径。代表螺纹的直径，指螺纹的大圆直径，用“d”表示，如图 5-89（a）所示。

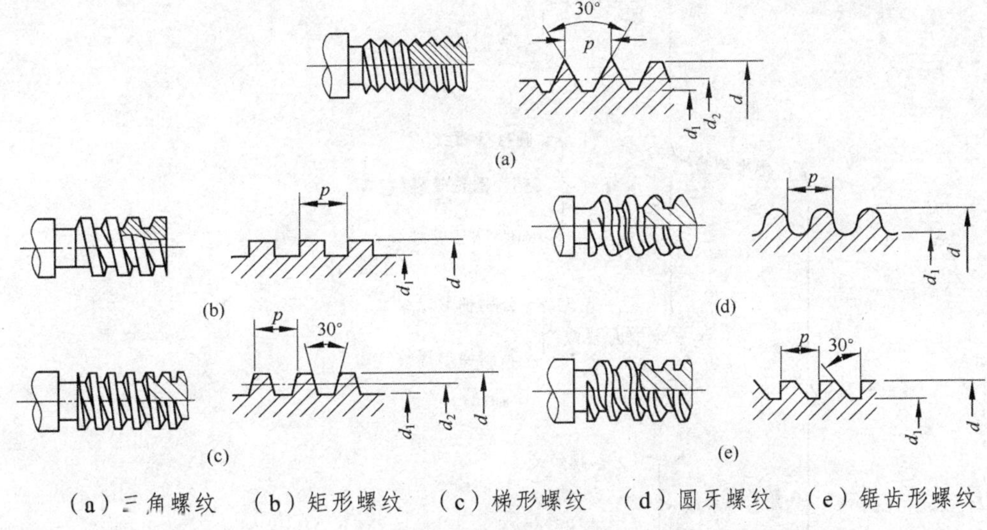

（a）三角螺纹　（b）矩形螺纹　（c）梯形螺纹　（d）圆牙螺纹　（e）锯齿形螺纹

图 5-89　各种螺纹的剖面形状

（3）螺距。相邻两牙间的轴向距离称为螺距，用“p”表示，如图 5-89（b）所示。

（4）头数。螺纹上螺旋线的数目。有单头、双头、多头几种。

（5）旋向。就是螺纹在圆柱面上的绕行方向，有右旋和左旋两种。

左右旋判断方法：把螺纹放到手掌上，如果螺纹的旋向与右手拇指伸直方向相同则为右旋，反之，螺纹旋向与左手拇指伸直方向相同则为左旋，如图 5-90 所示。

（6）螺纹旋合长度。两个相互配合的螺纹，沿螺纹轴线方向相互旋合的长度，称为螺纹旋合长度。

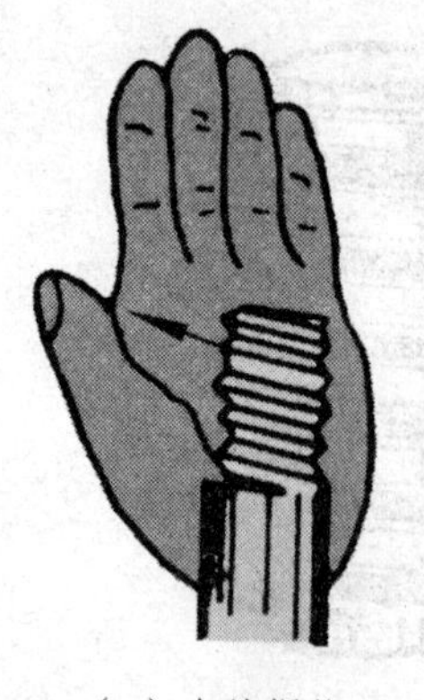

（a）左旋螺纹

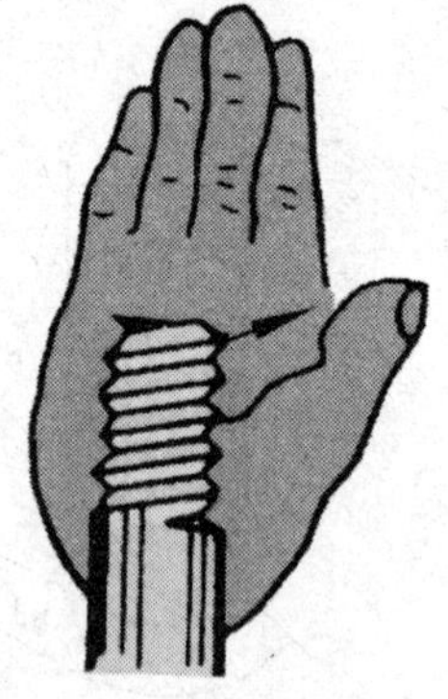

（b）右旋螺纹

图 5-90　螺纹的旋向

3）螺纹的种类

螺纹种类如表 5-25 所示。

表 5-25　螺纹种类

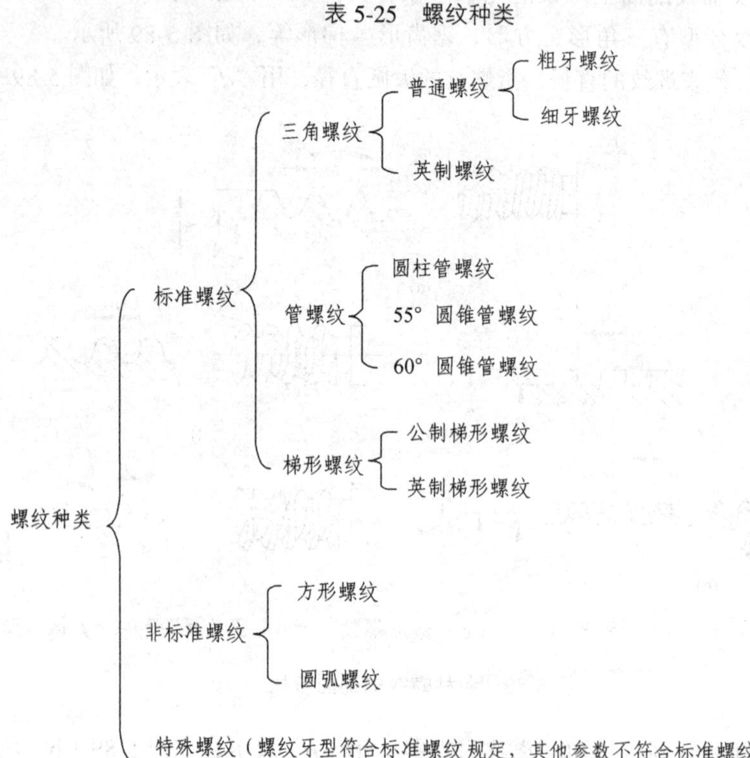

4）螺纹代号

普通螺纹代号表示方法为：螺纹字母代号（如三角螺纹代号为“M”）后面加公称直径×

螺距，如 M30×2。常用的螺纹代号见表 5-26 所示。

表 5-26　常用的螺纹代号

螺纹类型	牙型代号	代号示例	代号示例说明
粗牙普通螺纹	M	M12	粗牙普通螺纹，大径 12 mm
细牙普通螺纹	M	M24×1.5	细牙普通螺纹，大径 24 mm，螺距 1.5 mm
梯形螺纹	T	T36×12-2 左	梯形螺纹，大径 36 mm，导程 12 mm，线数 2，左旋
锯齿形螺纹	S	S60×10	锯齿形螺纹，大径 60 mm，螺距 10 mm
英寸制管螺纹	G	G3/4″	英寸制管螺纹，管子内径 3/4″
英寸制锥管螺纹	ZG	ZG5/8″	英寸制锥管螺纹，管子内径 5/8″
英寸制锥螺纹	Z	Z1″	英寸制锥螺纹，管子内径 1″

2. 攻螺纹前底孔直径及深度的确定

制作内螺纹，首先要钻底孔，然后在底孔内用丝锥切削出内螺纹。底孔直径的大小，要根据工件材料的塑性大小及钻孔的扩张量来考虑，使得攻螺纹时既有足够的空隙来容纳被挤出的金属，又能保证加工后的螺纹具有完整的牙型。

对于加工低碳钢和塑性较大的材料，其扩张量较大。可用以下公式计算出底孔直径：

$$D_{钻} = D - p\ (\mathrm{mm})$$

式中，$D_{钻}$为攻螺纹前底孔直径；D 为螺纹的公称直径；p 为螺距。

对于加工铸铁和塑性较小的材料，其扩张量较小。采用以下公式求出底孔直径：

$$D_{钻} = D - (1.05 \sim 1.1)\,p\ (\mathrm{mm})$$

攻盲孔螺纹时，由于丝锥切削部分不能切出完整的螺纹牙型，所以在孔的底部要留出一定的余量，钻孔深度要大于所需螺孔的深度。一般深度取值为：

$$钻孔深度 = 所需有效螺纹深度 + 0.7D$$

式中，D 为螺纹大径。

3. 套螺纹前圆杆直径的确定

与丝锥攻螺纹一样，用板牙在圆杆上套螺纹时，圆杆材料同样因受到挤压而变形，螺纹牙顶将被挤高，所以圆杆直径应小于螺纹的公称直径。其计算公式如下：

$$D_{杆} = D - 0.13p\ (\mathrm{mm})$$

式中，$D_{杆}$为套螺纹前圆杆直径；D 为螺纹的公称直径；p 为螺距。

【技能操作与训练】

1. 攻螺纹工具及攻螺纹方法

1）丝锥、铰杠

丝锥是加工内螺纹的工具。普通螺纹丝锥的结构由切削部分、导向部分两部分组成，如图 5-91 所示。丝锥的工作部分包括切削部分和校准部分。

丝锥有手用丝锥和机用丝锥。手用丝锥是指碳素工具或合金工具钢滚牙（或切牙）丝锥，适用于手工攻丝。机用丝锥通常是指高速钢磨牙丝锥，适用于在机床上攻丝。

手用丝锥一般由两支组成一套，分为头锥和二锥。两支丝锥的外径、中径和内径均相等，只是切削部分的长短和锥角不同。头锥较长，锥角较小，约有 6 个不完整的齿，以便切入。二锥短些，锥角大些，不完整的齿约为 2 个。

使用时先用头锥切削（切削量为 70%），后用二锥切削（切削量为 30%）。

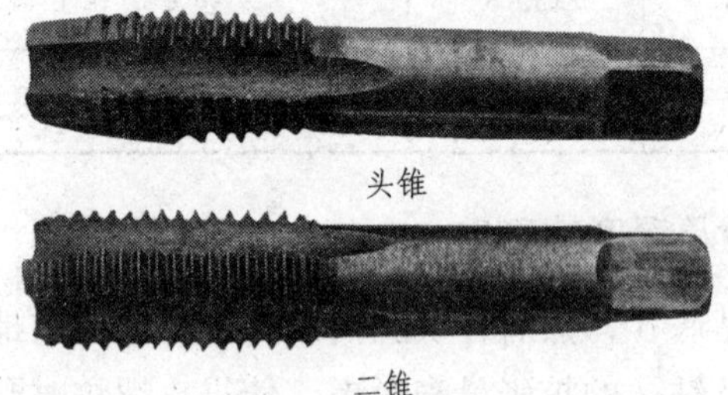

图 5-91　丝锥的构造

铰杠是手工攻螺纹时用来夹持丝锥的工具，分为固定铰杠和可调铰杠，如图 5-92 所示。铰杠的方孔尺寸和手柄的长度都有一定的规格，使用时按丝锥的大小选择，以便控制一定的攻螺纹扭矩。

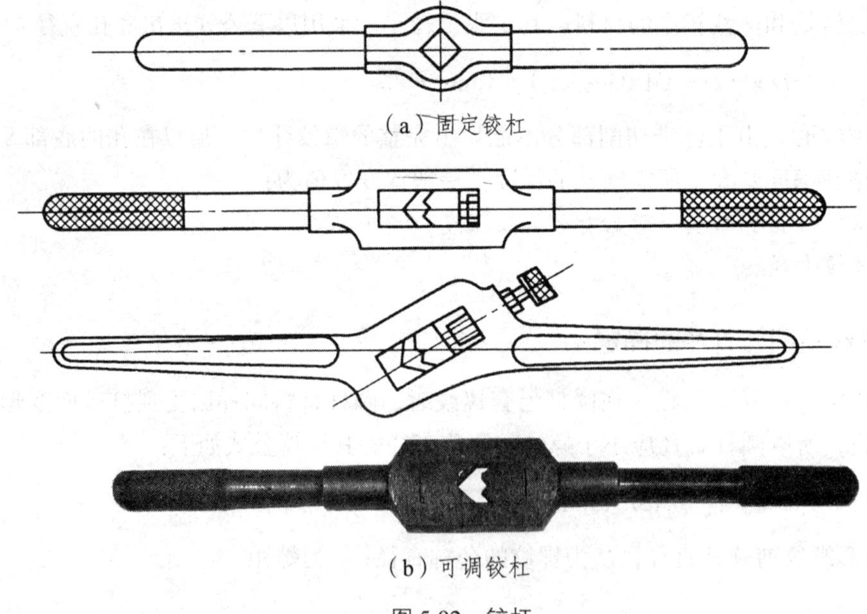

图 5-92　铰杠

2）攻螺纹方法

（1）确定攻螺纹底孔直径：可用公式计算确定底孔直径，划线，选用钻头，打底孔。

（2）在底孔孔口倒角：钻孔后孔口倒角（攻通孔时两面孔口都应倒角），使倒角的最大直径和螺纹的公称直径相等，便于起锥。

（3）用头锥开始攻：攻螺纹时丝锥必须放正，与工件表面垂直，攻螺纹开始时，一手用手掌按住铰杠中部，沿着丝锥轴线用力下压；另一手顺向旋转铰杠，保证丝锥轴线和孔的中心线重合，不能歪斜，如图 5-93（a）所示。当丝锥切入 2 ~ 3 圈后，应及时检查并校正丝锥的位置。

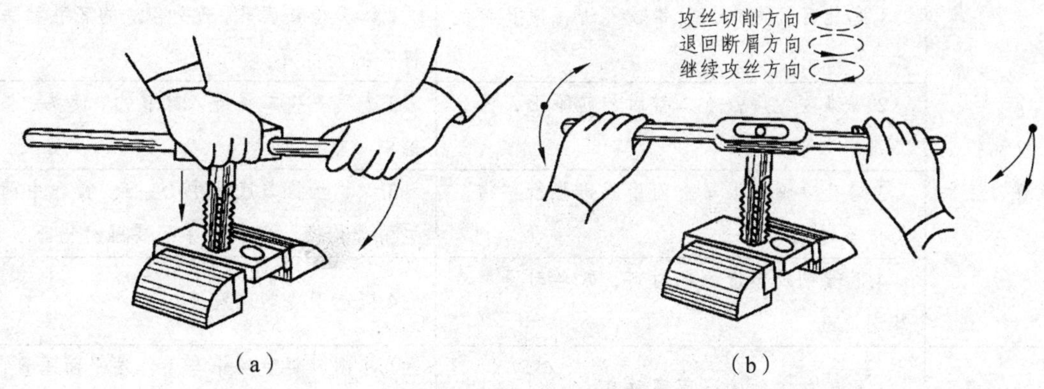

图 5-93　攻螺纹的方法

（4）当丝锥的切削部分全部进入工件时，就不用向下的压力了，只要旋转铰杠的力。在攻螺纹中，两手用力要均衡，旋转要平稳，每旋转 1/2 ~ 1 周时，将丝锥反转 1/4 周，以割断和排除切屑，防止切屑堵塞屑槽，造成丝锥的损坏和折断，如图 5-93（b）所示。

（5）在攻螺纹时，一定要先用头锥，再用二锥、三椎，按照顺序攻螺纹直至标准尺寸。

（6）攻盲孔螺纹时，先在丝锥上做好深度标记，然后再进行攻螺纹，并经常退出丝锥，清除留在孔内的铁屑。

（7）在攻螺纹的过程中要加润滑液。以减小切削阻力、提高螺纹表面粗糙度。攻钢件用机油，攻铸铁用煤油做润滑剂。

（8）退出丝锥时，应选用铰杠带动螺纹平稳地反向转动。当能用手直接旋动丝锥时，应停止使用铰杠，以防铰杠带动丝锥退出时，产生摇摆和振动，破坏螺纹表面粗糙度。

3）攻螺纹时常见缺陷分析及解决方法（见表 5-27）

表 5-27　攻螺纹时常见缺陷分析及解决方法

缺陷形式	产生原因	解决方法
丝锥崩刃、折断	1.攻丝底孔太小	1.正确计算与选择底孔直径
	2.丝锥太钝，工件材料太硬	2.磨锋丝锥后角
	3.丝锥铰杠过大，扭转力矩大，操作者手部感觉不灵敏，往往丝锥卡住仍感觉不到，继续扳动使丝锥折断	3.选择适当规格的铰杠，要随时注意出现的问题，并及时处理

续表

缺陷形式	产生原因	解决方法
丝锥崩刃、折断	4.没及时清除丝锥屑槽内的切屑，特别是韧性大的材料，切屑在孔中堵住	4.按要求反转割断切屑，及时排除，或把丝锥退出清理切屑
	5.丝锥歪斜单面受力太大	5.攻丝前要用角尺校正，使丝锥与工件孔保持同心度
	6.不通孔攻丝时，丝锥尖端与孔底相顶，仍旋转丝锥，使丝锥折断	6.应事先做出标记，攻丝中注意观察丝锥旋进深度防止相顶，并要及时消除切屑
螺纹乱扣、断裂、烂牙	1.底孔直径太小，丝锥攻不进，使孔口乱扣	1.认真检查底孔，选择合适的底孔钻头将孔扩大再攻
	2.头锥攻过后，攻二锥时旋转不正，头、二锥中心不重合	2.先用手将二锥旋入螺孔内，使头、二锥中心重合
	3.螺孔攻歪斜很多，而用丝锥强行“借”仍借不过来	3.保护丝锥与底孔中心一致，操作中两手用力均衡，偏斜太多不要强行借正
	4.低碳钢及塑性好的材料，攻丝时没用冷却润滑液	4.应选用冷却润滑液
螺孔偏斜	1.丝锥与工件端平面不垂直	1.起削时要使丝锥与工件端平面垂直，要注意检查与校正
	2.攻丝时两手用力不均衡，倾向于一侧	2.要始终保持两手用力均衡，不要摆动
螺纹高度不够	攻丝底孔直径太大	正确计算与选择攻丝底孔直径与钻头直径

2. 套螺纹工具及套螺纹方法

1）板牙、板牙架

圆板牙是加工外螺纹的工具。常用的圆板牙就像一个圆螺母，在它的上面钻有几个排屑孔而形成刀刃。板牙两端都有切削部分，一端磨损后，可换另一端使用，如图 5-94 所示。普通板牙是在圆杆上套螺纹的，结构比较简单。板牙下部两个轴线通过板牙中心的装卡螺钉锥坑，是用紧定螺钉将圆板牙固定在铰杠中，用来传递转矩的。

板牙架是装夹板牙的工具，板牙外圆旋有一只紧定螺钉。使用时，紧定螺钉将板牙紧固在铰杠中，并传递套螺纹的转矩。把板牙装在板牙架上，紧固之后就可套螺纹，如图 5-95 所示。

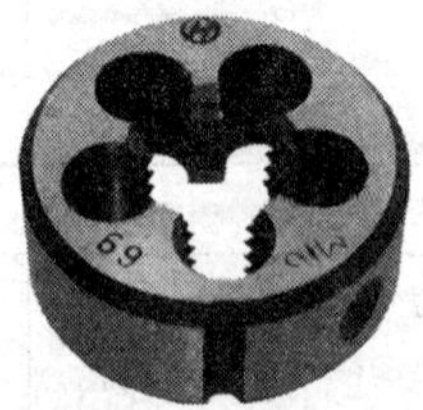

图 5-94　板牙构造

图 5-95　板牙架的构造

2）套螺纹方法

（1）套丝时，工件都为圆杆，切削力矩较大。为了使板牙容易对准和切入工件材料，圆杆端部要倒成 15°～30°的斜角，锥体的最小直径要比螺纹小径小，使切出的螺纹起端避免出现锋口，否则，螺纹起端容易发生卷边而影响螺母的拧入。要采用 V 形夹具固定圆杆，保证可靠、夹紧、不随板牙绞手转动。

（2）开始套螺纹的方法与攻丝起攻方法一样，一手用手掌按住板牙铰手中心部位，沿圆杆轴向施加压力，另一手旋转板牙铰手转动要慢，保证板牙铰手与圆杆轴线的垂直度，不能歪斜。

（3）正常套螺纹时，不需要施加轴向的压力，只要施加旋转力。让板牙自然导向引进，以免损坏切削出的螺纹。同时，也要经常倒转动以使断屑排出。

（4）套螺纹时，要加润滑液，一般可用机油或乳化液。

（5）在套螺纹时，两手用力要均衡，旋转要平稳，每旋转 1/2～1 周时，将圆板牙反转 1/4 周，以割断和排除切屑，防止切屑堵塞屑槽，造成螺纹牙型的损坏和折断。

（6）退出板牙时，应选用板牙架带动螺纹平稳地反向转动，以防板牙架退出时，产生摇摆和振动，破坏螺纹表面粗糙度。

3）套螺纹时常见缺陷分析及解决方法（见表 5-28）

表 5-28　套螺纹时常见缺陷分析及解决方法

缺陷形式	产生原因	解决方法
螺纹乱扣、烂扣	1.低碳钢及塑性好的材料套丝时，没有冷却润滑液，螺纹被撕坏	1.按材料性质应用冷却润滑液
	2.套丝中没有反转割断切屑，造成切屑堵塞，啃坏螺纹	2.按要求反转，并及时清除切屑
	3.套丝圆杆直径太大	3.将圆杆加工成合乎尺寸要求
	4.板牙与圆杆不垂直，由于偏斜太多又强行借正，造成乱扣	4.要随时检查和校正板牙与圆杆的垂直度，发现偏斜及时修整
螺纹偏斜和螺纹深度不均	1.圆杆倒角不正确，板牙与圆杆不垂直	1.按要求正确倒角
	2.两手旋转板牙架用力不均衡，摆动太大，使板牙与圆杆不垂直	2.起削要正，两手用力要保持均衡，使板牙与圆杆保持垂直
螺纹牙型不标准	1.扳手摆动太大，由于偏斜多次借正，使螺纹中径小了	1.要握稳板牙架，旋转套丝
	2.板牙起削后，仍加压力扳动	2.起削后只用平衡的旋转力，不要加压力
螺纹太浅	圆杆直径太小	正确确定圆杆直径尺寸

3. 套管螺纹工具及套管螺纹方法

1）管子板牙及板牙架

管子板牙是一种在圆管上切削出外螺纹的专用工具，常用的有普通式和轻便式两种。一般情况下 1 组板牙由 4 块组成，上面有编号。安装时一定要按顺序对应的号码安装板牙，如图 5-96 所示。

图 5-96　管子板牙

管子板牙架也称为铰板，其由两部分组成，板牙架和引导丝板组成一体。板牙架起到固定板牙的作用，引导板牙切削出管螺纹。引导丝板的作用是在套管螺纹时能使板牙架在工件上保持稳定。管子板牙架由调节槽、锁紧手柄、板牙槽、铰板手柄、引导丝板、扳机等配件组成，如图 5-97 所示。

图 5-97　管子板牙架

常见管子板牙及板牙架的规格见表 5-29。

表 5-29　常见管子板牙及板牙架的规格

类型	型号	管螺纹种类	套制管纹公称直径/mm	配套板牙的牙块规格/mm
普通式	114	圆锥	13～50	13～19，25～32，38～50
	117		56～100	56～76，89～100
轻便式	Q74-1	圆锥	6～25	6，10，13，19，25
	SH76	圆柱	13～38	13，19，25，32，38

管子板牙与管子板牙架的组装：

（1）检查管子铰板，根据所套管子直径选择合适的管子板牙牙块。

（2）顺时针转动扳机至极限位置，松开小把，转动铰手架，使两条“A”刻线对正。

（3）将牙块按 1，2，3，4 序号装入板牙架上相对应号码的 4 个牙槽内，刻度盘指向相应的刻度线。

（4）逆时针转动扳机到极限位置，调整铰手架，使管径刻度线与内盘的“0”刻线对应，上紧锁紧手柄。

2）套管螺纹的方法

轨道交通机车车辆设备中，使用金属管的地方很多，如空气制动设备、电气线路设备等都需要使用金属管路。管路之间的连接一般使用螺纹连接。

套管螺纹操作步骤：

（1）铰板装牙。将扳机手柄依顺时针方向转到极限位置，松开小把，转动前盖使两条 A 刻度线对正。将所选择的配套板牙牙块按 1，2，3，4 序号装入板牙架上相对应顺序号的 4 个牙槽内，然后调节刻度盘指向相应的刻度线，最后把扳机依逆时针方向转到极限位置。

（2）固定钢管。将钢管固定在压力钳上，钢管不能松动或转动，钢管露出长度适宜，使管子呈水平状态，并伸出压力钳 150 ~ 200 mm，注意管端不得有斜口、毛刺、扩口等缺陷。

（3）上引导丝板。转动引导丝板后盖手柄，调节三爪的开度到适当位置，以加工管件套进去为合适。将引导丝板架套入待套扣的管子上。然后调整三爪，紧到引导丝板固定在管子上且能转动的程度即为合适。

（4）套管螺纹。人站在铰板侧前方面向压力钳，两脚分开，一只手压住铰板向前推进，一只手握柄沿顺时针方向平稳而缓慢地转动铰板。

待套进 2 ~ 3 扣，再斜侧身站在压力钳旁边。开始扳转套丝板时要稳而慢，套快了不易戴扣，不得突然用力，避免偏扣啃丝，套丝中间要加机油冷却润滑。

套 12.7 ~ 19 mm 的管子时，一次可旋转 90°，套管径粗一些的管子一次可旋转 60°。套丝时，不能一扳套成，这样做不但吃力，而且极易磨损板牙，使板牙很快变钝，缩短板牙的使用寿命，且套出的螺纹也不合格。当分几扳套丝时，应分几次进刀，前两扳应使前挡板对准本体上的刻度大于相应的管径刻度，最后一扳才应对准刻度。一般根据管径的大小，套丝可分几扳（次）套成，直径在 12.7 ~ 19 mm 的管子可套一二板。20.4 ~ 38.1 mm 的管子可套二三扳。

（5）退板牙架。当套丝接近规定的螺纹长度时，应一边扳转手柄，一边慢慢地松开松扣柄，然后再套一圈，以使螺纹末端套出稍度且光滑，还能得到较好的退刀螺纹。管子套到所需扣数后，逐渐向回退牙，边退边松动扳机。

（6）卸管。松开压力钳取下钢管，检查加工管螺纹的质量是否符合要求。

（7）拆卸管子板牙。按顺时针方向将扳机转到极限位置，然后按照数字顺序取下板牙牙块，并进行检查、清理，放入专用盒内。

（8）清理现场，回收工具。

3）套管螺纹时注意事项

（1）压力钳要固定在操作台上。

（2）钢管固定在压力钳中不能松动或转动，钢管露出长度适宜，外露长度在 150 ~ 200 mm，管尾若较长时必须用支架支撑。

（3）装牙时，将铰板两条 A 刻度线对正，然后牙块按对应的序号依次将 1，2，3，4 号装入板牙架上相对应顺序号的 4 个牙槽内。一定不能装错，否则，套出的管螺纹是错乱的螺纹。

（4）上扳时转动铰板后盖，调节三爪时不能过紧，只能起扶正作用。

（5）套出丝扣头部呈锥状，螺纹牙型完整、无毛刺；螺纹总长度不能低于 16 mm，用标准件装时，应有 1/3 的长度能用手拧入，在用工具拧入后还要留有 2 ~ 3 扣（达到拧三上四外留二为合格）。

（6）套扣应分 2 ~ 3 扳进行，每扳都要调节位置；套扣过程中要加入机油润滑与冷却；退牙时应边退回边松动扳机。

（7）操作过程做到工具完好无损，现场清理达到“工完、料净、场地清”。

【加工实例】

案例 1　攻 M16 螺母

1. 攻 M16 螺母加工工艺过程

（1）按照图纸技术要求，划线。要求圆的中心在六方的中心上，圆的直径为 ϕ14 mm。圆的轮廓线上及圆的中心打样冲眼，如图 5-98 所示。

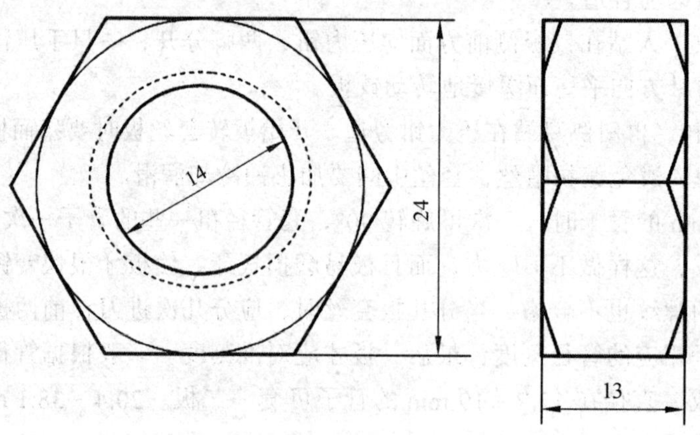

图 5-98　M16 螺母

（2）打底孔、倒角。选用直径 ϕ14 mm 的钻头，在六方毛坯上进行钻孔，钻好孔后在孔的两个端头进行倒角。倒角角度为 30° 左右，深度为一个螺距的深度。

（3）用头锥起攻。首先选用头锥，按照要求组装好头锥和铰杠，检查垂直度。攻螺纹时丝锥必须放正，与工件表面垂直，攻螺纹开始时，一手用手掌按住铰杠中部，沿着丝锥轴线用力下压；另一手顺向旋转铰杠，保证丝锥轴线和孔的中心线重合，不能歪斜，攻入 3 个扣左右螺纹后，撤下按住铰杠中部的手，两手握住铰杠两端手柄部，只施加旋转力，不加向下的压力，均匀用力进行攻螺纹。每旋转 1/2 ~ 1 周时，将丝锥反转 1/4 周，以割断和排除切屑，防止切屑堵塞屑槽。攻螺纹要加润滑液，对丝锥和孔进行润滑。攻到底部时用力要小。完成头锥攻螺纹后，要双手逆向旋转铰杠，退出头锥。

（4）用二锥、三锥攻螺纹。首先卸下头锥，在铰杠上换上二锥并且检查垂直度。用二锥攻螺纹时，不用手掌按住铰杠中部，只是对好头锥攻好的螺纹，双手握住铰杠两端手柄，均匀用力旋转手柄。同时要加润滑液进行润滑，使得加工表面光滑。二锥攻完以后换上三锥，采用同样的方法进行攻螺纹，直至完全加工好螺纹。

（5）检查质量要求。完成工作后要进行全面的检查，检查螺纹是否出现歪斜，出现牙型不整齐、断牙、不完整牙型等情况；检查公称直径是否符合要求。最后取出检验螺杆对螺纹进行检查。

2. 评分标准（见表 5-30）

表 5-30　评分测试表

序号	项目	配分	评分标准	检测结果	得分
1	24±0.06（3 处）	24	每超差一处扣 8 分		
2	13±0.06	6	超差不得分		
3	孔中心偏差 0.04	10	超差不得分		
4	▱ ±0.1（6 处）	18	超差一处扣 3 分		
5	⊥ 0.04 C	6	超差一处扣 3 分		
6	M16 螺纹	10	牙型不完整扣 10 分		
7	R_a6.4（8 处）	16	每升高一级不得分		
8	安全文明生产	10	违者不得分		

案例 2　套 M16 螺杆

1. 套 M16 螺杆加工工艺过程

（1）按照图样技术要求，加工螺杆毛坯。制作成一个 ϕ16 mm，长度为 150 mm 的标准圆杆，如图 5-99 所示。

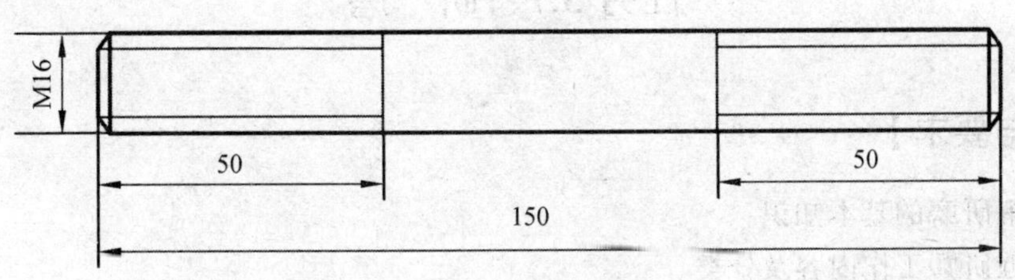

图 5-99　M16 螺杆

（2）圆杆倒角。圆杆夹持要采用 V 形夹具固定，保证可靠、夹紧、不随板牙铰手转动。圆杆端面要加工平整，端部要倒成 15°～30°的斜角，锥体的最小直径要比螺纹小径小，使切出的螺纹起端避免出现锋口，圆杆两端都要倒角。

（3）用板牙套螺纹。套螺纹的方法与攻螺纹起攻方法一样，一手用手掌按住板牙铰手中心部位，沿圆杆轴向施加压力，另一手旋转板牙铰手转动要慢，保证板牙铰手与圆杆轴线的垂直度，不能歪斜（参照攻螺纹操作要求）。

（4）检查质量要求。

2. 评分标准（见表 5-31）

表 5-31　评分测试表

序号	考核要求	配分	评分标准	实测结果	得分
1	M16×50（2 处）	30	超差一处扣 15 分		
2	Ra12.5（2 处）	20	每处超差扣 10 分		
3	螺纹不应有乱扣、滑牙	20	每处超差扣 10 分		
4	套螺纹方法要正确	20	一处错误扣 5 分		
5	安全文明生产	10	视情节轻重扣分		

【知识巩固】

1. 螺纹的要素包括了哪些内容？
2. 螺纹是如何分类的？
3. 螺纹的牙型代号有哪些？如何表示？
4. 攻螺纹前底孔直径如何确定？
5. 简述攻螺纹的操作步骤。
6 套螺纹前圆杆直径如何确定？
7. 套管螺纹时应注意哪些事项？

任务 5.7　研　磨

【目的与要求】

（1）了解研磨的基本知识。

（2）掌握研磨工作内容及分类。

（3）了解滑阀、节制阀研磨的相关工艺。

【实施的环境、设备、工具】

（1）设备：操作台、研磨台等。

（2）工具：游标卡尺、样板尺、相关研具等。

【相关知识】

1. 研磨的基本知识

用研磨工具和研磨剂从工件表面上研去一层极薄金属层的加工方法称为研磨。研磨是对工件进行精加工的一种方法，研磨的主要作用是使工件获得很高的尺寸精度、形状精度和极小的表面粗糙度值，如图 5-100 所示。

（a）

（b）

图 5-100　研磨

1）物理作用

物理作用即磨料对工件的切削作用。研磨时，要求研具的材料比工件的材料软。当受到一定压力后，研磨剂中的微小颗粒（磨料）被压嵌在研具的表面，成为无数个刀刃，由于研具和工件的相对运动，使磨料对工件产生微量的切削与挤压，工件表面被均匀地削去一层极薄的金属，借助于研具的精确型面，从而使工件逐渐得到准确的尺寸精度及表面粗糙度。

2）化学作用

当采用氧化铬、硬脂酸或其他化学研磨剂对工件进行研磨时，与空气接触的金属表面很快形成一种氧化膜，而且氧化膜又很容易被研磨掉，这就是研磨的化学作用。

在研磨过程中，氧化膜迅速形成（化学作用），又不断地被磨掉（物理作用），经过这样多次反复，工件表面很快就达到预定要求。由此可见，研磨加工实际体现了物理和化学的综合作用。

2. 研磨的作用

1）减少表面粗糙度

与其他加工方法相比，经过研磨加工后的表面粗糙度较小，一般情况表面粗糙度为 R_a0.8 ~ 0.05，最小可达到 R_a0.006，见表 5-32 所示。

2）能达到精确的尺寸

通过研磨后的工件，尺寸精度可以达到 0.001 ~ 0.005 mm。

表 5-32 表面粗糙度

加工方法	加工情况	表面放大的情况	表面粗糙度 R_a/μm
车			1.6 ~ 80
磨			0.4 ~ 6
压光			1.1 ~ 2.5
珩磨			0.1 ~ 1.0
研磨			0.05 ~ 0.2

3）提高零件几何形状的准确性

工件在一般机械加工方法中产生的形状误差，可以通过研磨的方法来校正。

4）延长工件使用寿命

由于经过研磨后的工件表面粗糙度很小，形状准确，所以工件的耐蚀性、抗腐蚀能力和抗疲劳强度也相应得到提高，从而延长了零件的使用寿命。

3. 研磨余量

研磨的切削量很小，一般每研磨一遍所能磨去的金属层不超过 0.002 mm，所以研磨余量不能太大，否则会使研磨时间增加，并且研磨工具的使用寿命也要缩短。通常研磨余量在 0.005 ~ 0.03 mm 范围内比较适宜。有时研磨余量就留在工件的公差以内。

4. 研　具

研具是保证被研磨工件几何形状精度的重要因素，因此，对研具材料、精度和表面粗糙度都有较高的要求。

1）研具材料

研具的组织结构应细密均匀，要有很高的稳定性和耐磨性，具有较好的嵌存磨料的性能，工作面的硬度应比工件表面硬度稍软。研具材料的硬度应比被研工件低，组织均匀且最好有针孔，具有较高的耐磨性和稳定性等。

2）常用的研磨材料

（1）灰铸铁。灰铸铁具有硬度适中、嵌入性好、价格低、研磨效果好等特点，应用广泛。

（2）球墨铸铁。球墨铸铁比灰铸铁嵌入性更好，且更加均匀、牢固，常用于精密工件的研磨

（3）软钢。软钢韧性较好，不易折断，常用来制作小型工件的研具，如研磨 M8 以下的螺纹及工件的小孔等。

（4）铜。铜的性质较软，嵌入性好，常用来制作研磨（软钢类）工件的研具。

5. 研具的类型

不同形状的工件需要不同形状的研具，常用的研具有研磨平板、研磨棒和研磨套。

1）研磨平板

研磨平板主要用来研磨平面，如研磨量块、精密量具的平面等。分有槽的和光滑的两种，有槽的用于粗研，光滑的用于精研，如图 5-101 所示。

（a）光滑平板　　（b）有槽平板

图 5-101　研磨平板

2）研磨环

如图 5-102 所示，研磨环主要用来研磨外圆柱表面。研磨环的内径通常比工件的外径大 0.025 ~ 0.05 mm。经过一段时间研磨后，研磨环的内径增加，这时可通过拧紧调节螺钉使孔径缩小，以保持所需的间隙。

3）研磨棒

研磨棒主要用来研磨套类工件的内孔，研棒有固定式和可调式两种，固定式制造简单，但磨损后无法补偿。因此对工件上某一孔位的研磨，需要 2 ~ 3 个预先制好的有粗、半粗、精研磨余量的研磨棒来完成。有槽的用于粗研，光滑的用于精研。多用于单件工件的研磨，可调式研棒的尺寸可在一定范围内调整，其寿命较长，应用广泛，如图 5-103 所示。

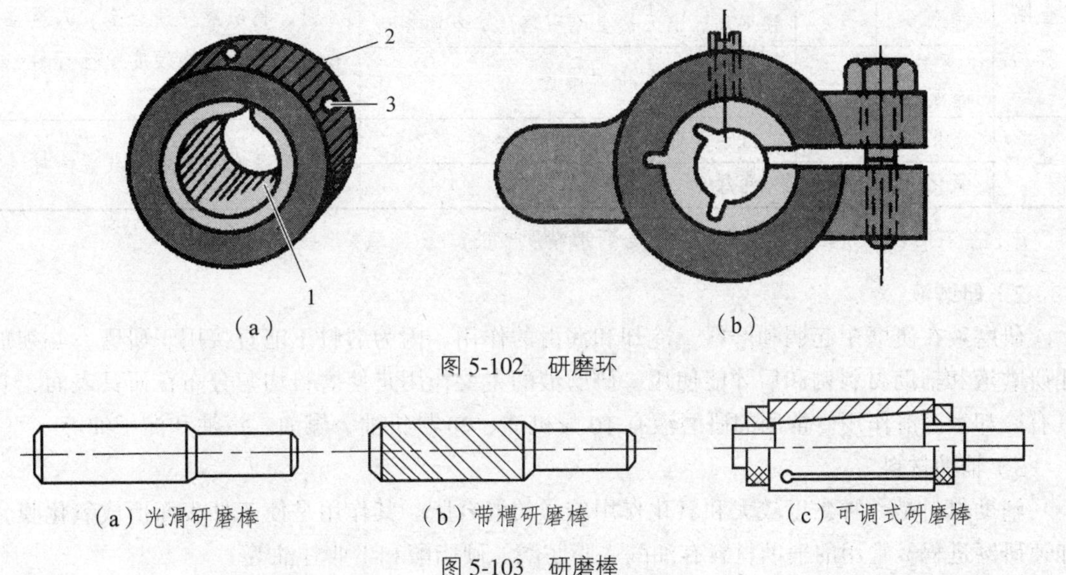

（a）　　（b）

图 5-102　研磨环

（a）光滑研磨棒　　（b）带槽研磨棒　　（c）可调式研磨棒

图 5-103　研磨棒

4）研磨套

研磨套用来研磨轴类工件的外圆表面，由夹箍、研套、紧固螺钉、调整螺钉等组成。

6. 研磨剂

研磨剂是磨料、研磨液和辅助材料的混合剂。

1）磨　料

磨料在研磨中起切削作用，研磨效率、研磨精度都和磨料有密切的关系。常用的磨料有 3 类，如表 5-33 所示。

表 5-33　磨料的种类

系列	磨料名称	代号	特性	适用范围
氧化铝系	棕刚玉	A	棕褐色，硬度高，韧性大，价格便宜	粗、精研磨铸铁和黄铜
	白刚玉	WA	白色，硬度比棕刚玉高，韧性比棕刚玉差	精研磨淬火钢、高速钢、高碳钢及薄壁零件
	铬刚玉	PA	玫瑰红或紫红色，韧性比白刚玉高，磨削粗糙度值低	研磨量具、仪表零件等
	单晶刚玉	SA	淡黄色或白色，硬度和韧性比白刚玉高	研磨不锈钢、高钒高速钢等强度高、韧性大的材料
碳化物系	黑碳化硅	C	黑色有光泽，硬度比白刚玉高，脆而锋利，导热性和导电性良好	研磨铸铁、黄铜、铝、耐火材料及非金属材料
	绿碳化硅	GC	绿色，硬度和脆性比黑碳化硅高，具有良好的导热性和导电性	研磨硬质合金、宝石、陶瓷、玻璃等材料
	碳化硼	BC	灰黑色，硬度仅次于金刚石，耐磨性好	精研磨和抛光硬质合金、人造宝石等硬质材料
金刚石系	人造金刚石	—	无色透明或淡黄色，黄绿色、黑色，硬度高，比天然金刚石略脆，表面粗糙	粗、精研磨硬质合金、人造宝石、半导体等高硬度脆性材料
	天然金刚石	—	硬度最高，价格昂贵	
其他	氧化铁	—	红色至暗红色，比氧化铬软	精研磨或抛光钢、玻璃等材料
	氧化铬	—	深绿色	

注：磨料的规格用粗细粒度来表示，与研磨精度有关。

2）研磨液

研磨液在研磨中起调和磨料、冷却和润滑的作用。因为磨料不能直接用于研磨，必须加注研磨液和辅助材料调和后才能使用。研磨液的主要作用是使磨料均匀分布在研具表面，并具有冷却和润滑作用。常用的研磨液有 10 号机油、20 号机油、煤油、汽油和淀子油等。

3）辅助材料

辅助材料是一种黏度较大和氧化作用较强的混合脂。其作用是使工件表面形成氧化膜，加速研磨进程。常用的辅助材料有油酸、脂肪酸、硬脂酸和工业甘油等。

【技能操作与训练】

研磨分手工研磨和机械研磨两种。手工研磨时，要使工件表面各处都受到均匀的切削，应合理选择运动轨迹，这对提高研磨效率、工件表面质量和研具的耐用度都有直接的影响。

1. 平面研磨

平面研磨是机械加工最常用的一种加工方法。有手工研磨，也有机械研磨平面。手工研磨适用于单件研磨或小批量工件研磨；机械研磨既能减轻劳动强度，又能提高研磨效率和研磨质量。

1）手工研磨运动轨迹的形式

手工研磨的运动轨迹，一般采用直线、直线与摆动、螺旋线、8 字形等几种。其共同特点是工件的被加工面与研具工作面作相密合的滑移运动。这种移动方式既能获得比较理想的研磨效果，又能保持研具的均匀磨损，提高研具的使用寿命。

（1）直线研磨运动轨迹。不能相互交叉，容易直线重叠，使工件难以获得很小的表面粗糙度值，但可以获得较高的几何精度，故常用于有阶台的狭长平面的研磨，如图 5-104 所示。

（2）摆动式直线研磨运动轨迹。不能相互交叉，容易直线重叠，使工件难以获得很小的表面粗糙度值，但可以获得较高的几何精度，故常用于有阶台的狭长平面的研磨，如图 5-105 所示。

图 5-104　直线研磨运动轨迹

图 5-105　摆动式直线研磨运动轨迹

（3）螺旋形研磨运动轨迹。工件以螺旋线滑移状研磨，适用于圆柱形或圆片形工件的端面研磨，能得到较好的平面度和很小的表面粗糙度值，如图 5-106 所示。

（4）8 字形或仿 8 字形研磨运动轨迹。工件研磨滑移的轨迹为 8 字形或仿 8 字形，能使研磨表面保持均匀研削，有利于提高工件的研磨质量，且能均匀使用研具，如图 5-107 所示。

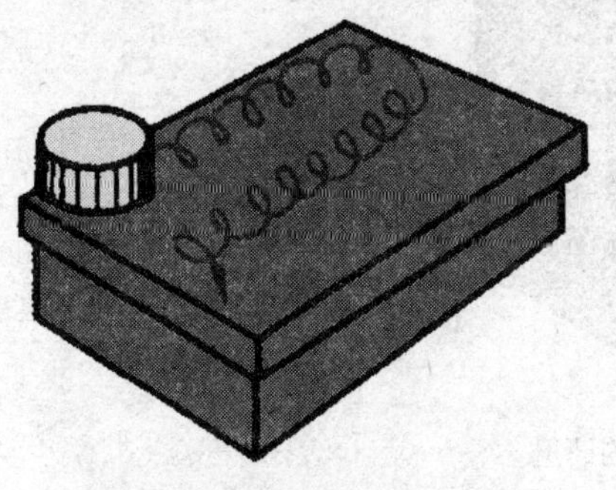

图 5-106　螺旋形研磨运动轨迹

图 5-107　8 字形研磨运动轨迹

注：上述几种研磨的运动轨迹，应根据工件的研磨要求及工件形状合理选用。

2）平面研磨的方法

（1）一般平面的研磨。平面的研磨一般是在非常平整的平板上进行的，平板分有槽的和光滑的两种。粗研时可在有槽的平板上进行，精研时，则应在光滑的平板上进行，参见图 5-101。

研磨前，先用煤油或汽油把研磨平板的工作表面清洗并擦干，再在平板上涂上适当的研磨剂，然后把工件需研磨的表面合在平板上，沿平板的全部表面以 8 字形或螺旋形和直线形相结合的运动轨迹进行研磨，并不断地变更工件的运动方向。由于无周期性的运动，使磨料不断在新的方向起作用，工件就能较快达到所需的精度要求。

在研磨过程中，研磨的压力和速度对研磨效率和质量有很大影响。若压力太大，研磨切削量就大，表面粗糙度就高，甚至会将磨料压碎而使表面划伤。对较小的硬工件或粗研时，可用较大的压力、较低的速度进行研磨。有时由于工件自身太重或接触面较大，互相贴合后的摩擦阻力大，为减小研磨时的推力，可加些润滑油或硬脂酸起润滑作用，如图 5-108 所示。在研磨中，应防止工件发热。若稍有发热，应立即暂停研磨，如继续研磨下去会使工件变形，特别是薄壁和壁厚不均匀的工件，更易发生变形。此外，工件发热时，不能进行测量，否则会使所测尺寸不准。

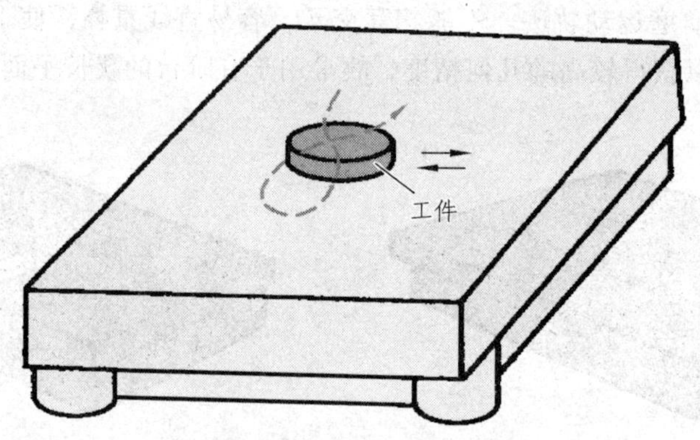

图 5-108　平面研磨方法

（2）狭窄平面的研磨。在研磨狭窄平面时，应采用直线研磨的运动轨迹，保证工件的垂直度，可用金属块作导靠，金属块的工作面与侧面应具有良好的垂直度，使金属块和工件紧紧地靠在一起，并跟工件一起研磨，如图 5-109 所示。

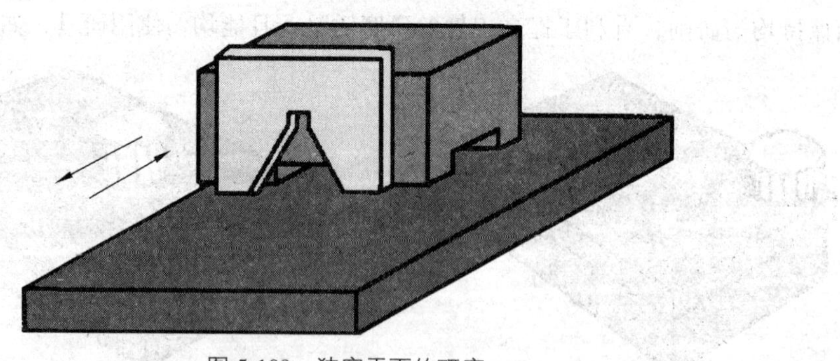

图 5-109　狭窄平面的研磨

研磨工件的数量较多时，可用 C 形夹，将几个工件夹在一起同时研磨，既防止了工件加工面的倾斜，又提高了效率。对一些易变形的工件，可用两块导靠块将其夹在中间，然后用 C 形夹固定在一起进行研磨，如图 5-110 所示。

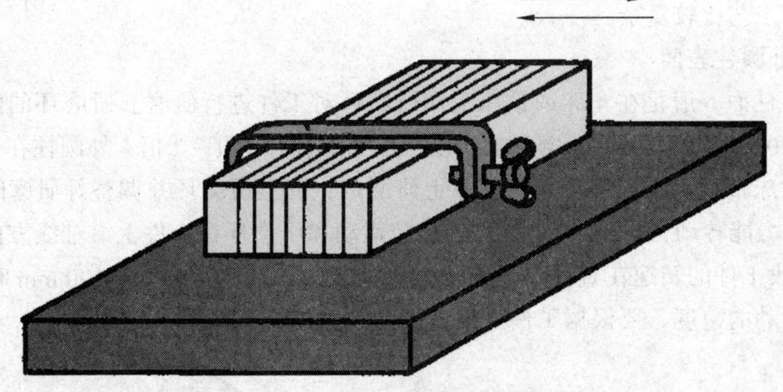

图 5-110　C 形夹固定在一起研磨

3）平面研磨注意事项

平面研磨一般应在非常平整的平板上进行，粗研时选有槽的平板，精研时选无槽的平板。研磨前应清洁研磨平板，然后加上适量的研磨剂，把工件研磨表面贴合在平板上，沿平板的全部表面采用一定的研磨轨迹进行研磨。

为了使工件研削得均匀，要经常变更工件的运动方向，这种无周期性的运动轨迹，使磨料不断在新的方向上起研削作用，工件就能较快达到所需要的精度要求。在研磨过程中，研磨的压力和速度对研磨的质量和效率影响很大，压力大，研削量就大，表面粗糙度值就高，甚至会将磨料压碎而划伤研磨面。对较小的工件或粗研时，可用较大的压力和较低的研磨速度，对较大较重或接触面较大的工件，为了减轻研磨阻力，可以加些润滑油或硬脂酸起润滑作用，同时也可以减少工件发热，防止工件变形。研磨窄平面的工件时，应用金属块导靠，金属块的工作面与导靠面应具有很好的垂直度。

4）机械研磨平面

平面研磨机是批量研磨工件的设备，如图 5-111 所示。研磨平面上有一套行星齿轮，行星齿轮里有固定工件的夹具，把工件固定在行星齿轮里，在研磨时被研件在绕主轴做转动的同时也在绕行星齿轮做转动，是一种复杂的运动形式。从而保证了被研平面的均匀研磨。

图 5-111　机械研磨平面

2. 圆柱面的研磨

圆柱面的研磨一般都采用手控运动与机床旋转相配合进行。有外圆柱面的研磨和圆柱孔的研磨，研磨工艺比较复杂。

1）研磨外圆柱表面

研磨外圆柱面一般是在车床或钻床上用研磨环对工件进行研磨。研磨环的内径应比工件的外径略大 0.025 ~ 0.05 mm，研磨环的长度一般为其孔径的 1 ~ 2 倍。外圆柱在研磨时，工件可由车床或钻床带动。在工件上均匀地涂上研磨剂，套上研磨环并调整好研磨间隙（其松紧程度，应以用力能转动为宜）。通过工件的旋转运动和研磨环在工件上沿轴线方向作往返运动进行研磨。一般工件的转速在直径小于 80 mm 时为 100 r/min，直径大于 100 mm 时为 50 r/min。研磨环往复运动的速度，要根据工件上出现的网纹来控制，如图 5-112 所示。

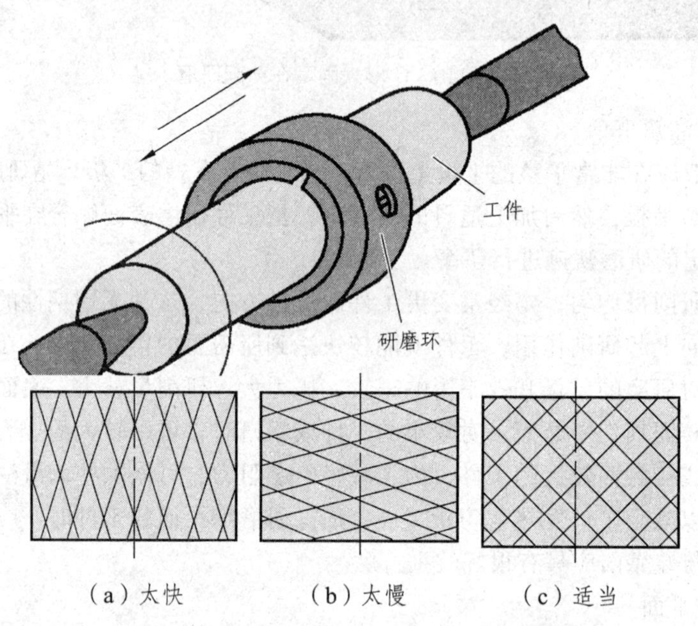

（a）太快　（b）太慢　（c）适当

图 5-112　研磨外圆柱表面研磨环的移动速度

用研磨套对工件研磨一般是在车床或钻床上进行，研磨套的内径应比工件的外径略大 0.025 ~ 0.05 mm，其长度根据研磨的需要而定。研磨时，工件由车床或钻床带动，在工件上均匀地涂上研磨剂，套上研磨套并调整好研磨间隙，其松紧程度以用手力能转动研磨套为宜。通过工件的旋转和研磨套在工件上沿轴线方向作往复运动进行研磨。工件转速一般是：直径小于 80 mm 时为 100 mmr/min，直径大于 100 mm 时为 50 r/min，研磨套往复移动的速度，是根据研磨套在工件上研出的网纹来控制的，当往复速度适当时工件上研出来的网纹成 45°交叉线，移动太快则网纹夹角较小，反之则较大，都影响工件的精度和耐磨性。对工件直径大小不一的情况，可在直径大的部位多研磨几次，直到直径相同为止。

研磨一段时间后，应将工件调头再研磨，这样可使外圆柱表面的几何形状更理想，研磨套的磨损也比较均匀。

2）研磨内圆柱表面

将工件套在研磨棒上进行研磨，研磨棒的外径应比工件内径小 0.01 ~ 0.025 mm，研磨棒工作部分的长度一般为工件长度的 1.5 ~ 2 倍。将研磨棒装夹在车床卡盘内或钻床的主轴上，然后把工件套在研磨棒上进行研磨。研磨时应调节研磨棒与工件配合的松紧程度，一般以手把持工件不感觉十分费力为宜。研磨时如孔口两端积有过多的研磨剂时，应及时清理，否则会造成两端孔口成喇叭口形状。如孔口要求很高，可将研磨棒的两端直径修得略小一些，避免孔口被研磨过量。研磨后将工件清洗干净，冷却至室温后进行测量。

3. 120 型制动阀滑阀座、滑阀、节制阀的研磨

120 型制动阀滑阀、滑阀座、节制阀及座是铁路货车车辆制动装置的制动阀核心部件。在每个工件上都有一定规律的孔，它的作用是通过节制阀在滑阀座上相对运动和滑阀在制动阀内部的滑阀座上做相对运动，从而接通不同的孔，连接不同的气路，达到车辆制动或缓解的目的。

（1）120 型制动阀滑阀、节制阀的构造，如图 5-113、5-114 所示。

（2）120 型制动阀滑阀、滑阀座、节制阀研磨。

研磨 120 型制动阀滑阀、滑阀座、节制阀作业前，应全面检查所用设备、工具状态良好；检查零件表面不得有目视可见的污垢、灰砂、水分、纤维物和其他污物；检查阀体内部及零件工作面手感不得存在颗粒；铸铁平台板刮研、铅平台刮研、油石校对。

① 油石校验。

油石校对：用金刚砂须粒度均匀，粗校对用金刚砂粒度为 80 ~ 180 目，精校对用金刚砂粒度为 180 ~ 240 目。根据油石状态，在平台上进行油石粗校对和精校对。

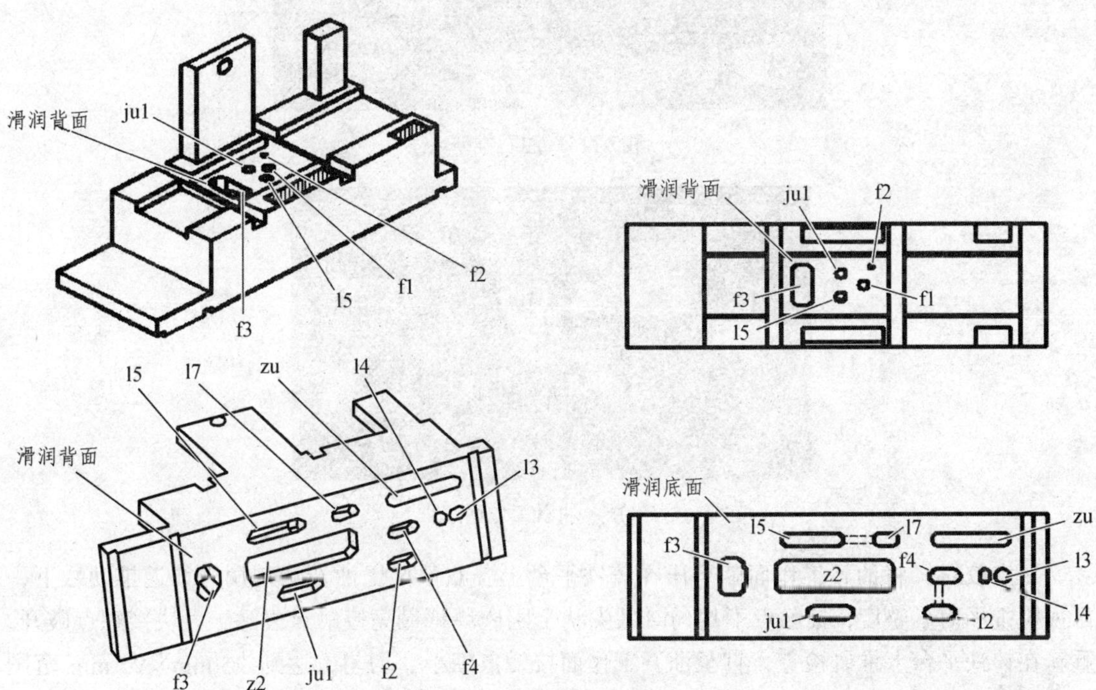

图 5-113　120 型制动阀滑阀的构造

ju1—局减孔；f1—副风缸充气孔；f2—加缓风缸充气孔；f3—制动孔；f4—呼吸孔槽；l3—减速充气孔；l4—充气孔（与 f1 相通）；l5—列车管局减孔；l7—二段局减孔，与 l5 相通；z2—缓解联络槽；zu—阻力调整槽

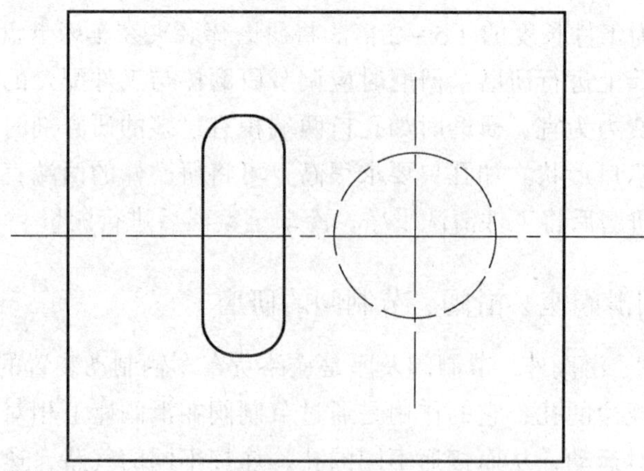

图 5-114　120 型制动阀节制阀作用面示意图

粗校对、精校对：将金刚砂均匀撒在铸铁平台上，油石工作面朝下压在铸铁平台上，双手按压油石均匀用力往返推动数下，用毛刷刷干净油石工作面，目视检查平面平整度，接触面不均匀时继续推研，如图 5-115，图 5-116 所示。

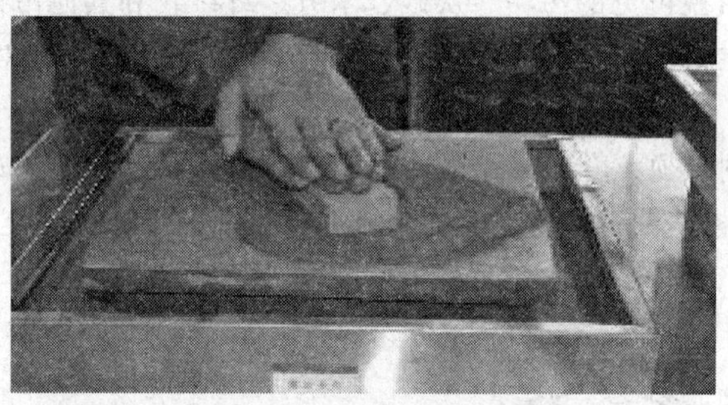

图 5-115　油石推研

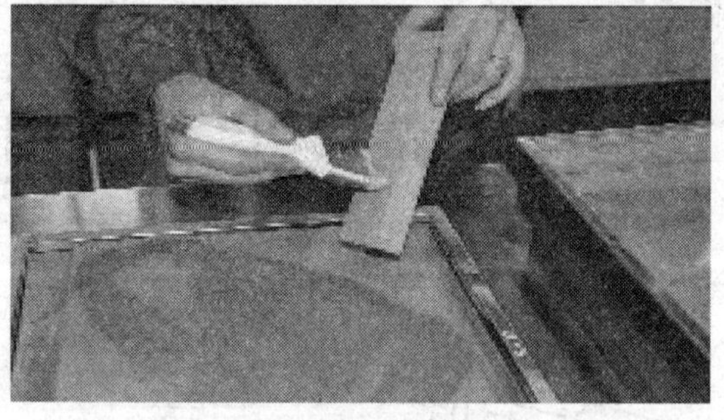

图 5-116　油石工作面清理

显点校对：将油石工作面朝下压在铸铁平台上，双手按压油石均匀用力往返推动数下，目视检查平面平整度，接触点不均匀时用尖状金刚砂块将最亮接触点去除，大块接触点破开，重新在铸铁平台上推研检查，直至油石工作面接触点细小、均匀，达到 25 mm×25 mm 范围内（20～25）点接触。

② 120 型制动阀滑阀座研磨

将 120 型制动阀阀座两侧油沟内油垢刮净，无油沟或沟深不足 0.2 mm 者须开制。将阀体固定在工作台上，以油石进行研磨，如图 5-117 所示。滑阀、滑阀座、节制阀各工作面须用 180～240 目油石粗研，用 320 目以上细油石精研。滑阀与滑阀座之间、节制阀与滑阀之间不得对研。研磨中须检查油石，挂有铜沫时要清理。研磨滑阀座须用与滑阀同等宽度的油石，滑阀座研磨至呈现同一光泽为止。油石的硬度按滑阀座材质可参考表 5-34 选用。

图 5-117　120 型制动阀滑阀座的研磨

表 5-34　油石的硬度与滑阀座材质对照

阀座材质	硬度	颜色	油石硬度	油石代号
硅黄铜	85～95	稍白	中软	ZR
锡青铜	60～65	稍红	中硬	ZY

③ 120 型制动阀滑阀、节制阀研磨。

120 型制动阀滑阀、节制阀采用机械研磨方法。各工作面须用 180～240 目研磨剂粗研，用 320 目以上研磨剂精研；禁止滑阀与滑阀座对研。滑阀、节制阀工作面须反复交叉调整方向研磨，用力均匀，不得偏磨，至工作面呈现同一光泽为止。节制阀座在研磨机上行星齿轮里研磨，用力均匀，至工作面呈现同一光泽为止。注意选择好研磨液。使用细砂纸将滑阀和节制阀的下工作面两侧磨出约 0.5×45°的倒角。参见图 5-111。

④ 质量检查。

120 型制动阀滑阀、滑阀座、节制阀呈现光泽一致，无偏磨。研磨后，须对滑阀下工作面的平面度进行确认。必要时用粗糙度仪检测，滑阀面的表面粗糙度 R_a 的上限值为 0.4 μm。

4. 研磨时产生的废品分析

研磨后工件表面质量的好坏，除与选用研磨剂及研磨的方法有关外，对能否注意研磨时的清洁工作，有直接影响。在研磨中往往是忽视了必要的清洁工作，使工件出现不应有的缺陷和废品，见表 5-35 所示。

表 5-35 研磨时产生的废品分析

废品形式	废品产生原因	防治方法
表面不光洁	1.磨料过粗； 2.研磨液不当； 3.研磨剂涂得太薄	1.正确选用磨料； 2.正确选用研磨液； 3.研磨剂涂布应适当
表面拉毛	研磨剂中混入杂质	重视并做好清洁工作
平面成凸形或孔口扩大	1.研磨剂涂得太厚； 2.孔口或工件边缘被挤出的研磨剂未擦去就继续研磨； 3.研磨棒伸出孔口太长	1.研磨剂应涂得适当； 2.被挤出的研磨剂应擦去后再研磨； 3.研磨棒伸出长度应适当
孔成椭圆形或有锥度	1.研磨时没有更换方向； 2.研磨时没有调头研	1.研磨时应变换方向； 2.研磨时应调头研
薄形工件拱曲变形	1.工件发热了仍继续研磨； 2.装夹不正确引起变形	1.不使工件温度超过 50 °C，发热后应暂停研磨； 2.装夹要稳定，不能夹得太紧

【加工实例】

案例 铁路货车制动装置 120 型制动阀滑阀座的研磨

1. 120 型制动阀滑阀座的研磨部位

120 制动阀构造比较复杂，经过拆解，露出制动阀体内部的滑阀座，如图 5-118 所示。需要手工研磨滑阀座。

图 5-118 120 型制动阀滑阀座（见阀体内腔）

2. 120 型制动阀滑阀座研磨加工步骤

1）研磨前的准备工作

（1）对油石的校验：将金刚砂均匀撒在铸铁平台上，油石工作面朝下压在铸铁平台上，双手按压油石均匀用力往返推动数下，用毛刷刷干净油石工作面，目视检查平面平整度，接触面不均匀时继续推研，使得油石面大块接触点破开，重新在铸铁平台上推研检查，直至油石工作面接触点细小、均匀，达到 25 mm×25 mm 范围内 20 点左右接触点即可。

（2）120 型制动阀体的夹持与安放：由于阀体外形比较复杂，不容易夹持，需要特制的夹具来进行夹持，要求阀体安放平稳，滑阀座呈水平安置。

2）120 型制动阀滑阀座的研磨

（1）先用 180～240 目油石进行粗研，把油石贴靠在研磨护板上，两手紧握研磨护板两端，平放在滑阀座上，均匀用力，进行研磨，研磨速度 50 次/分钟左右。手推研磨几次后，要用毛刷刷掉滑阀座上的磨料。

（2）然后用 320 目以上细油石精研，研磨方法同粗研方法。但是用力要小，研磨速度以 30 次/分钟左右为宜，并且随时进行检验，达到研磨平面的技术要求，R_a 的值不大于 0.4 μm。

（3）研磨完成后，用检验量具检查研磨平面是否符合标准。如不符合标准，则继续进行细研磨，直至达到要求。

3. 成绩评定（见表 5-36）

表 5-36　成绩评定表

序号	考核要求	配分	评分标准	实测结果	得分
1	滑阀座平面度要求 0.001 mm	30	按照超差情况扣分		
2	$R_a \leqslant 0.4$ μm	30	按照超差情况扣分		
3	使用工具要正确	20	每错一项扣 5 分		
4	安全文明生产	20	一处错误扣 5 分		

【知识巩固】

1. 什么是研磨？它的作用是什么？
2. 常用的研磨材料有哪些？
3. 研具的类型有哪些？
4. 研磨 120 型制动阀滑阀、滑阀座、节制阀应注意什么？

项目 6 综合技能训练实例

【项目描述】

本项目主要是综合技能训练。通过对扁头锤、凹凸体锉配、燕尾槽锉配等典型的工件加工，提高学员的基本操作技能。掌握基本的识图、读图；能够加工简单的机械零件，达到钳工中级工具有的水平。

【内容构架】

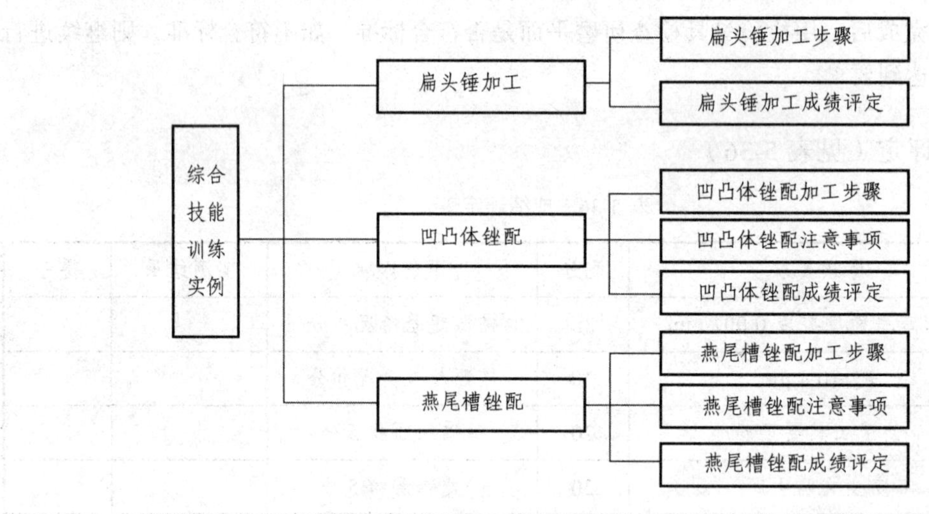

任务 6.1 制作扁头锤

【目的与要求】

（1）了解扁头锤的加工工艺过程。
（2）熟练掌握各种加工操作方法，达到加工尺寸正确、外形美观、表面光洁。
（3）做到安全文明生产。

【实施的环境、设备、工具】

（1）工具：游标卡尺、角度尺、台虎钳、钻床、各种加工锉刀、手锯等。

（2）材料：方钢（扁头锤毛坯）。

【相关知识】

扁头锤加工生产图，如图 6-1 所示。

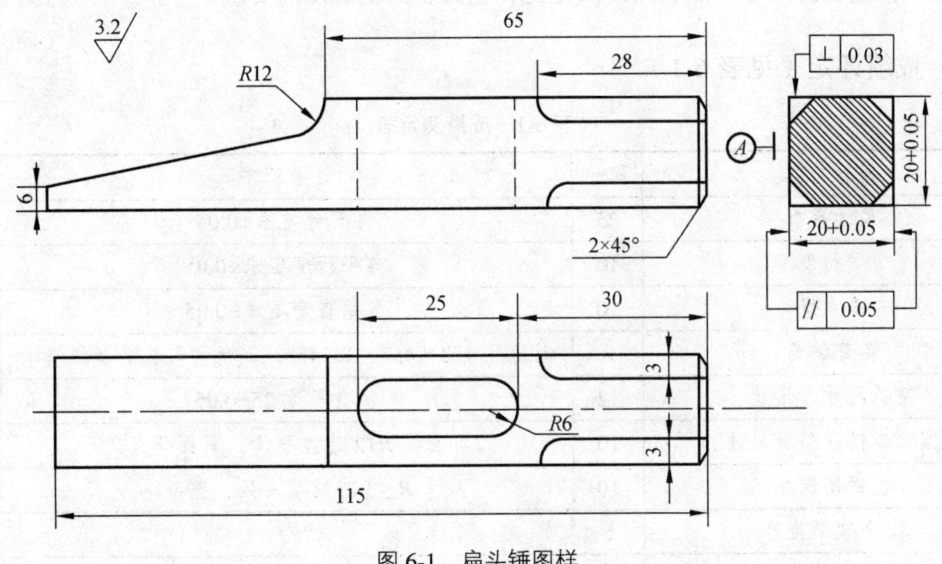

图 6-1　扁头锤图样

【加工步骤】

1. 加工前的准备工作

（1）详细读图纸，了解尺寸要求、外形要求。

（2）检查毛坯料的尺寸、材料，有充足加工余量，是否有缺陷。

（3）准备好加工用的各种工具、量具。

2. 扁头锤加工工艺过程

（1）按照图纸要求在毛坯件上进行划线。首先确定划线基准，基准为：扁头锤底面和与之相垂直的中心线。要求立体划线，检查划线情况，是否需要找正、借料。

（2）按照图纸要求加工一基准面（扁头锤底平面），达到图纸要求。

（3）加工基准面的相对平面，达到尺寸要求。在加工中要注意两个平面的平行度，同时要注意平面度。

（4）加工基准面的两个侧平面，这两个侧面要求与基准面垂直。达到尺寸要求，成为 20 mm×20 mm 的长方体。

（5）加工锤头端面，与基准面垂直。

（6）按照图纸要求精确画出孔中心线和加工线，并打上样冲眼，然后进行钻孔。

（7）加工锤孔，达到锤孔尺寸、形状的要求。

（8）用手锯锯割锤扁部多余的部分。首先划线，打上样冲眼，注意留有一定的加工余量。

（9）锉削锤扁部分，达到尺寸、形状要求（先挫圆弧部分，后挫平面部分）。

（10）截取扁头锤总长度，加工到 115 mm。

（11）锤前部四边划线，倒角。先用小圆锉倒出圆弧部分，再用小板锉锉出 45°倒角。最后端部 45°倒角。

（12）修整各部尺寸，然后用砂纸抛光，达到表面粗糙度的要求。

3. 成绩评定（见表 6-1）

表 6-1 成绩测定表

评分内容		配分	评分标准		扣分
尺寸要求		25	各尺寸要求±0.05		
平行度		10	各平行度要求±0.05		
垂直度		10	各垂直度要求±0.05		
各部倒角		8	倒角尺寸 2×45°、3×45°，倒角均匀、各棱线清晰		
锤孔尺寸、形状		12	锤孔长度 25±0.05		
锤扁部圆弧连接及斜面尺寸、形状		10	圆弧 $R12$ 连接平滑、斜面平直		
表面粗糙度		10	$R_a \leq 3.2$ 纹理一致、整齐		
安全文明生产		5			
工具正确使用		5			
加工工艺正确		5			
学号		时间		总成绩	

任务 6.2 凹凸体锉配

【目的与要求】

（1）掌握具有对称度要求的工件划线。

（2）正确使用和保养千分尺。

（3）初步掌握具有对称度要求的工件加工和测量方法。

（4）熟练锉、锯、钻的技能，并达到一定的加工精度要求，为锉配打下必要的基础。

【实施的环境、设备、工具】

（1）设备：台虎钳、钳台、砂轮机、钻床、划线平板、方箱。

（2）工量具：高度尺、钢板尺、卡尺、千分尺、刀口尺、刀口角尺、钻头、手锯、板锉方锉、什锦锉。

（3）材料：HT150。

【相关知识】

1. 实习工件图（见图 6-2）

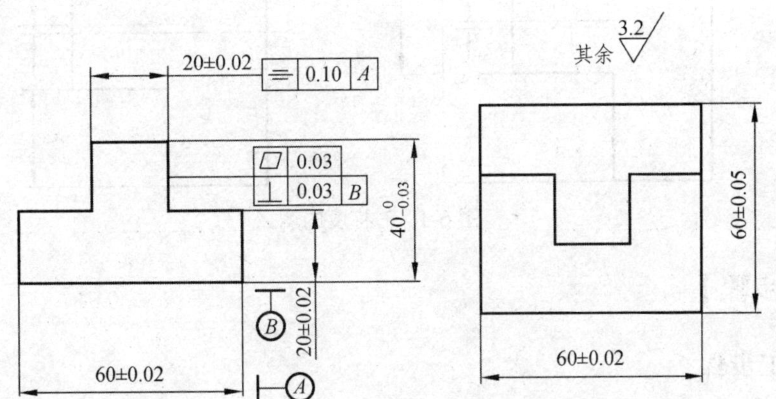

图 6-2　凹凸锉配图纸

2. 分析工件图、讲解相关工艺

1）对称度概念

（1）对称度误差是指被测表面的对称平面与基准表面的对称平面间的最大偏移距离 Δ，如图 6-3 所示。

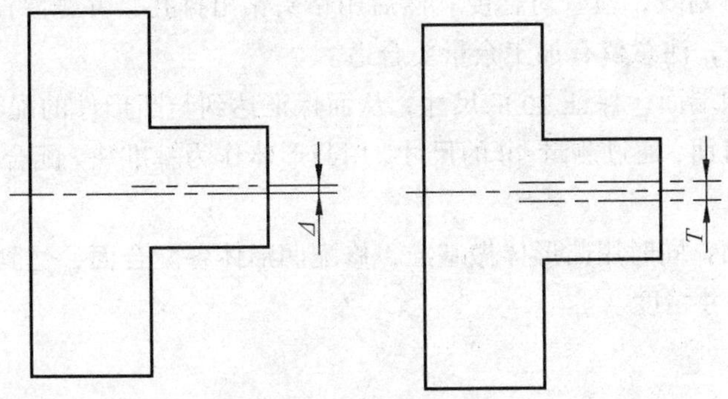

图 6-3　凹凸锉配对称度

（2）对称度公差带是指相对基准中心平面对称配置的两个平行面之间的区域，两平行面距离即为公差值，如图 6-3 所示。

2）对称度测量方法

测量被测表面与基准表面的尺寸 A 和 B，其差值之半即为对称度误差值，如图 6-4 所示。

3）对称度形体工件的划线

对于平面对称工件的划线，应在形成对称中心平面的两个基准面精加工后进行。划线基准与该两基准面重合，划线尺寸则按两个对称基准平面间的实际尺寸及对称要素的要求尺寸计算得出。

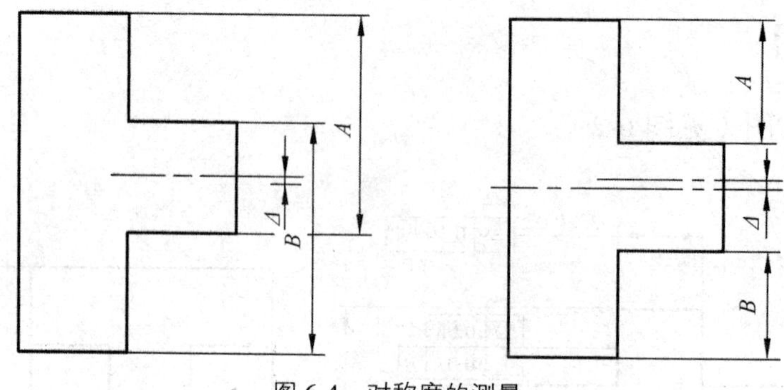

图 6-4　对称度的测量

【加工步骤】

1. 加工步骤

（1）备料 61 mm×41 mm×8 mm 两块。

（2）按图样要求锉削好外轮廓基准面，达到尺寸 60±0.02，$40^{0}_{-0.03}$ 及垂直度和平面度要求。

（3）按要求划出凹凸体加工线，并钻工艺孔

（4）加工凸形体。

① 按划线锯去左上角，粗、细锉两垂直面。通过控制 40 mm 尺寸来保证（20±0.02）被加工面的尺寸。（40 的尺寸尽可能准确，从而保证对称度要求。）

② 按划线锯去右上角，粗、细锉两垂直面。保证（20±0.02）mm 两处。

（5）加工凹形体。

① 首先进行凹形划线，检查对称度。然后用钻头钻出排孔，并锯除凹形体的多余部分，然后粗锉至接近线条，注意留有加工余量要合适。

② 细锉凹形体顶端面，保证 20 的尺寸，从而保证达到与凸形件的配合精度要求。

③ 细锉两侧垂直面，通过测量 20 的尺寸，用凸形体作为基准块，配合精细加工两个侧面，保证凸形体较紧塞入。

④ 精修各配合面，同时用凸形体做基准，修配凹形体各配合面，达到配合精度要求。

（6）检查全部尺寸精度。

2. 注意事项

（1）为了能对 20 mm 凸凹形的对称度进行测量控制，60 mm 的实际尺寸必须测量准确，并应取各点实测的平均数值。

（2）20 mm 凸形体加工时，只能先去掉一垂直角角料，待加工至要求的尺寸公差后，才去掉另一垂直角角料。

（3）为达到配合后转位互换精度，在凸凹形面加工时，必须控制垂直误差（包括与大平面 *B* 面的垂直）在最小的范围内。

（4）在进行锉配时，首先把凸形体加工至符合精度要求，然后用凸形体作为基准量块，去修配凹形体，使得凹凸配合达到要求。

（5）在加工垂直面时，要防止锉刀侧面碰坏另一垂直侧面，因此必须将锉刀一侧在砂轮上进行修磨，并使其与锉刀面的夹角略小于90°（锉内垂直面时），刃磨后最好用油石磨光。

3. 评分表（见表6-2）

表6-2　成绩测定表

序号	考核内容	考核要求	配分	评分标准	检测结果	扣分	得分
1	锉削	（20±0.02）mm（2处）	12	超差不得分			
2		$40_{-0.03}^{0}$ mm	8	超差不得分			
3		（60±0.02）mm（2处）	12	超差不得分			
4		⌯ 0.10 A	6	超差不得分			
5		⏥ 0.03	10	超差不得分			
6		⊥ 0.03 B	10	超差不得分			
7		表面粗糙度 R_a3.2 μm	10	升高一级不得分			
8	锉配	配合间隙≤0.04 mm	20	超差不得分			
9		错位量≤0.06 mm	6	超差不得分			
10		（60±0.05）mm	6	超差不得分			

任务6.3　燕尾槽锉配

【目的与要求】

（1）掌握角度锉配和误差的检查方法。
（2）掌握具有对称度要求的配合件加工方法。
（3）掌握万能角度尺、千分尺等精密量具的使用方法和保养。

【实施的环境、设备、工具】

（1）设备：台虎钳、钳台、砂轮机、钻床、划线平板、方箱。

（2）工量具：高度尺、万能角度尺、卡尺、千分尺、刀口尺、刀口角尺、钻头、手锯、板锉方锉、什锦锉。

【相关知识】

1. 燕尾槽锉配图纸（见图 6-5）

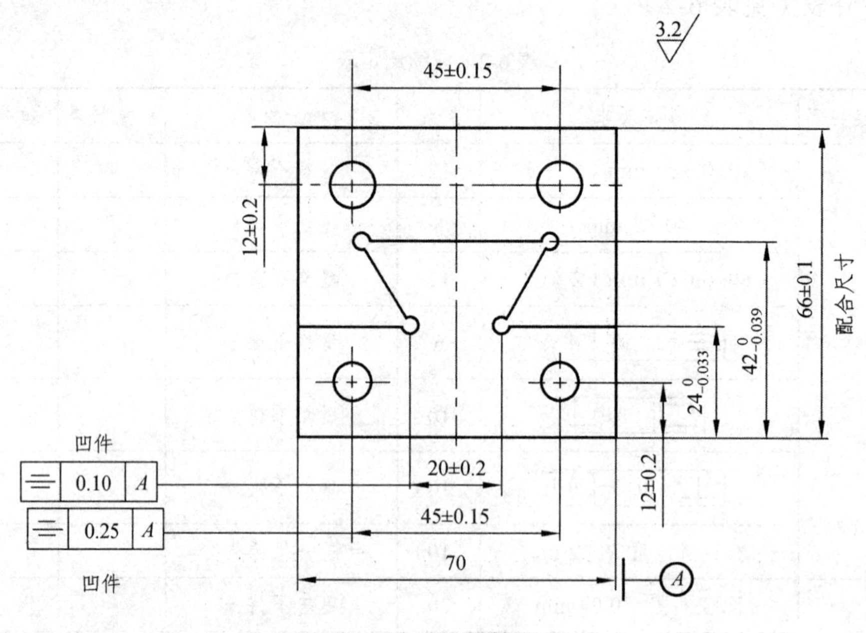

图 6-5　燕尾槽锉配

2. 分析工件图，讲解相关工艺

公差等级：锉配 IT8、钻孔 IT11。

形位公差：锉配平面度、垂直度 0.03 mm、对称度 0.05、孔位置度为 0.1。

时间定额：300 min。

【加工步骤】

1. 燕尾槽加工步骤

（1）用万能角度尺定出 60°外角度，或自制 60°角度样板，如图 6-6 所示。

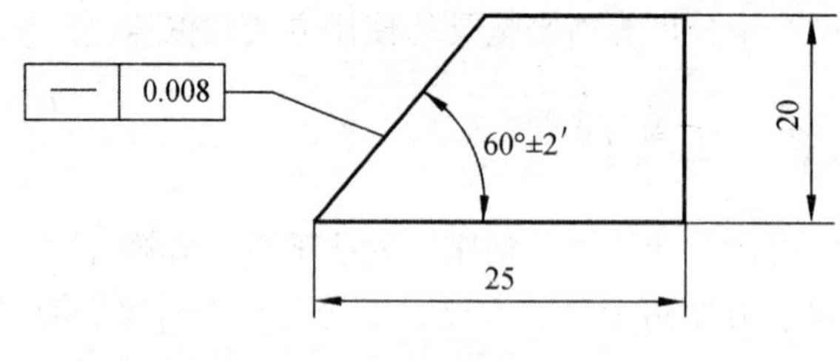

图 6-6　角度样板

（2）检查毛坯尺寸，按图样要求划出燕尾凹凸件加工线。钻 4-ϕ2 mm 工艺孔，燕尾凹槽用ϕ11 mm 的钻头钻孔，再锯削分割凹凸燕尾件，如图 6-7 所示。

（3）加工燕尾凸件，如图 6-8 所示。

① 按划线锯削材料，留有加工余量 0.8 ~ 1.2 mm

② 锉削燕尾槽的一个角，完成 60°±4′及 $24_{-0.033}^{0}$ mm 尺寸，达到表面粗糙度 R_a3.2 μm 的要求。

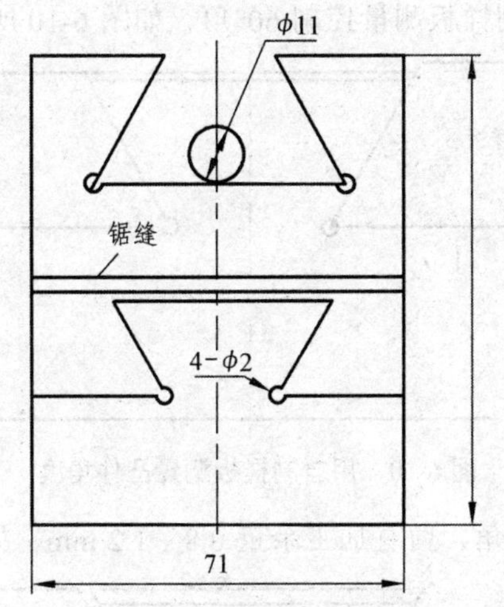

图 6-7　划线钻孔锯削

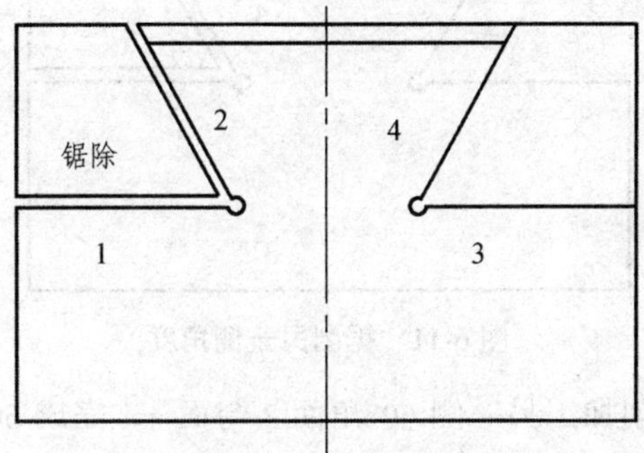

图 6-8　加工燕尾凸件

③ 用百分表测量控制加工面 1 与底面平行度，并用千分尺控制尺寸 24 mm

④ 利用圆柱测量棒间接测量法，控制边角尺寸 M，如图 6-9 所示。

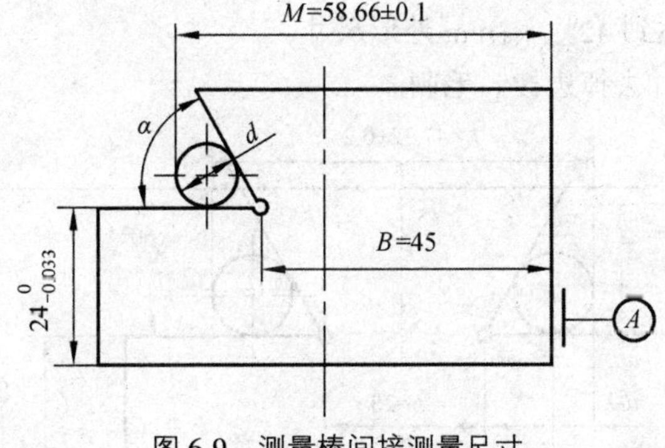

图 6-9　测量棒间接测量尺寸

测量尺寸 M与样板尺寸 B及圆柱测量棒 d之间的关系如下：

$$M = B + d/2\cot\alpha/2 + d/2$$

$$[M = B + d/2\times\cot(\alpha/2) + d/2]$$

式中，M 为测量读数值（mm）；B 为图样技术要求尺寸（mm）；d 为圆柱测量棒直径（mm）；α 为斜面的角度值。

⑤ 用万能角度尺或者自制样板测量控制 60°角，如图 6-10 所示。

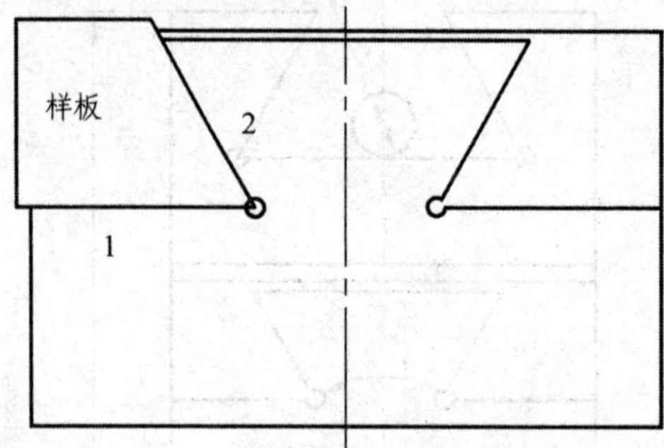

图 6-10　用自制样板测量凸件角度

⑥ 按划线锯削另一侧 60°角，留有加工余量 0.8 ~ 1.2 mm，如图 6-11 所示。

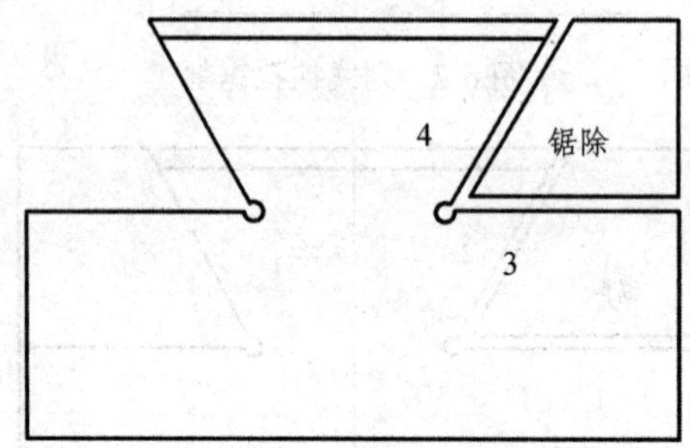

图 6-11　锯削另一侧角度

⑦ 如图 6-12 所示，锉削加工另一侧 60°角面 3 与面 4，完成 60°±4′及 $24^{0}_{-0.033}$ mm 尺寸，控制好尺寸 L 边长度。方法同上。

L 的计算方法如下：

已知圆柱测量棒直径 $d=\phi$ 10 mm，α=60°，b=20 mm，计算公式：

$$L=b+d+\cot(\alpha/2)=20+10+10\times\cot30°=47.32\ \text{mm}$$

⑧ 锉削加工面 5，达到 $42^{0}_{-0.039}$ mm 外形尺寸。

⑨ 检查各部分尺寸，去掉边棱、毛刺。

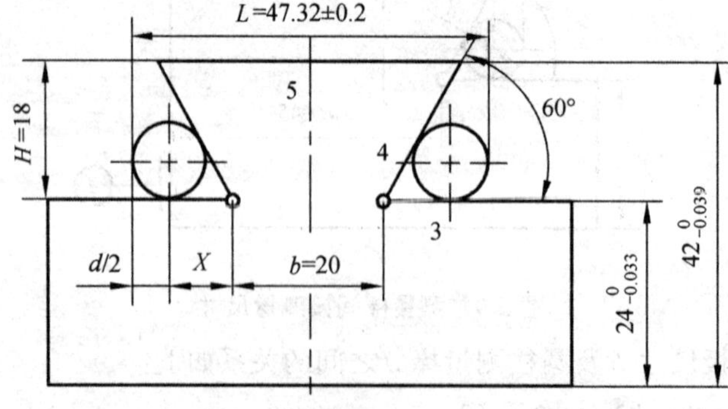

图 6-12　锉削另一侧加工面

（4）加工燕尾凹件。

① 如图 6-13 所示，锯去燕尾凹槽余料，各面留有加工余量 0.8 ~ 1.2 mm。

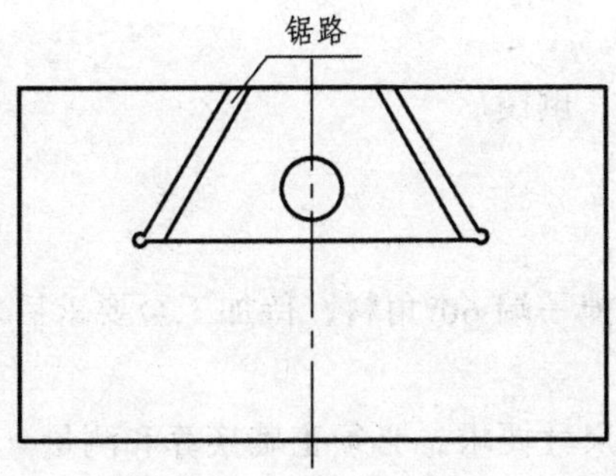

图 6-13　锯削燕尾凹槽

② 按划线锉削面 6、面 7 和面 8，并留有 0.1 ~ 0.2 mm 修配余量，用凸件与凹件配做，并达到图样要求和换位要求。

③ 用百分表测量控制面 6 与底面平行，如图 6-14 所示。

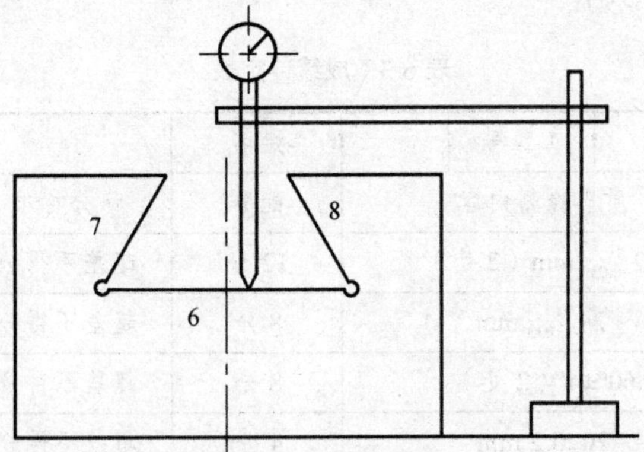

图 6-14　百分表测量平行度

④ 用自制 60°样板测量控制内 60°角，如图 6-15 所示。

⑤ 用圆柱测量棒测量控制尺寸 A，如图 6-16 所示。

内燕尾槽计算方法如下：

已知 H=18 mm，b=20 mm，α=60°，计算公式：

$A=b+2H/\tan\alpha-(1+1/\tan1/2\alpha)d=20+36/1.732-(1+1/\tan30°)\times10=13.47$ mm

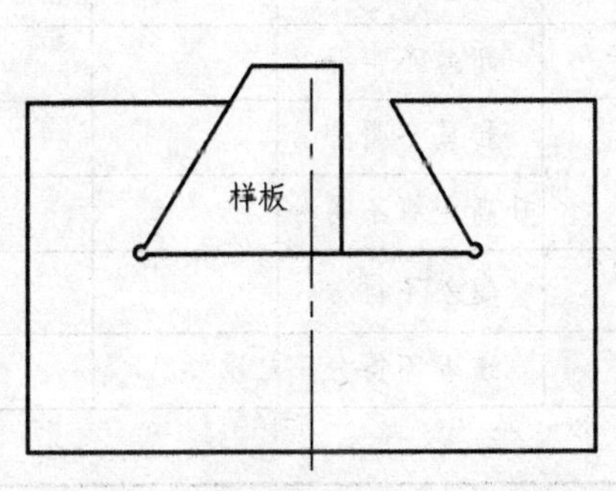

图 6-15　自制样板测量凹件的角度

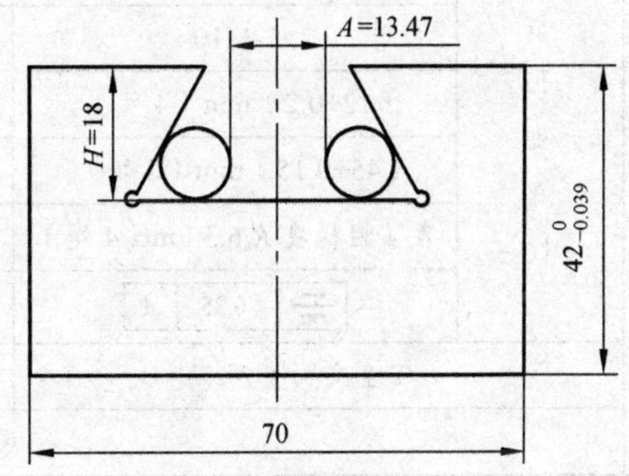

图 6-16　测量棒控制尺寸 A

⑥ 锉削加工凹燕尾外形，达到 $42_{-0.039}^{\ 0}$ mm 尺寸。

（5）按划线钻 2-ϕ8 mm 的孔，达到孔距要求。再钻 2-ϕ8.5 mm 的孔，并用 M10 手用丝锥进行攻螺纹，达到图样要求。

（6）复检各尺寸，去毛刺，倒棱。

2. 注意事项

（1）凸件加工中只能先去掉一端 60°角料，待加工至要求后才能去掉另一端 60°角料，便于加工时测量控制。

（2）采用间接测量来达到尺寸要求，必须正确换算和测量。

（3）由于加工面较狭窄，一定要锉平并与大端面垂直，才能达到配合精度。

（4）凹凸件锉配时，当凸形件加工达到要求后，一般不再加工凸形面，否则失去精度基准难于进行修配。

3. 评分表（见表 6-3）

表 6-3　成绩评定表

成绩评定	工件号	工位号	姓名		总得分	
	项目	质量检测内容	配分	评分标准	实测	得分
	锉配	$42_{-0.039}^{\ 0}$ mm（2 处）	12 分	超差不得分		
		$24_{-0.033}^{\ 0}$ mm	8 分	超差不得分		
		60°±4′（2 处）	8 分	超差不得分		
		20±0.2 mm	4 分	超差不得分		
		表面粗糙度 R_a3.2 μm	8 分	升高一级不得分		
		⌯ 0.10 A	4 分	超差不得分		
		配合间隙≤0.04 mm（5 处）	20 分	超差不得分		
		错位量≤0.06 mm	4 分	超差不得分		
	钻孔攻螺纹	2-$\phi 8_{\ 0}^{+0.05}$ mm	2 分	超差不得分		
		2-M10	2 分	超差不得分		
		（12±0.2）mm（4 处）	4 分	超差不得分		
		（45±0.15）mm（2 处）	4 分	超差不得分		
		表面粗糙度 R_a6.3 μm（4 处）	4 分	升高一级不得分		
		⌯ 0.25 A	6 分	超差不得分		
	安全文明生产		10 分	违者不得分		
	现场记录					

参考文献

[1] 程长海. 钳工工艺[M]. 北京：中国劳动社会保障出版社，2007.

[2] 张玉中，孙刚，曹明. 钳工实训[M]. 北京：清华大学出版社，2006.

[3] 周宇明，陈运胜. 钳工工艺学[M]. 重庆：重庆大学出版社，2016.

[4] 栾明岗. 钳工基本技能[M]. 武汉：武汉大学出版社，2013.

[5] 王亚平. 制冷与空调设备维修操作技能与训练[M]. 北京：机械工业出版社，2011.

[6] 庄忠荣，童望高. 机械常识与钳工实训[M]. 西安：西北工业大学出版社，2012.

[7] 高兰尊，孟凡洁. 工程制图[M]. 石家庄：河北科学技术出版社，2005.

[8] 杜海军，张淑红. 机械制图[M]. 武汉：武汉大学出版社，2011.

[9] 铁道部人才服务中心. 电力机车钳工[M]. 北京：中国铁道出版社，2010.

[10] 袁清武. 车辆构造与检修[M]. 北京：中国铁道出版社，2011.

[11] 张旺狮. 车辆制动装置[M]. 北京：中国铁道出版社，2013.